全国优秀教材二等奖

"十四五"职业教育国家规划教材

U0389883

XIBAO PEIYANG JISHU

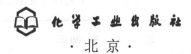

细胞培养技术

（第二版）

兰　蓉　主编

化学工业出版社

·北京·

《细胞培养技术》获首届全国优秀教材奖，融入“工学结合”的办学思路，聘请企业一线专家参与教材建设，开发企业真正用得上的教学内容，项目教学、行为引导式教学、任务驱动式教学等在教材中得到了充分体现。教材中的五个项目均取材于企业（或行业）的真实工作任务，包括 VERO 细胞的传代培养、鸡胚成纤维细胞的原代培养、CHO 细胞的大规模培养、抗人血白蛋白杂交瘤细胞系的制备、胡萝卜细胞的悬浮培养，设计了 13 个工作任务。本教材采用“富媒体”教材编写理念，将教材与多媒体资源库相结合，每个项目都附有与之配套的实训音像资料（时长共约 1 个小时），读者可以通过使用移动终端扫描与之对应的二维码，感受时效性较强的视频案例等多媒体素材。另外本书每个项目还附有配套的学生工作手册和免费的教学课件，这些都为教材使用者的自主学习提供了方便。全面贯彻党的教育方针，落实立德树人根本任务，在教材中有机融入党的二十大精神。

本教材适合高等职业院校生物技术相关专业使用，也可作为生物技术人员的参考书和培训教材。

图书在版编目（CIP）数据

细胞培养技术/兰蓉主编. —2 版. —北京：化学工业出版社，2017.2（2025.3 重印）
“十二五”职业教育国家规划教材
ISBN 978-7-122-28554-6

Ⅰ.①细… Ⅱ.①兰… Ⅲ.①细胞培养-高等职业教育-教材 Ⅳ.①Q813.1

中国版本图书馆 CIP 数据核字（2016）第 278675 号

责任编辑：李植峰　张春娥　　　　装帧设计：张　辉
责任校对：边　涛

出版发行：化学工业出版社（北京市东城区青年湖南街 13 号　邮政编码 100011）
印　　装：北京科印技术咨询服务有限公司数码印刷分部
787mm×1092mm　1/16　印张 20¼　字数 510 千字　2025 年 3 月北京第 2 版第 14 次印刷

购书咨询：010-64518888　　　　售后服务：010-64518899
网　　址：http://www.cip.com.cn
凡购买本书，如有缺损质量问题，本社销售中心负责调换。

定　　价：54.00 元

《细胞培养技术》(第二版) 编写人员

主　　编　兰　蓉

副 主 编　秦静远　段院生　边亚娟　张乃群

参编人员　(以姓名汉语拼音为序)

边亚娟 (黑龙江生物科技职业学院)
段院生 (黄冈职业技术学院)
冯　晖 (北京电子科技职业学院)
韩明娣 (北京四环生物制药有限公司)
金小花 (苏州农业职业技术学院)
兰　蓉 (北京电子科技职业学院)
李恒思 (广州瑞姆生物科技有限公司)
李双石 (北京电子科技职业学院)
刘玉琴 (北京协和医学院基础医学院细胞中心)
吕健龙 (北京四环生物制药有限公司)
秦静远 (杨凌职业技术学院)
任平国 (漯河职业技术学院)
桑建彬 (北京四环生物制药有限公司)
唐业刚 (武汉生物工程学院)
王　迪 (黑龙江职业学院)
张乃群 (南阳师范学院)
周珍辉 (北京农业职业学院)

主　　审　章静波 (北京协和医学院)

前　言

细胞培养技术是生物技术的重要组成部分，是生物学各研究领域的基本技术和技能，现已广泛应用在生物学、医学、生物制药等各个领域。目前，全国开设生物相关专业的高等职业院校共有 200 多所，绝大多数学校都开设细胞培养方面的课程，但有关细胞培养技术方面的书籍或教材，还不是完全适宜高职院校的基于工作过程的教学改革需求。本教材以国家级规划教材《细胞培养技术》为基础，融入“工学结合”的办学思路，聘请企业一线专家参与教材建设，开发企业真正用得上的教学内容，项目教学、行为引导式教学、任务驱动式教学等在教材中得到了充分体现。

教材中的五个项目均取材于企业（或行业）的真实工作任务，包括 VERO 细胞的传代培养、鸡胚成纤维细胞的原代培养、CHO 细胞的大规模培养、抗人血白蛋白杂交瘤细胞系的制备、胡萝卜细胞的悬浮培养，设计了 13 个工作任务。本教材采用“富媒体”教材编写理念，将教材与多媒体资源库相结合，每个项目都附有与之配套的实训音像资料（时长共约 1 个小时），读者可以通过使用移动终端扫描与之对应的二维码，感受时效性较强的视频案例等多媒体素材。另外本书每个项目还附有配套的学生工作手册和免费的教学课件，这些都为教材使用者的自主学习提供了方便。教材密切结合项目内容融入专业需求，有针对性地引导与强化学生的职业素养培养，践行党的二十大强调的“落实立德树人根本任务，培养德智体美劳全面发展的社会主义建设者和接班人”，坚持为党育人、为国育才，引导学生爱党报国、敬业奉献、服务人民。

参与本书编写的人员既有具备多年细胞培养技术教学经验的教师，也有工作在细胞培养一线的企业技术人员。其中，边亚娟、周珍辉、任平国等主要负责动物细胞培养概论、项目一和项目二的编写工作；秦静远、张乃群、金小花等主要负责植物细胞培养概论和项目五的编写工作；冯晖、吕健龙等主要负责项目三的编写工作；李恒思、唐业刚等主要负责项目四的编写工作；其他编写人员主要参与了实验视频的拍摄工作。

本书还配套有丰富的立体化教学资源，可从 www.cipedu.com.cn 免费下载。

本书在编写与出版过程中，得到了化学工业出版社、北京协和医学院与北京四环生物制药有限公司等单位的大力支持。北京协和医学院的章静波教授审阅了全部书稿，并对本书的构架和内容提出了许多建设性意见。北京协和医学院基础医学院细胞中心的刘玉琴教授和北京四环生物制药有限公司的车间主任吕健龙以及黄冈职业技术学院段院生等在配套音像资料的拍摄上做了大量工作。在此，作者谨向化学工业出版社、北京协和医学院和北京四环生物制药有限公司等单位致以诚挚的感谢。

由于作者的经验和水平有限，书中难免会有疏漏与不足之处，敬请广大读者与同仁批评指正。

编者

目　　录

第一部分　动物细胞培养

第二部分　植物细胞培养

第一部分　动物细胞培养

动物细胞培养概述

学习目标

1. 理解动物细胞培养的概念，了解细胞培养与组织培养和器官培养的区别与联系；

2. 熟悉动物细胞培养的特点；

3. 了解动物细胞培养的发展史及其在各领域的应用；

4. 熟悉动物细胞培养的基本要求和工作方法。

一、动物细胞培养的基本概念及优缺点

（一）动物细胞培养的概念

1. 动物细胞培养

动物细胞培养是指将动物活体体内取出的组织用机械或消化的方法分散成单细胞悬液，然后放在类似于体内生存环境的体外环境中，进行孵育培养，使其生存、生长并维持其结构与功能的方法。动物细胞培养的对象为单个细胞或细胞群，这些细胞不再形成组织。

2. 动物组织培养和器官培养

（1）动物组织培养　动物组织培养是一个和动物细胞培养相近的概念，其本意是指从生物体内取出活的组织（多指组织块）在体外进行培养的方法。组织培养的对象在体外可发生分化并保持组织的结构和功能，但不具备器官的结构与功能。在培养组织过程中，因为细胞的移动（运动）和其他一些环境因素的影响，现代的培养技术尚不能在体外维持组织的结构和机能长期保持不变。培养时间越长，发生变化的可能性越大，结果常使单一类型的细胞保存下来，最终成为细胞培养。而所谓的细胞培养，也并不意味着细胞彼此是独立的，细胞在培养中的生命活动和体内细胞一样，仍然是相互依存的，呈现出一定的“组织”特性。所以，组织培养和细胞培养的概念并无严格区别，有时会笼统地放在一起。要注意的是，组织培养这一概念在过去常常用来泛指所有的体外培养，即器官培养、组织培养和细胞培养的总称（见图 0-1）。

（2）动物器官培养　动物器官培养系将动物活体内的器官（一般是胚胎器官）、器官的一部分或器官原基取出，在体外进行培养的方法。器官培养的对象在体外也可能发生一定程度的分化，但始终保持器官的基本结构和功能特征。

事实上，动物器官培养和组织、细胞培养也没有截然界限。器官培养中所培养的器官包含各种各样的组织和细胞，其所应用的培养条件和组织培养、细胞培养的条件是相似的。

（二）动物细胞培养的优缺点

细胞培养不仅是一种技术，也是一门科学，现已广泛应用于现代医学和生物科学研究之中。细胞培养技术最大的优点在于被培养的细胞能够方便地施加实验因素和观测实验结果，是非常好的实验对象。

细胞培养技术具有以下一系列优点。

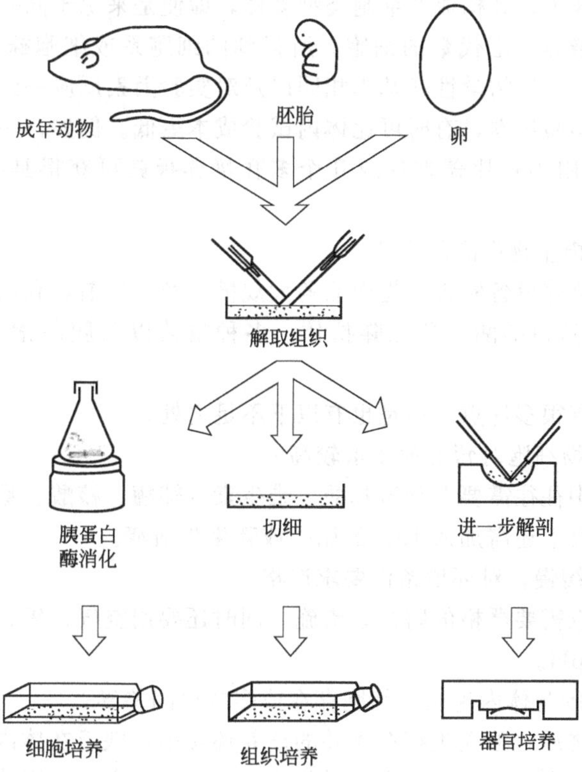

图 0-1　组织培养的类型

（引自：章静波译，动物细胞培养基本技术指南，2004）

1. 可简化细胞的生长环境以实现对细胞功能的研究

生物体内任何一个细胞不论是其生存环境还是其发挥功能的条件等都是非常复杂和不易研究的，要想弄清楚某一种细胞的生存条件和生物学功能，一个有效的方法就是将所研究的对象孤立出来单独进行分析。细胞培养技术使得在细胞存活的基础上独立研究细胞生命活动、逐项研究细胞生存条件和细胞功能成为可能。

2. 能够方便地控制实验因素

在细胞培养的条件下，细胞生存的理化环境如 pH、温度、CO_2 张力等都是可以人为控制的，并且可能做到很精确以及保持其相对的恒定。研究某种实验因素对细胞的生物学作用，只需在培养液中有针对性地加入或者删除这种成分即可。

3. 易于观测实验结果

利用细胞培养技术研究细胞的生命活动规律，可以很方便地采用各种实验技术和方法来观察、检测和记录。例如，通过倒置相差显微镜等直接观察活的细胞；应用缩时电影技术、摄像或者通过闭路电视长时间连续记录和观察被培养细胞的体外生长情况，可以直观地揭示培养细胞的生命活动规律以及所施加因素的反应；利用同位素标记、放射免疫等方法检测细胞内的物质合成和代谢变化等。

4. 可为多种学科的研究提供基础

从低等动物细胞到高等动物细胞以至人类细胞，从胚胎细胞到成体细胞，从正常组织细胞到肿瘤组织细胞皆可用于培养，为多种学科的实验研究提供广泛的实验材料。

5. 可同时提供大量均一性较好的细胞群，降低实验成本取自一般的组织样本，其构成的细胞类型多样，即使是来源于同一组织，也不可能做到均一性。但是，体外培养一定代数的细胞，所得到的细胞系或细胞株则可达到细胞类型单一、细胞周期同步均匀、生物学性状基本相同以及对实验因素反应一致。由于细胞培养可提供大量均一性较好的实验样本，有时可比体内试验成本更低。例如，一个需要100只鼠才能得出结论的实验可能用100片盖玻片或几个多孔培养板就可获得具有相同统计学意义的结果。

6. 能够进行大规模生物产品的生产

通过大规模细胞培养设备实现生物产品的大规模生产。目前，利用动物细胞大规模培养技术所生产的生物产品包括酶、单克隆抗体、多种疫苗以及胰岛素、干扰素等基因工程产品。

细胞培养虽然具有很多优点，但是也有以下不足之处。

1. 体外培养的动物细胞对营养的要求较高

动物细胞培养液中往往需要多种氨基酸、维生素、辅酶、核酸、嘌呤、嘧啶、激素和生长因子等，在很多情况下还需加入10%的胎牛或新生牛血清。

2. 动物细胞生长缓慢，对环境条件要求严格

动物细胞培养不仅需要严格的防污染措施，同时还要用空气、氧、二氧化碳和氮的混合气体进行供氧和调节pH。

3. 体外培养的细胞与体内生长的细胞存在或多或少的差异

组织和细胞离体之后，独立生存在体外的培养环境中，缺乏在体内时的血液供应和神经体液调节作用，其生物学行为与体内生长时相比会发生某些变化。即使当前模拟体内技术发展很快，但终究是一种人工条件，始终不如真正的体内生存条件完美。因此，在利用培养细胞作研究对象时，切不要与体内细胞等同起来，对实验结果做出轻易判断。

4. 细胞培养存在一定的不稳定性

体外培养的细胞，尤其是反复传代、长期培养的，有可能发生染色体非二倍体改变等情况。

二、动物细胞培养发展史

（一）动物细胞培养技术的创立

现在一般认为细胞培养技术是从R. Harrison和A. Carrel两人真正开始的。

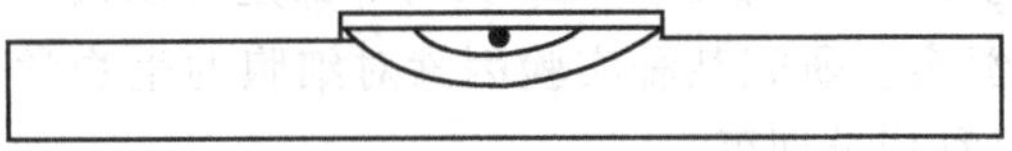

图0-2 单玻片悬滴培养法

（引自：薛庆善，体外培养的原理与技术，2001）

1907年，实验胚胎学家Harrison在无菌条件下，将蛙胚髓管部的小片组织接种于蛙的淋巴液中，共同保持在一个盖玻片上，然后翻转盖玻片，使组织小片和淋巴液悬挂在盖玻片的表面，再将这块玻片密封在一凹载玻板上。一定时间后，更换淋巴液。Harrison用这种方法，将蛙胚髓管部的小片组织在体外培养了数周之久。Harrison的实验开创了动物组织和细胞培养的先河，标志着盖玻片悬滴培养法的建立（见图0-2）。

在动物组织和细胞培养的先驱者中，法国学者A. Carrel也功不可没。Carrel把外科手术的无菌操作观念带到了组织培养实验中，在进行实验时特别注意无菌操作。在没有抗生素的情况下，仅仅依靠小心而细致的工作，使鸡胚心脏植块连续培养长达数年之久。除了将无菌操作观念带入组织培养过程外，Carrel的第二个重要贡献是将培养组织包埋技术、营养供应以及传代培养等许多重要的培养条件和方法引入组织培养过程中，从而使多种动物组织培

养获得成功。1923年，Carrel又设计了用卡氏瓶培养的方法，以扩大组织的生存空间，为组织细胞培养的发展奠定了基础。在卡氏瓶培养法的启发下，相继出现了各种类型的培养瓶、培养皿、试管以及多孔培养板的培养法。

（二）动物细胞培养技术的发展

组织和细胞技术创立以后，这门技术的发展非常迅速，特别是从20世纪50年代开始，细胞培养技术进入了一个飞速发展的阶段。相继有很多学者从改进培养器材、培养方法和培养液三个方面进行了很多革新。现在细胞培养已成为细胞工程、基因工程、抗体工程、酶工程等生物技术的重要手段，广泛应用于生物学和医学研究各个领域。

1. 培养器材的发展

1923年，Carrel设计出了培养空间较大且换液传代方便的卡氏瓶，并用卡氏瓶培养各种组织细胞，发表了大量论文。在卡氏瓶原理的启发下，出现了试管培养，继而又出现了多种类型的培养瓶、培养皿和多孔培养板的培养（见图0-3）。从20世纪40年代开始，大多数培养工作都过渡到用瓶子培养。

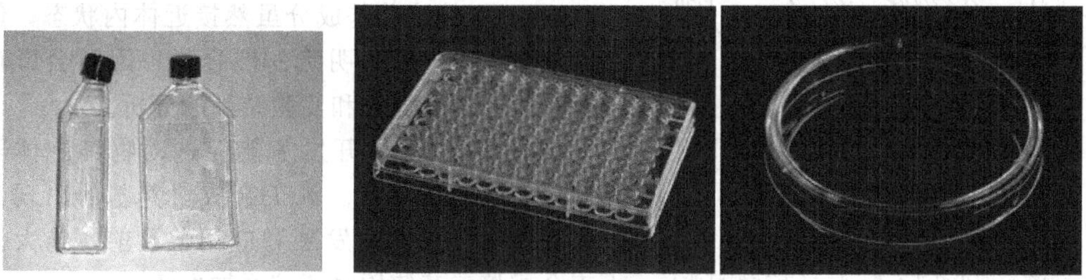

(a) 培养瓶　(b) 培养板　(c) 培养皿

图0-3　多种类型的细胞培养容器

（引自：中国实验室装备，2006）

2. 培养方法的发展

在培养器材更新的同时，培养方法的改进也十分迅速。1925年，A. Maximow改良了Harrison创立的单盖片悬滴培养法，使之成为双盖片悬滴培养法。双盖片悬滴培养法是将接种组织的盖玻片与用于封闭培养环境的盖玻片分成两张盖玻片（见图0-4），方便了更换培养液的手续，大大降低了污染的概率。

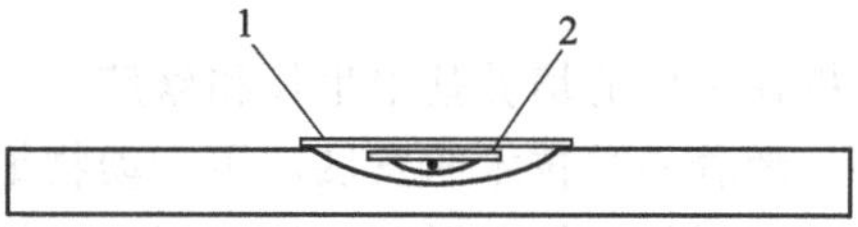

图0-4　双盖玻片法图解

1—载体盖玻片；2—带培养物盖玻片

（引自：陈瑞铭，动物组织培养技术及其应用，1998）

1933～1934年，Gey和Lewis建立了旋转管培养的方法，将培养物接种于一管状培养器皿中，再将其固定在一可以旋转的装置（见图0-5）上旋转培养。采用这种培养方法，培养物可交替地接触培养液和气体环境，既利于细胞或组织成长，也扩大了培养面积，增加了培养细胞的数量。Gey等利用旋转管培养法建立了许多细胞系，但这种方法有一个最显著的缺陷就是旋转管是球形的，因而不易在显微镜下观察。

1951年，Pomerat建立了灌流小室培养法。培养时，将细胞接种于一个由上下两个盖玻片（分别构成上壁与下壁）与一金属圈（构成侧壁）密封围成的小室内，保持在一定条件下培养。在小室的侧面分别有液体流入和流出的开口，供新鲜培养液流入小室和旧培养液排出，使细胞生活在不断更新的培养液中（见图0-6）。

1957年，Dulbecco等采用胰蛋白酶消化处理来分离细胞的方法和应用液体培养基的方

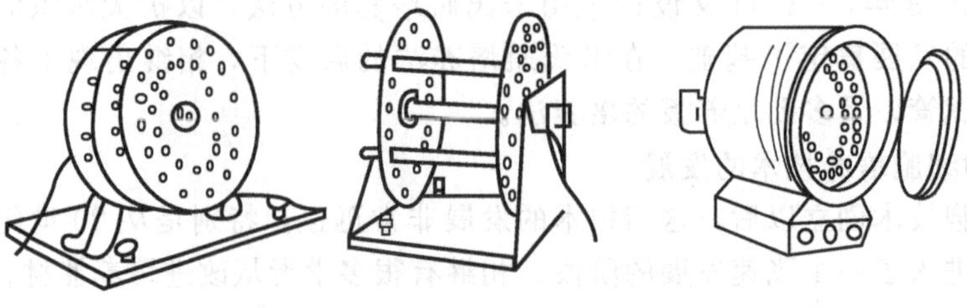

图 0-5 旋转管培养法中的旋转装置

（引自：陈瑞铭，动物组织培养技术及其应用，1998）

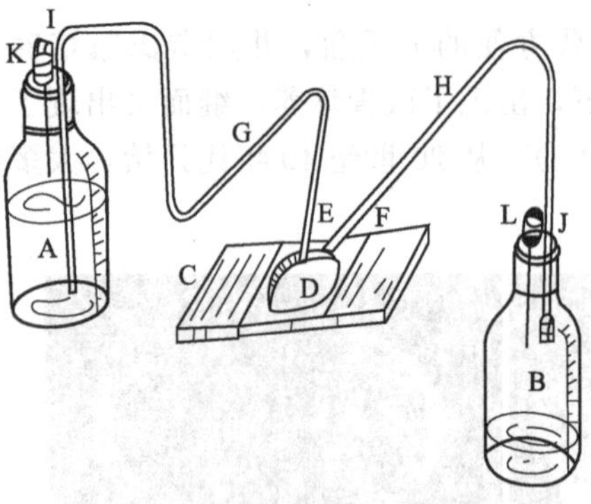

图 0-6 灌注小室培养系统

A—排液瓶；B—受液瓶；C—不锈钢灌注小室；D—扁锥形的小孔道；E，F—2 号注射针头；G，H—塑料导管；I—玻璃导管；J—2 号注射针头；K，L—14 号注射针头（塞以棉花）

（引自：陈瑞铭，动物组织培养技术及其应用，1998）

法，建立了单层细胞培养法。单层细胞培养法的出现对细胞培养的发展起了很大的推动作用。此后单层细胞培养法便成了细胞培养普遍应用的培养方法。

3. 培养液的发展

早期的细胞培养采用天然培养基（胎汁、血浆和血清）。天然培养基成分虽然接近体内状态，但其组成复杂，是成分不明确的混合物，因而会影响对某些实验产物的提取和实验结果的分析。

1951 年，Eagle 开发了能促进动物细胞体外培养的人工合成培养基。人工合成培养基的出现又促进了细胞培养技术的发展和应用。目前，绝大多数人工合成培养基使用时还需添加血清。

随着单克隆抗体制备、细胞生长因子和细胞分泌产物的研究，又开发了无血清细胞培养基技术。1975 年，Sato 等用激素、生长因子替代血清，使垂体细胞株培养获得成功。近 40 年来，已有几十种细胞株在无血清培养基中生长和繁殖。

随着科学技术的发展，用于动物细胞培养的各种物质条件都已进入商品化、规范化和系列化的时代。培养器皿、培养用水、培养基、血清、特殊添加剂、操作器械等物品都有专业化生产厂家，可以通过商业部门得到供应，一次性用品在细胞培养工作中的使用也越来越普遍。

三、动物细胞培养的应用

动物细胞培养技术几乎已应用到生物、医学研究的各个领域。这门技术自创立至今，已在多个学科领域甚至生产实践中发挥了巨大的作用。

（一）在生物学领域基础研究中的应用

离体培养的动物细胞具有培养条件可人为控制且便于观察检测的特点，因而可广泛应用于生物学领域的基础研究中。

1. 在细胞生物学上的应用

动物细胞培养可用于研究动物的正常或病理细胞的形态、结构、生长发育、细胞营养、代谢以及病变等微观过程。如神经细胞的增殖、突起生长、相互识别、刺激传递等机理就是通过进行各种神经细胞的培养才研究清楚的。

2. 在遗传学上的应用

除可用培养的动物细胞进行染色体分析外，还可结合细胞融合技术建立细胞遗传学，进行遗传分析和杂交育种。

3. 在胚胎学上的应用

通过体外培养卵母细胞，并进行体外授精、胚胎分割和移植已发展成了一种较成熟的技术而应用于家畜的繁殖生产及通过试管婴儿使部分患不孕症的妇女受孕。

4. 在病毒学上的应用

培养细胞为病毒的增殖提供了场所，细胞是分离病毒的最好和最方便的基质，利用细胞培养可准确进行病毒定性和定量的研究。另外，在病毒学研究中，用培养的动物细胞代替试验动物做斑点分析，不仅方法简便、准确、费用低、而且重复性好。

5. 在药理学领域的应用

在进行药品、食品添加剂等对机体的毒性实验及其产生不良影响的安全性研究中，不能用人体试验，用动物试验成本也很高，而细胞培养技术为其提供了最简易而又可靠的方法，并对研究毒性机制提供了良好的实验对象。

（二）在临床医学上的应用

1. 用于遗传疾病和先天畸形的产前诊断

目前，人们已经能够用羊膜穿刺技术获得脱落于羊水中的胎儿细胞，经培养后进行染色体分析或甲胎蛋白检测即可诊断出胎儿是否患有遗传性疾病或先天畸形。

2. 用于癌症的早期诊断和预防

我国的科学工作者通过培养淋巴细胞，并对其染色体进行对比分析检测出易患癌症的病人，以便进行及早的预防和治疗。

3. 用于临床治疗

目前已有将正常骨髓细胞经大量培养后植入患造血障碍症患者体内进行治疗的报道。另外，动物细胞培养生产的生物大分子制品也可用于治疗某些疾病，如利用动物细胞培养生产的重组人促红细胞生成素（rHuEPO）在临床上可用于治疗肾衰性贫血、癌症患者化疗后贫血。

4. 用于药物效应的检测

近年来随着细胞培养技术的发展，体外培养的细胞已成为测试药物效应的常用对象。利用体外培养的动物细胞测试药物效应，不仅比动物实验经济，而且加药后药物与细胞直接接触，获得实验结果更迅速。同时，如果检测的药物具有组织特异性时，可选用相应的细胞，如检测治疗肝病的药物可选用肝细胞、检测抗癌药物可选用癌细胞。

（三）在动物育种上的应用

目前，由于细胞培养技术、细胞融合技术、细胞杂交技术以及转基因技术的创建与相互结合，使得人们能够在细胞水平操作并改变动物的基因，进行遗传物质的重组。这样就可以按照人类的需要大幅度地改变生物的遗传组成，从而使新品种的培育在实验室中即可完成，可大大缩短育种进程，且使育种工作更加经济有效。胚胎干细胞的研究成果和克隆羊多莉的问世可以说已为动物遗传育种开辟了一条新途径。

（四）在生物制品生产上的应用

1953 年，Salk 用细胞培养的脊髓灰质炎病毒制备出灭活疫苗，从而开创了疫苗研制与生产的新领域，也开创了细胞培养在疫苗、抗体、诊断类抗原等生物制品生产领域的应用。另外，利用动物细胞培养技术生产大分子生物制品始于 20 世纪 60 年代，当时是为了满足生产口蹄疫疫苗的需要。后来随着动物细胞培养技术的逐渐成熟和转基因技术的发展与应用，人们发现利用动物细胞培养技术来生产大分子药用蛋白比原核细胞表达系统更有优越性。因为，重组 DNA 技术修饰过的动物细胞能够正常地加工、折叠、糖基化、转运、组装和分泌由插入的外源基因所编码的蛋白质，而细菌系统的表达产物则常以没有活性的包涵体形式存在。

目前，用动物细胞可生产的生物制品有各类疫苗、干扰素、激素、酶、生长因子、病毒杀虫剂、单克隆抗体等，从全球市场来看其销售额增长迅猛。如单抗在全球 1999 年的销售额仅为 12 亿美元，2002 年已经达到 40 亿美元，2004 年全球销售额大约在 103 亿美元，2011 年单抗药物的市场总量已经达到 628 亿美元，2015 年大约在 980 亿美元。未来，全球单克隆抗体药物依旧会保持较高的增长率。我国的单克隆抗体药物从无到有，并且在我国医药市场发挥着越来越重要的作用。目前我国单抗市场规模每年以 50%以上的速度递增。

四、动物细胞培养工作的基本要求和工作方法

（一）动物细胞培养工作的基本要求

1. 培养前准备

在开始实验前要制订好实验计划和操作程序。有关数据的计算要事先做好。根据实验要求，准备各种所需器材和物品（无菌物品的准备数要大于使用数），清点无误后将其放置操作场所（培养室、超净台）内，然后开始对超净工作台的消毒。

2. 操作野消毒

无菌培养室每天都要用 0.2%的新洁尔灭拖洗地面一次（拖布要专用），紫外线照射消毒 30～50min。超净工作台台面用紫外线消毒至少 30min，然后启动超净台风机和照明灯，再用 75%酒精擦拭台面即可开始实验操作。

3. 洗手和着装

原则上和外科手术相同。平时仅做观察不做培养操作时，可穿着细胞培养室内紫外线照射 30min 的清洁工作服。在利用超净台工作时，因整个前臂要伸入箱内，应着长袖的清洁工作服，并于开始操作前用肥皂洗手，再用 75%的酒精擦拭手。如果实验过程中手触及可能污染的物品和出入培养室都要重新用消毒液洗手。进入原代培养室需彻底洗手还要戴口罩、着消毒衣帽。

4. 火焰消毒

在无菌环境进行培养或做其他无菌工作时，首先要点燃酒精灯或煤气灯。以后一切操作，如安装吸管帽、打开或封闭瓶口等，都需在火焰近处并经过烧灼进行。但要注意：金属器械不能在火焰中烧的时间过长，烧过的金属镊要待冷却后才能夹取组织，以免造成组织损伤。吸管使用前其使用端要经火焰消毒，吸取过营养液后的吸管不能再用火焰烧灼，因残留在吸管头中的营养液能烧焦形成炭膜，再用时会把有害物带入营养液。开启、关闭装有细胞的培养瓶时，火焰灭菌时间要短，防止因温度过高烧死细胞。另外，胶塞过火焰时也不能时间长，以免烧焦产生有毒气体，危害培养细胞。

5. 实验中的操作要求

进行培养时，动作要准确敏捷，但又不必太快，以防空气流动，增加污染机会。不能用手触及已消毒器皿，如已接触，应先用酒精棉擦拭再用火焰烧灼消毒或取备用品更换。为拿取方便，工作台面上的用品要有合理的布局，原则上应是右手使用的东西放置在右侧，左手用品在左侧，酒精灯置于中央。工作由始至终要保持一定的顺序性，组织或细胞在未做处理之前，勿过早暴露在空气中。同样地，培养液在未用前，不要过早开瓶；打开的瓶口要顺风斜放在支架上或远处；试剂用过之后如不再重复使用，应立即封闭瓶口，因直立可增加落菌机会。吸取营养液、PBS、细胞悬液及其他各种用液时，均应分别使用不同吸管，做到专管

专用，以防扩大污染或导致细胞交叉污染。工作中不能面向操作野讲话或咳嗽，以免唾沫把细菌或支原体带入工作台面发生污染。手或相对较脏的物品不能经过开放的瓶口上方，瓶口最易污染，加液时如吸管尖碰到瓶口，则应将吸管丢掉。

（二）动物细胞培养工作方法

细胞培养是一项程序比较复杂、需求条件多而严格的实验性工作，工作时必须注意以下几点。

① 将所有的操作程序如洗刷、配液、消毒等制定出统一的规范和要求，并在一定时间内保持相对稳定，同时要求人人遵守。

② 各种用液（培养液、胰蛋白酶、Hank's 液、$NaHCO_3$、抗生素液），均应由专人负责配制，并保证做到制备浓度精确、灭菌可靠。所有制备好的溶液和试剂瓶上都要贴有标签，注上名称、浓度、消毒与否、制备日期及使用人。

③ 一切培养用品都要有固定的存放地点，其中尤为重要的是：培养用品与非培养用品应严格分开；已消毒与未消毒品应严格分开存放。

一切措施都是为了避免各种杂质混入细胞生存环境，防止微生物感染和细胞"污染"。所谓细胞污染，即细胞间的交叉污染，是指不同的细胞之间因操作不严造成的相互混杂，使细胞群体不纯的现象，近年来世界上不少实验室都出现过这种事故，应引起注意。

【难点自测】

一、名词解释

细胞培养、组织培养、器官培养

二、填空题

1. 体外培养（或组织培养）主要包括________、________和________三种类型。

2. ________的实验开创了动物组织和细胞培养的先河，他建立了________培养法。

3. 在卡氏瓶原理的启发下，出现了试管培养，继而又出现了多种类型的________、培养皿和________的培养。从 20 世纪 40 年代开始，大多数培养工作都过渡到用________培养。

4. 在动物细胞培养方法的发展过程中，具有历史意义的培养方法有：盖玻片悬滴培养法、________、________和目前普遍应用的单层细胞培养法。

5. 早期细胞培养采用________培养基，现在广泛采用添加________的________培养基，近二十年来，动物细胞培养基朝着________培养基的方向发展。

三、问答题

1. 动物细胞培养技术现已应用到哪些领域？请举例说明。

2. 动物细胞培养有哪些基本要求和工作方法？

3. 为什么在细胞培养过程中要保证最大程度的无菌？

4. 为什么将吸管插到吸耳球中、打开或封闭瓶口等，都需在火焰近处并经过烧灼进行？

项目一　VERO 细胞的传代培养

【项目介绍】

一、项目背景

VERO 细胞是非洲绿猴肾细胞，该细胞是世界卫生组织和我国生物制品规程认可的生产疫苗的细胞系。与用作疫苗生产的其他细胞基质相比，VERO 细胞的来源方便，易于培养，生物安全性高，对多种病毒的感染敏感、病毒增殖滴度高，是很多病毒理想的基质，能广泛地用于人和动物疫苗的生产。

假设你是一名刚到××生物制药公司细胞车间工作的细胞操作人员，该公司通过培养 VERO 细胞生产疫苗，细胞的传代、冻存和复苏工作将是你的常规工作。该操作岗位要求操作人员尽快熟悉细胞的传代、冻存和复苏工作的标准操作规程，掌握细胞传代、冻存和复苏的技术以及培养细胞的常规观察方法，会正确填写工作记录，能解决传代、冻存和复苏过程的常见问题，能按时提交质量合格的 VERO 细胞。

二、学习目标

1. 能力目标

① 能根据操作规程，对不同的动物细胞培养用品进行正确的清洗、包装和消毒灭菌。

② 能根据操作规程，正确配制 Hank's 液、胰蛋白酶液和血清细胞培养液等细胞培养用液。

③ 会正确使用设备和器材完成细胞的传代培养、冻存和复苏。

④ 能根据培养液的颜色和清亮度，初步判断细胞生长状态及是否污染；能运用倒置显微镜观察细胞形态和生长状态。

2. 知识目标

① 熟悉动物细胞的营养需求和生存环境以及动物细胞培养用品和用液的种类及作用。

② 熟悉体外培养细胞的形态类型、生长特点和过程。

③ 掌握动物细胞传代培养、冻存和复苏的方法及基本程序。

④ 掌握动物细胞培养常规观察的主要项目及基本程序。

⑤ 了解动物细胞培养实验室的设计与布局。

⑥ 了解培养细胞的运输和短期保存。

3. 素质目标

① 初步形成无菌意识。

② 诚实守信、工作踏实，能按标准操作规程做重复性强的工作。

三、项目任务

① VERO 细胞培养前的准备。

② VERO 细胞的传代和观察。

③ VERO 细胞的冻存和复苏。

【思政案例】

【项目实施】

任务一　VERO 细胞培养前的准备

动物细胞培养与植物细胞和微生物的培养有很大不同（见表 1-1），主要表现为动物细胞没有细胞壁，对培养条件如温度、pH 值、气相及无污染环境等的要求非常苛刻，对生长所需的营养条件有着复杂、独特的需求。在动物体内有千万年进化而来的体内生理环境保证生长条件，细胞的营养需求也有机体自身一套独特的生理调节和神经、体液调节机制来保证。但是，细胞一旦脱离机体进行体外培养，就要求尽可能地模拟体内的生理环境。相比于植物组织和微生物的体外培养，动物细胞培养要显得娇嫩得多。温度、pH 值等条件的稍微波动都有可能导致培养效果不理想，严重的还会直接导致细胞死亡。

表 1-1　动植物细胞及微生物的培养比较

项目	微生物	动物细胞	植物细胞
大小/μm	1～10	1～100	1～100
悬浮生长	可以	少数可以，但多数需附着表面才能生长	可以，但易结团，无单个细胞
营养要求	简单	非常复杂	较复杂
生长速率	快，倍增时间 0.5～5h	慢，倍增时间 15～100h	慢，倍增时间 24～74h
代谢调节	内部	内部、激素	内部、激素
环境敏感	不敏感	非常敏感	能忍受广泛范围
细胞分化	无	有	有
传统变异、筛选技术	广泛使用	不常使用	有时使用
细胞或产物浓度	较高	低	低

基于动物细胞体外培养对培养环境和营养条件近乎苛刻的要求，在正式进行体外培养实验之前，做好充分、细致的实验准备工作，尽可能地为动物细胞的生长提供一个营养合理、条件适宜及无其他微生物污染的生长环境，不但是必需的，也是最基本的要求。从某种程度上说，实验准备工作的好坏是后续细胞体外培养工作成败的关键，因此，必须高度重视实验前的准备工作。

动物细胞体外培养的准备工作是一个繁冗、漫长的过程，主要的目的是为细胞生长提供一个无菌的、营养丰富的生存环境。准备前首先要制订详细周密的实验方案，方案中主要包括：①写出需要准备的设备、药品、无菌试剂、无菌器材及其他物品；②制备无菌试剂的方法；③准备无菌器材的方法；④实验室的准备。其中，无菌器材（培养用品）和无菌试剂（培养基等培养用液）是直接与所培养细胞接触的，是确保能否提供无菌环境的关键，对培养细胞的生长繁殖是至关重要的，培养基的正确选择也是满足培养细胞生长所需营养的最基本要求，也是准备工作的重点。

• 必备知识

一、培养细胞的生长条件

动物细胞没有细胞壁，生长缓慢，且大多数需附着在支持物上生长。因此，动物细胞培养与微生物细胞培养虽然基本原理相同，但在营养要求和环境条件等方面却有很大的不同。动物细胞培养对营养要求更加苛刻，除氨基酸、维生素、无机盐、葡萄糖等外，还需要血清。动物细胞没有细胞壁，对环境极其敏感，需在培养过程中对 pH、溶解氧、温度、剪切力等进行严格监控。另外，动物细胞生长缓慢，培养时间要求更长，因此动物细胞培养防污染的任务更艰巨，在培养基中需添加抗生素来防止污染。

下面从培养细胞的营养需要及生存环境来介绍培养细胞的生长条件。

(一) 营养需要

动物细胞的培养对营养的要求较高，在保证细胞渗透压的情况下，培养液中的成分要满足细胞进行糖代谢、脂代谢、蛋白质代谢及核酸代谢所需要的各种营养，如包括十几种必需氨基酸及其他多种非必需氨基酸、碳水化合物、维生素、无机盐类、辅酶、核酸、嘌呤、嘧啶、激素和生长因子，其中很多成分系用血清、胚胎浸出液等提供，因此动物细胞培养在很多情况下还需要加入10%的胎牛或小牛血清。只有满足了这些基本条件，细胞才能在体外正常存活和生长。

1. 氨基酸

氨基酸是细胞合成蛋白质的原料。不同种类的细胞对氨基酸的要求各异，但有12种氨基酸细胞自身不能合成，必须依靠培养液提供，这些氨基酸称为必需氨基酸，体外培养的各种培养基内都含有这些必需氨基酸。此外还需要谷氨酰胺，它在细胞代谢过程中有重要作用，是细胞合成核酸和蛋白质必需的氨基酸，在缺少谷氨酰胺时，细胞生长不良而死亡。因此，各种培养液中都有较大量的谷氨酰胺。但是，由于谷氨酰胺在溶液中很不稳定，应置于−20℃冰箱中保存，在使用前加入培养液内。已含谷氨酰胺的培养液在4℃冰箱中储存两周以上时，还应重新加入原来量的谷氨酰胺。

2. 碳水化合物

碳水化合物是细胞生长的主要能量来源，不论是有氧氧化还是无氧酵解，六碳糖都是主要能源。此外，六碳糖也是合成某些氨基酸、脂肪、核酸的原料。细胞对葡萄糖的吸收能力最高，对半乳糖最低。体外培养动物细胞时，几乎所有的培养基或培养液中都以葡萄糖作为必含的能源物质。

3. 无机盐

动物细胞的生长需要 Na^+、Mg^{2+}、Ca^{2+}、Cl^-、SO_4^{2-}、PO_4^{3-} 和 HCO_3^- 等无机离子的参与。它们在帮助细胞维持渗透压平衡和调节细胞膜功能等方面有重要作用。另外，它们还是某些维生素、激素和酶形成过程中不可缺少的原料，如许多酶都以 Mg^{2+} 作为辅助因子。

4. 维生素

维生素是维持细胞生长的必不可少的有机化合物，在细胞代谢中主要扮演辅酶、辅基的角色。它分为脂溶性维生素和水溶性维生素两大类。脂溶性维生素有维生素A、维生素D、维生素E、维生素K等；水溶性维生素有维生素C和维生素 B_1、维生素 B_2、维生素 B_6、维生素 B_{12} 等。在细胞培养中，尽管血清是维生素的重要来源，但是许多培养基中都添加生物素、叶酸、烟酰胺、泛酸、吡哆醇、核黄素、硫胺素、维生素 B_{12} 以适合更多的细胞系生长。

5. 促生长因子

细胞要进行良好的生长分裂还要在培养基中添加促生长因子及激素。已证明各种激素、生长因子对于维持细胞的功能、保持细胞的状态（分化或未分化）具有十分重要的作用。如胰岛素能促进细胞利用葡萄糖和氨基酸，用量为1～10U/mL，对很多细胞的增殖生长均有促进作用。有些激素对某一类细胞有明显的促进作用，如氢化可的松可促进表皮细胞的生长、泌乳素有促进乳腺上皮细胞生长的作用等。血清是提供促生长因子及激素的重要来源，现已从血清中，用生物工程方法制取出多种促细胞生长物并已商品化。因此这方面的营养需要可通过在培养基中添加5%～20%的小牛血清来满足。

6. 其他成分

(1) 微量元素　现又查明，细胞生长中，除需钾、钠、钙、镁、氮和磷等基本元素外，也需微量元素，如铁、锌、硒等。有资料证明，还需铜、锰、钒等元素，但均尚未明确所需用量，因此在培养液中尚未把这些元素作为固定成分应用，而且在未加这些元素的情况下，细胞也能增殖生长，这可能是由于在非限定物血清中含有少量这些元素，从而得到补充的缘故。

(2) 促细胞贴附物质　体外细胞（少数悬浮型生长的细胞除外）在生长中，有时还需要促细胞贴附物质。它们有助于细胞贴附在各种底物或支持物上增殖生长（如鼠尾胶原、纤维连接素），但这些并非细胞培养所必需。近几年来，已从各种组织和生物成分中分离出多种促细胞贴附物质。

(3) 2-巯基乙醇　在一些较为复杂的细胞培养过程中，其培养液中还包括其他一些成分。如在杂交瘤技术中常用的DMEM培养液，使用时还需要补加丙酮酸钠和2-巯基乙醇(2-mercaptoethanol，2-Me)。2-Me是一种小分子还原剂，极易氧化，分子量为78.13，纯的2-Me是一种无色有刺激味的液体，相对密度为1.110～1.120。常配制成0.1mol/L的储存液，用时每升培养液加0.5mL。2-Me对细胞生长有很重要的作用。有人认为它相当于胎牛血清，有直接刺激细胞增殖的作用。2-Me的活性部分是巯基，其中一个重要作用是使血清中含硫的化合物还原成谷胱甘肽，能诱导细胞的增殖，为非特异性的激活作用。同时避免过氧化物对培养细胞的损害。另一个重要作用是促进分裂原的反应和DNA合成，增加植物凝集素（PHA）对淋巴细胞的转化作用，已广泛应用于杂交瘤技术；另外，2-Me也开始用于一些难以培养的细胞。

（二）生存环境

1. 培养用水

细胞永远离不开水，因为一切营养物质溶解于水才利于细胞吸收，代谢产物溶解于水才能排泄，生化反应只有在溶液状态才能很好地进行。体外培养细胞对水质的要求非常高，至少需使用新鲜的、制备不超过两周的三蒸水或超纯水。

2. 培养温度

维持培养细胞旺盛生长，必须有恒定而适宜的温度。不同种类的细胞对培养温度要求也不同。人体细胞培养的标准温度为36.5℃±0.5℃，偏离这一温度范围，细胞的正常代谢就会受到影响，甚至死亡。培养细胞对低温的耐受力较对高温强，温度上升不超过39℃时，细胞代谢与温度成正比，人体细胞在39～40℃ 1h，即能受到一定损伤，但仍有可能恢复；在40～41℃ 1h，细胞会普遍受到损伤，仅小半数有可能恢复；41～42℃1h，细胞受到严重损伤，大部分细胞死亡，个别细胞仍有恢复可能；当温度在43℃以上1h，细胞全部死亡。相反，温度不低于0℃时，对细胞代谢虽有影响，但并无伤害作用；把细胞放入25～35℃时，细胞仍能生存和生长，但速度减慢；放在4℃数小时后，再回到37℃培养，细胞仍能继续生长。细胞代谢随温度降低而减慢。当温度降至冰点以下时，细胞可因胞质结冰受损而死亡。但是，如果向培养液中加入一定量的冷冻保护剂（二甲基亚砜或甘油），可在深低温下如－80℃或－196℃（液氮）长期保存。

3. pH

动物细胞生长大多数需要轻微的碱性条件，培养的最适pH值为7.2～7.4之间，当pH低于6或高于7.6时，细胞的生长会受到影响，甚至导致死亡。但是，细胞培养最适pH值随培养的细胞种类不同而不同。成纤维细胞喜欢较高的pH（pH7.4～7.7），而传代转化细胞系则需要偏酸的pH（pH7.0～7.4）。原代培养细胞一般对pH的变动耐受差，永生性细胞系和恶性细胞耐力强。多数类型的细胞对偏酸性的环境耐受性较强，而在偏碱性的情况下则会很快死亡。因此，培养过程一定要控制 pH。例如，二倍体成纤维细胞在控制 pH 的情况下，比在可变 pH 情况下生长要好得多。

4. 气体条件

细胞的生长代谢离不开气体，其所需气体主要是氧和二氧化碳。氧参与三羧酸循环，产生能量供给细胞生长、增殖和合成各种成分。一些细胞在缺氧情况下，借糖酵解也可获取能量，但多数细胞缺氧不能生存。二氧化碳既是细胞代谢产物，也是细胞所需成分，它主要与维持培养基的 pH 有直接关系。

细胞在生长过程中随细胞数量的增多和代谢活动的加强，不断释放 CO_2，致使培养基变酸，pH 发生变动。CO_2 影响培养基 pH 的作用机制在于：

$$CO_2+H_2O \rightleftharpoons H_2CO_3 \rightleftharpoons H^+ + HCO_3^- \tag{1-1}$$

因此在环境中 CO_2 增加时趋于降低 pH，导致培养基变酸。一般在动物细胞培养中，用 $NaHCO_3$ 调节 CO_2 增加引起的培养基变酸，其作用机制为：

$$NaHCO_3 \rightleftharpoons Na^+ + HCO_3^- + H_2O \rightarrow Na^+ + H_2CO_3 + OH^- \rightarrow Na^+ + OH^- + H_2O + CO_2\uparrow \tag{1-2}$$

当 HCO_3^- 浓度增加时能推动式(1-1) 向左移动，使 pH 达到 7.4 平衡为止。但从式(1-2) 可看出 HCO_3^- 容易水解为二氧化碳并逸出，从而导致培养液变碱。细胞在碱性环境中时间过长可使细胞碱中毒，故 $NaHCO_3$-CO_2 缓冲系统只适用于封闭式培养。但封闭式培养满足不了细胞对氧的需求。为解决这一问题，在开放培养时（碟皿或培养瓶松盖培养），一般将细胞置于 95%空气加 5%二氧化碳的混合气体环境中培养，使细胞代谢产生的 CO_2 及时溢出培养瓶，再通过稳定调节培养箱中的 CO_2 浓度（5%），与培养基中的 $NaHCO_3$ 处于平衡状态。

为克服用 $NaHCO_3$ 调整的麻烦，也可使用 *N*-2-羟乙基哌嗪-*N*-2-乙磺酸（HEPES），它对细胞无毒性，也不起缓冲作用，主要是能防止 pH 迅速变动，其最大优点是在开瓶通气培养或活细胞观察时能维持较恒定的 pH。

5. 渗透压

细胞必须生活在等渗环境中，大多数培养细胞对渗透压有一定的耐受性。人血浆渗透压 290mOsm/kgH_2O，可视为培养人体细胞的理想渗透压。鼠细胞渗透压在 320mOsm/kgH_2O 左右。对于大多数哺乳动物细胞，渗透压在 260～320mOsm/kgH_2O 的范围都适宜。

6. 无毒、无污染

有害物侵入体内或代谢产物积累时，由于体内存在着强大的免疫系统和解毒器官（肝脏等），对它们可进行抵抗和清除，使细胞不受危害。当细胞被置于体外培养后，便失去了对微生物和有毒物质的抵抗能力，一旦被污染或自身代谢物积累等，可导致细胞死亡。因此培养环境无毒和无菌是保证培养细胞生存的首要条件。

二、动物细胞培养设备

（一）动物细胞培养的常用设备

1. 超净工作台

超净工作台（见图 1-1）是目前普遍应用的无菌操作装置。其工作原理主要是利用鼓风机驱动室内空气经粗滤布首次过滤，再经高效空气过滤器除去空气中的尘埃颗粒，使空气得到净化。净化空气以一定的速度徐徐通过工作台面，使工作台内构成无菌环境。工作台顶部配有紫外线杀菌灯，可杀死操作区台面的微生物。超净工作台按气流方向的不同可分为水平流和垂直流两种。前者净化后的气流由左侧或右侧通过工作台面流向对侧，也有从上向下或从下向上流向对侧，形成气流屏障保持工作区无菌，工作台结构为封闭式的；后者净化后的空气面向操作者流动，因而外界气流不致混入操作，但进行有害物质实验操作则对操作者不利。

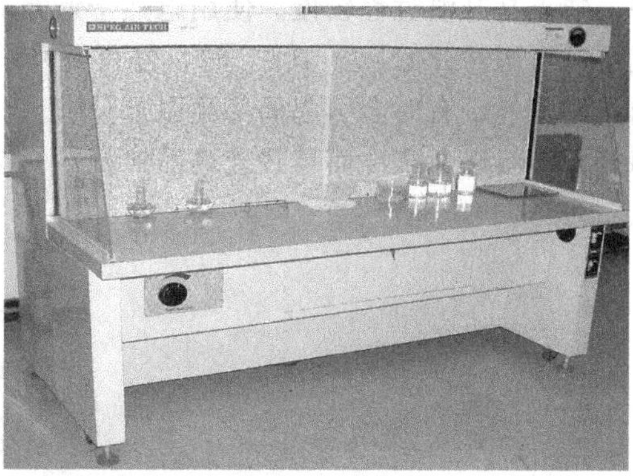

图 1-1 双人用超净工作台

超净工作台应安装在隔离好的无菌间或清洁无尘的房间内，以免尘土过多易使过滤器阻塞，降低净化效果，缩短其使用寿命。使用净化工作台前，先以紫外线灭菌灯照射30～50min处理净化工作区内积存的微生物，关闭灭菌灯后应启动风机使之运转2min后再进行培养操作。不论何种类型的超净工作台都应注意净化区内气流的变化，一旦感到气流变弱，如酒精灯火焰不动，加大电机电压仍未见情况改变则说明滤器已被阻塞，应及时更换，一般情况下，高效过滤器三年更换一次，更换高效过滤器应请专业人员操作，以保持密封良好。超净工作台粗过滤器中的过滤布（无纺布）应定期清洗更换，时间应根据工作环境洁净程度而定，通常间隔3～6个月进行一次。

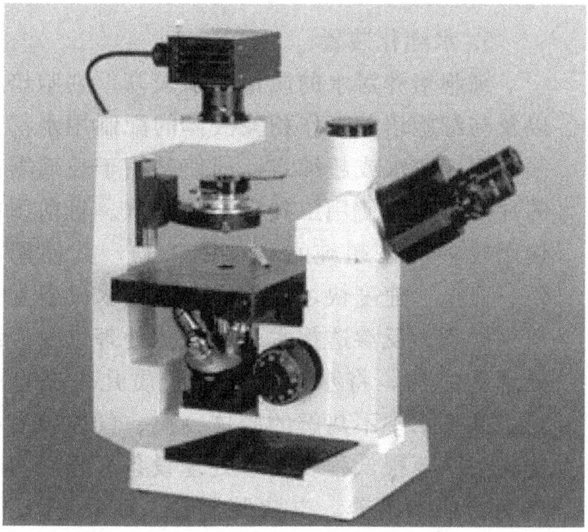

图 1-2 37XB 型倒置显微镜

2. 倒置显微镜

倒置显微镜（见图 1-2）是组织细胞培养室所必需的日常工作常规使用设备之一，便于掌握细胞的生长情况并观察有无污染等。倒置显微镜的一般构造与普通显微镜一样有物镜、目镜、光源、光路系统等。但倒置显微镜的光源位于载物台上方，光线由上至下照射到观察物上，物镜则位于载物台下方，观察培养细胞多用放大倍数为10×和20×的物镜，目镜为10×。

3. CO_2 培养箱

目前多数的细胞培养室已广泛使用 CO_2 培养箱（见图 1-3），通常使用条件为37℃、5%CO_2。CO_2 培养箱的优点是能够提供进行细胞培养时所需要的一定量的 CO_2，易于使培养液的pH保持稳定，适用于开放或半开放培养。在开放培养时，若使用培养瓶培养，可将瓶盖略微旋松，使培养瓶内与外界保持通气状态。由于这种培养方法培养器皿内部与外界相通，培养箱内的空气必须保持清洁，应定期以紫外线照射或酒精消毒。同时培养箱应放置盛有无菌蒸馏水的水槽，防止培养液蒸发，使箱内相对湿度始终保持在100%。

4. 电热干燥箱

主要用于有些器械、器皿的烘干和玻璃器皿等的干热消毒。干热消毒时，电热干燥箱升温较高，一般需达到160℃以上。通常使用鼓风式电热干燥箱。其优点是温度均匀、效果较好，缺点是升温过程较慢。使用电热干燥箱时应注意：①升温时，不能先升温后鼓风而应鼓风与升温同时开始，至100℃时，停止鼓风。因为温度升到较高时再鼓风的话，鼓风时带入的新鲜空气，有时会引起局部高温部分着火，有时会导致玻璃器皿破裂。②消毒后，不能立即打开箱门以免骤冷而导致玻璃器皿损坏，应等候温度自然下降至100℃以下方可开门。

图 1-3 三洋 MCO-15AC 型二氧化碳培养箱

5. 水纯化装置

细胞培养对水的质量要求较高，细胞培养以及与细胞培养工作相关液体的配制用水都必须使用三蒸水或超纯水，即使是用于玻璃器皿的冲洗，也应使用二次以上蒸馏水。目前国内使用较多的是超纯水仪（图 1-4），其使用方便，安全、速度快，水质好。超纯水设备是采用预处理、反渗透技术、超纯化处理以及后级处理等方法，将水中的导电介质几乎完全去除，又将水中不离解的胶体物质、气体及有机物均去除至很低程度的水处理设备。超纯水对于动物细胞培养、电泳胶制备、DNA 重组研究和单克隆抗体制备等都非常理想，能有效地去除热原和其他细菌副产物。

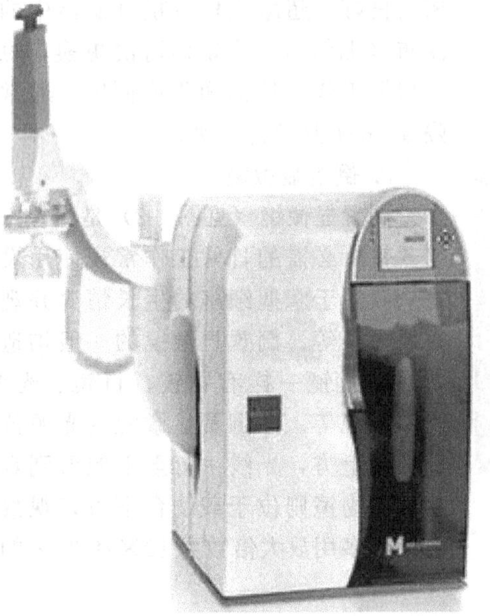

图 1-4 Milli-Q 超纯水仪

6. 冰箱

细胞培养室应放置一台普通冰箱或冷藏柜，用于储存培养液、生理盐水、Hank's 液试剂、消化液等培养用液及短期保存组织标本。此外，为储存需要冷冻保存生物活性及较长时期存放的制剂，如酶、血清等，还应配置一台低温冰箱（−20℃）。低温冰箱可放在实验室内，不必放在培养室内。细胞培养室的冰箱应属专用，不得存放细菌等微生物及易挥发、易燃烧等对细胞有害的物质，且应保持清洁。

7. 细胞冷冻保存器

冷冻保存器常用的是液氮生物容器，简称液氮罐，主要用于冻存细胞、组织块等活性材料。根据使用需要分为不同的类型及多种规格。选择购置液氮容器时要综合考虑容积大小、取放使用方便及液氮挥发量（经济）三种因素。液氮容器的大小可有25～500L，可以储存1mL的安瓿250～15000个。液氮温度可低达－196℃，使用时应防止冻伤，在灌充液氮和取出液氮及取放物品时，应戴上皮手套，不能赤脚或穿拖鞋，以免液氮飞溅伤人。由于液氮容易挥发，放进和取出冷冻物品时，要尽量缩短罐口打开时间，以减少液氮消耗量。使用时还应注意观察存留液氮情况，当液氮量减少到总容量的1/3时必须及时补充，避免挥发过多而致细胞受损。液氮罐在使用过程中，内胆会慢慢积蓄水分，并繁殖细菌。若细菌混入液氮中，会对内胆造成一定的破坏，因此，每年最好对液氮容器洗涤1～2次。洗涤方法为：从容器中取出提筒，罐放置2天左右，待容器内温度升到0℃左右，把40～50℃温水注入容器内，用布擦拭容器四周；清水冲洗，容器倒置自然晾干。

8. 离心机

细胞培养中，在进行制备细胞悬液、调整细胞密度、洗涤、收集细胞等常规工作时，通常需要使用离心机。一般可常规配置4000r/min的国产台式离心机，例如细胞沉降，使用80～100g的离心机即可，离心力过大有时可能引起细胞的损伤。另外，可根据需要添置其他类型如大容量或可调节温度的离心机等。

9. 天平

常用的有扭力天平、精密天平及各种电子天平等。目前实验室常用的是各种感量的电子天平。另外，细胞培养实验室还需购置一台普通天平，以离心时平衡之用。

10. 消毒器

直接或间接与细胞接触的物品均需进行消毒灭菌处理，常用高压蒸汽灭菌锅（图1-5）。高压蒸汽消毒器一般用于培养用的三蒸水、不含糖的缓冲溶液、手术器械、布料（台布和衣帽）以及橡胶制品等的消毒灭菌。

11. 相差显微镜

相差显微镜主要是用于观察未经染色的活细胞的形态、结构和活动，如细胞的生长、运动、发育、分裂、分化、衰老和死亡以及此过程中细胞形态和主要结构的连续变化。活细胞透明，反差小，在一般光学显微镜下难以清晰地观察到细胞的形态和结构。装有相差装置的显微镜能够加大目的物与背景的反差度，从而可清楚地观察细胞。

图1-5 高压蒸汽灭菌锅

（二）动物细胞培养的特殊设备

细胞培养实验室除了应配备上述的常用基本设备和工具以外，如有条件，还可添置一些特殊或先进的设备仪器，以便更有效、更精确、更深入地进行实验室工作，主要介绍以下一些设备。

1. 酶联免疫检测仪

酶联免疫检测仪是酶联免疫吸附试验（ELISA）的专用仪器，可简单地分为半自动和全自动两大类，它们的核心部件都是一个比色计，工作原理基本是一致的，即用比色法来分析抗原或抗体的含量。ELISA测定一般要求测试液的最终体积在250μL以下，而用一般的光电比色计无法完成测试。可用于进行免疫学测定及细胞毒性、药物敏感性检测等。

2. 超低温冰箱

超低温冰箱又称超低温保存箱、超低温冰柜等。按温度范围大致可分为：－60℃以及

−86℃超低温冰箱。可适用特殊材料的低温试验及血浆、生物材料、疫苗、生物制品、化学试剂、菌种、细胞样本等的低温保存。

3. 旋转培养器

旋转培养器主要用于细胞的大量培养，它能使放置其上的细胞培养瓶或试管等培养器皿按一定转速旋转。旋转培养主要用于液体培养基，可以使细胞生长更均匀，如细胞培养转瓶机。工厂中使用的细胞培养转瓶机可在4～6层的架子上同时放置20～72个转瓶，这种大型转瓶机安装在自动控温的温室内，实验室小规模生产用的转瓶机可安放在温箱中。

4. 荧光显微镜

荧光显微镜主要用于研究细胞内物质的吸收、运输以及化学物质的分布和定位等。这种显微镜以紫外线为光源照射被检物体，使之发出荧光，然后在显微镜下观察物体的形状及其所在位置。细胞中有些物质，如叶绿素等，受紫外线照射后可发荧光；另有一些物质本身虽不能发荧光，但如果用荧光染料或荧光抗体染色后，经紫外线照射亦可发荧光，荧光显微镜就是对这类物质进行定性和定量研究的工具之一。

5. 流式细胞仪

流式细胞仪是对细胞进行自动分析和分选的装置。它可以快速测量、存储、显示悬浮在液体中的分散细胞的一系列重要的生物物理以及生物化学方面的特征参量，并可以根据预选的参量范围把指定的细胞亚群从中分选出来。多数流式细胞仪是一种零分辨率的仪器，它只能测量一个细胞的诸如总核酸量、总蛋白量等指标，而不能鉴别和测出某一特定部位的核酸或蛋白质的多少。也就是说，它的细节分辨率为零。

6. 用于检测细胞培养条件的各种仪器

例如专门为快速分析细胞培养基中的主要或关键营养成分、代谢产物及气体含量设计的多功能细胞培养分析仪、手提式 CO_2 浓度测定仪等。

三、动物细胞培养用品

细胞培养常见用品主要包括玻璃器皿、金属器械、橡胶制品和塑料制品等。其中玻璃器皿主要有平皿、细胞培养瓶、试管、烧杯、三角瓶、容量瓶、盐水瓶、青霉素瓶、吸管、量筒等；金属器械包括医用解剖刀、解剖剪、眼科剪（直头和弯头）、镊子（中号）、小尖镊子、止血钳等；细胞培养中使用的橡胶制品主要是密闭某些器皿的胶塞；塑料制品则包括一次性塑料培养皿、细胞瓶、多孔培养板、移液枪的枪头和塑料滤器等。此外，某些布类用品也是实验所需要的，如医用纱布等，可用于原代培养的取材、实验台面的常规擦拭和清洗，以及某些不宜用毛刷清洗的玻璃器皿等。

（一）动物细胞培养常用用品

1. 滤器

目前细胞培养工作中采用的培养用液，包括人工合成培养液、血清、消化用胰酶等常含有维生素、蛋白质、多肽、生长因子等生物活性物质，这些物质在高温或射线照射下易发生变性或失去功能，因而上述液体多采用滤过消毒以除去细菌。可供实验室过滤除菌的滤器有Zeiss滤器、玻璃滤器和微孔滤器，目前各实验室广泛使用的是微孔滤器。微孔滤器中起过滤除菌作用的是微孔滤膜，滤膜的孔径有0.8μm、0.45μm、0.22μm、0.1μm等数种，一般用0.22μm的。微孔滤器现在常用的有正压不锈钢滤器、抽滤式玻璃滤器和针头滤器，如图1-6所示。

正压不锈钢滤器的上部与一普通气泵连接，通入空气，使装有待过滤液体的容器压力增大，溶液通过滤膜过滤除菌后，于滤器下端的出口，直接将液体接至消过毒的盐水瓶中。使用正压不锈钢滤器时，可通过调整上端加液口上螺丝的松紧，调节容器内的压力，控制过滤速度。

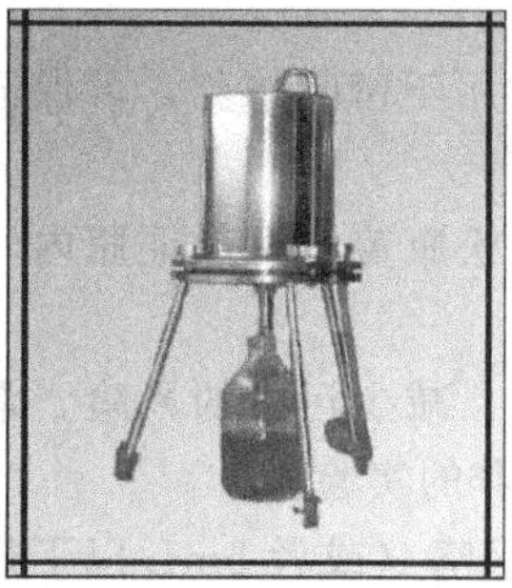

(a) 正压不锈钢滤器

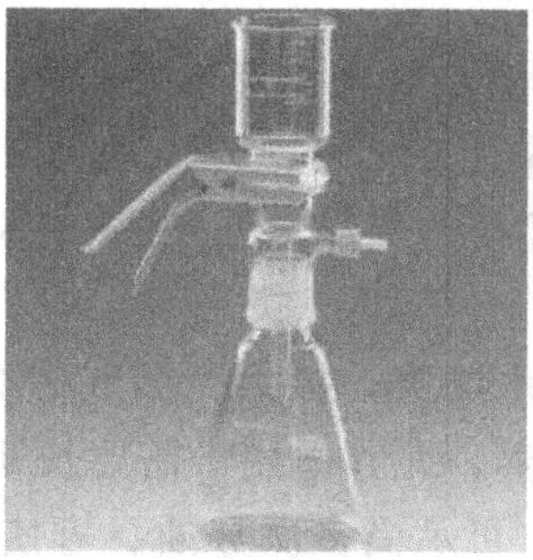

(b) 抽滤式玻璃滤器

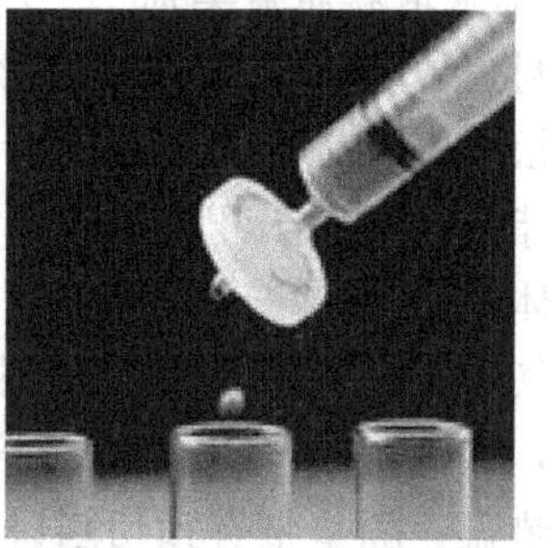

(c) 针头滤器

图 1-6 细胞培养工作中常用的微孔滤器

针头滤器上下部件为螺旋式连接，中间夹一层微孔滤膜。滤器的上部进液口可插入注射器嘴，待过滤液体经注射器加压进入过滤器，经微孔滤膜过滤除菌后，由滤器下部流出。针头滤器适用于过滤较少量（1～150mL）的培养液。

2. 培养器皿

在细胞培养的实验操作过程中，经常要用到培养瓶、培养皿、多孔培养板、贮液瓶、吸管等玻璃或塑料器皿。玻璃培养器皿的优点是多数细胞均可生长，易于清洗、消毒，可反复使用，并且透明而便于观察；缺点是易碎，清洗、包装、消毒时费人力。塑料制培养器皿的优点是一次性使用，厂家已消毒灭菌、密封包装，打开即可用于细胞培养操作。

图 1-7 各种规格的细胞培养瓶

（1）培养瓶 培养瓶（见图 1-7）由玻璃或塑料制成，主要用于培养、繁殖细胞。进行培养时培养瓶瓶口加盖螺旋瓶盖或胶塞，螺旋瓶盖多用于 CO_2 培养箱的开放培养，胶塞多用于密闭培养。国产培养瓶的规格以容量（mL）表示，如 250mL、100mL、25mL 等；进口培养瓶则多以底面积（cm^2）表示。目前市场上的细胞培养瓶多种多样，而且一次性器材越来越受到细胞操作工作者的青睐。细胞培养瓶有多种规格和多种瓶盖类型，大多由高质量的原生聚苯乙烯（PS）制作，表面经过 TC 处理，可促进细胞的贴壁生长，生产批号可追踪，100％通过完整性检测，无热原，均为无菌包装。

① 细胞培养瓶类别

直颈：直颈的设计可减少培养基因晃动而流到瓶里。

斜颈：易于倾注，移液管或者细胞刮容易进入瓶体。它是 Corning 公司经典的设计。

角度颈：移液管或者细胞刮易于进入瓶身，并且可减少培养基因晃动而流到瓶盖。

三角形：移液管或细胞刮更易达到瓶角，宽底增加稳定性。

矩形：斜颈的矩形培养瓶瓶底至瓶颈是一个坡度设计，易于倾注，移液管或者细胞刮容易进入瓶体，大部分斜颈瓶都有一个裙边以增加稳定性。直颈和角度颈的矩形培养瓶整个瓶底都是培养面，节省空间并减少培养基因晃动而流到瓶盖。

Robo Flask 培养瓶：微孔板尺寸的培养瓶，兼容自动操作的培养系统，92.6cm^2 生长面积。

② 细胞培养瓶盖类别

密封盖：Corning 经典瓶盖类型。一次成形不带内垫，常用于密闭培养，可保证其密闭性；旋松瓶盖时也可用于开放培养。

聚酯盖：常用于开放培养（需要旋松瓶盖）。只需轻轻旋松瓶盖便可保证瓶内气体与环境中气体的交换。

透气盖：瓶盖带有 0.2μm 疏水滤膜，提供无菌气体交换，减少污染的风险。常用于开放培养，推荐用于 CO_2 培养箱培养，尤其适用于需要长期培养的实验。

隔垫盖：隔垫带有预切割口，可承受多次穿插。可使用吸嘴（或者 5mL 以下规格的移液管）穿插隔垫进行加液、吸液或者收获细胞，减少污染的机会，维持 RoboFlask 培养瓶封闭无菌的环境。

(2) 培养皿　培养皿（见图 1-8）由玻璃或塑料制成，供盛取、分离、处理组织或做细胞毒性、集落形成、单细胞分离、同位素掺入、细胞繁殖等实验使用。常用的培养皿规格有 10cm、9cm、6cm、3.5cm 等。

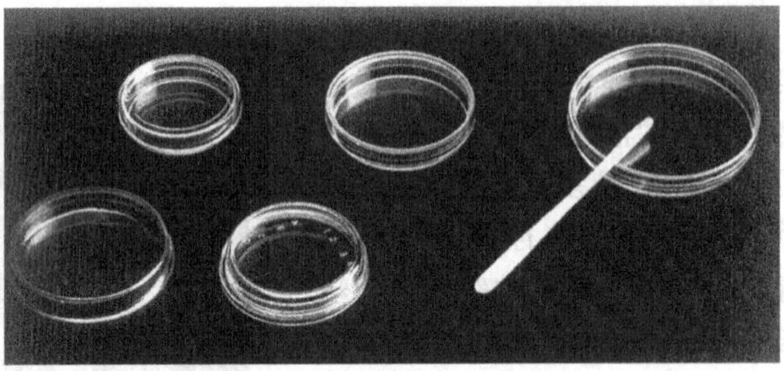

图 1-8　各种规格的培养皿

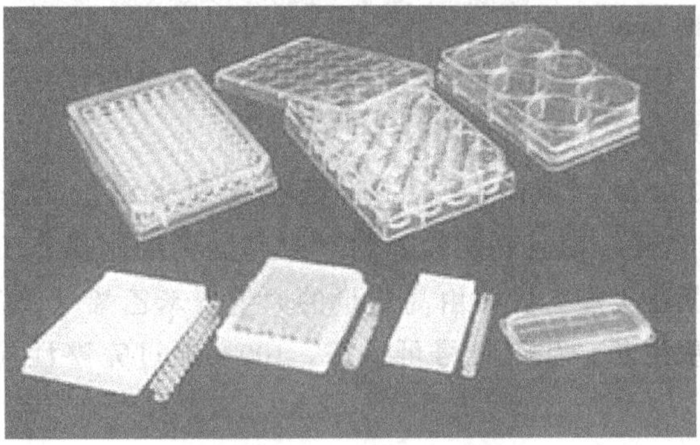

图 1-9　各种规格的培养板

(3) 多孔培养板　多孔培养板（见图 1-9）为塑料制品。可供细胞克隆及细胞毒性等各种检测实验使用。其优点是节约样本及试剂，可同时测试大量样本，易于进行无菌操作。培养板分为各种规格，常用的规格有：96 孔、24 孔、12 孔、6 孔、4 孔等。

(4) 贮液瓶　贮液瓶主要用于存放或配制各种培养用液体如培养液、血清及试剂等。贮液瓶分为各种不同规格，如 1000mL、500mL、250mL、100mL、50mL、5mL 等。

(5) 吸管　吸管主要分为刻度吸管、无刻度吸管。刻度吸管主要用于吸取、转移液体，常用的有 1mL、2mL、5mL、10mL 等规格。无刻度吸管分为直头吸管及弯头吸管，除可以作吸取、转移液体之用外，弯头尖吸管还常用于吹打、混匀及传代细胞。

(6) 其他器具　其他器具尚有收集细胞用的离心管［见图 1-10(a)］，放置试剂或临时插置吸管用的试管，装放吸管以便消毒的玻璃或不锈钢容器，用于存放小件培养物品便于高压消毒的铝制饭盒或贮槽，套于吸管顶部的橡胶吸头，连接吸管与吸耳球的乳胶管，封闭各种瓶、管的胶塞、盖子，冻存细胞用的安瓿或冻存管［见图 1-10(b)］，不同规格的注射器、烧杯和量筒以及漏斗，超净工作台使用的酒精灯，装酒精棉的广口瓶，供实验人员操作前清洁消毒手使用的盛有酒精或其他消毒液的微型喷壶等。

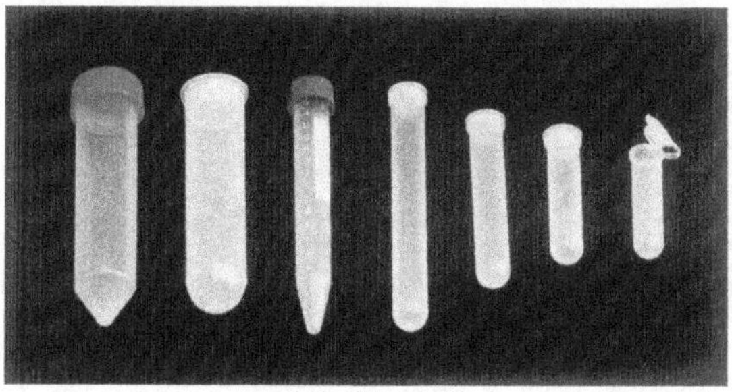

(a) 各种类型的离心管

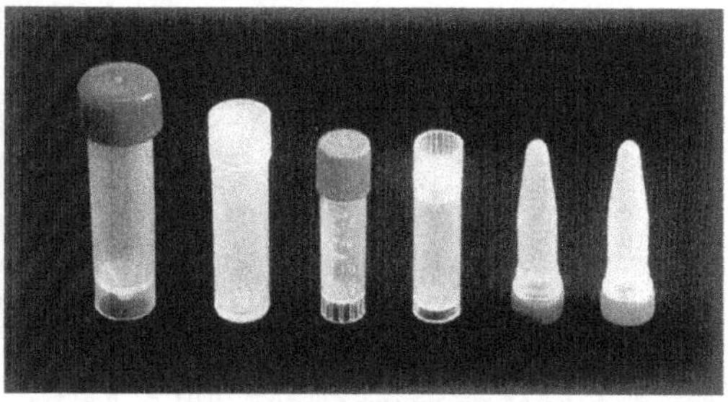

(b) 各种类型的冷冻管

图 1-10 各种类型的冷冻管和离心管

3. 加样器（移液器）

用于吸取、移动或滴加液体。可根据需要调节量的大小，吸量准确、方便。尤以微量加样器，可保证实验样品（或试剂）含量精确，重复性良好。目前，可高温消毒的、单通道或多通道的各类微量移液器（见图 1-11）可供使用者选择，能确保加样准确、快速、方便并且达到无菌要求。常用的有 1000μL、200μL、100μL、20μL、10μL、1μL 等规格。加样器使用后要把它调到最大量程，调节加样量时不可超出其最大量程，避免加样器的损毁或降低它的使用寿命。

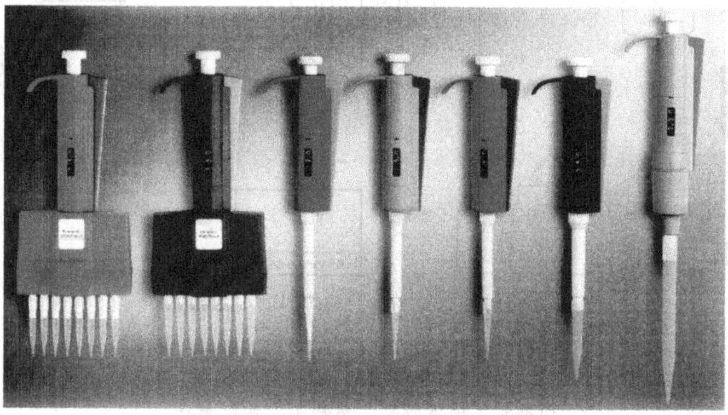

图 1-11 微量移液器

4. 金属器械

金属器械（见图 1-12）主要用于解剖、取材、剪切组织及操作时持取物件。常用的有：手术刀或解剖刀、手术剪或解剖剪（弯剪及直剪），用于解剖动物、分离及切剪组织，制备原代培养的材料；眼科虹膜小剪（弯剪或直剪），用于将组织材料剪成小块；血管钳及组织镊、眼科镊（弯、直），用于持取无菌物品（如小盖玻片）、夹持组织等；口腔科探针或代用品，用以放置原代培养之组织小块。

（二）动物细胞培养用品的清洗、包装和灭菌

尽管细胞培养用品趋于向使用一次性用品的方向发展，但目前在我国大多数实验室因经费条件所限，尚未普遍采用，而且也没有必要一定要用一次性的实验用品。对多数反复使用的实验用品而言，在实验前认真、细致地做好清洗和消毒工作（见图 1-13），是可以满足动物细胞培养无菌操作的基本要求的。因此，实验用品的清洗、包装、灭菌是实验准备工作中的重要环节，其主要目的是清除杂质和微生物，使在器皿内不残留任何影响细胞生长的成分。

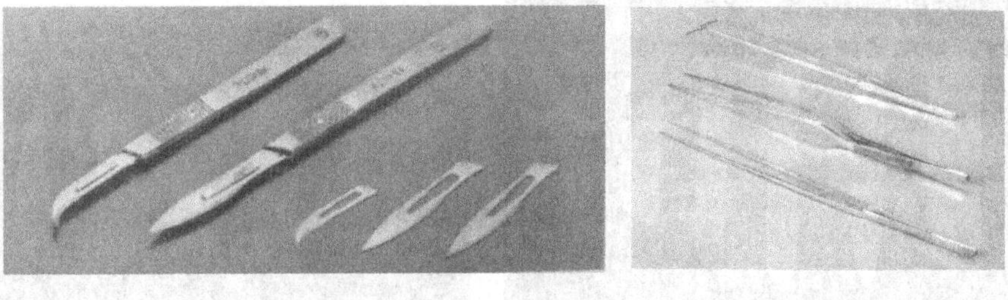

(a) 解剖刀　　(b) 眼科镊

图 1-12　细胞培养用金属器械

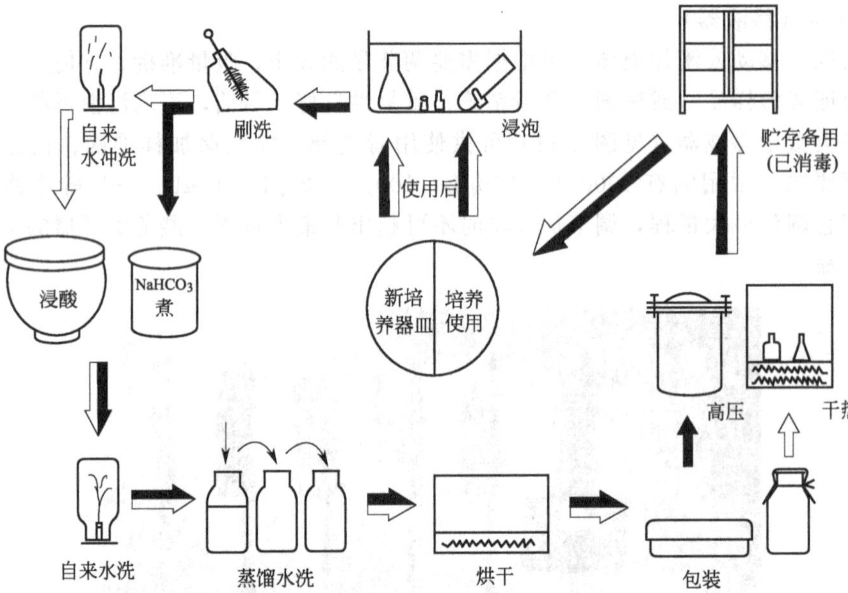

图 1-13　细胞培养用品的清洗和消毒程序

白箭头：玻璃制品；黑箭头：塑料制品

1. 培养用品的清洗

在细胞培养中，离体细胞对任何有害物质都十分敏感。有害物质包括微生物、细胞残余物以及非营养成分的化学物质。因此对新购置和重新使用的培养器皿，都要进行严格清洗。由于每次实验后所使用的器皿都需要及时清洗，清洗的工作量是很大的，对于有条件的实验室，可以使用高效的清洗工具，如超声波清洗机、虹吸式吸管清洗器、培养瓶喷淋器（见图 1-14）等。但目前大多数实验室受条件所限，仍采用人工手洗，也能取得较好的培养效果。根据器皿的材料和物理、化学特性的不同，清洗的方法和程序也不一样，要分别处理。

(1) 玻璃器皿的清洗　细胞培养实验准备过程中，工作量最大的就是玻璃器皿的清洗。清洗后的玻璃器皿不仅要求干净透明、无油迹，而且不能残留任何物质。某些化学物质仅百万分之一毫克，也会对细胞产生毒性作用。对于细胞培养瓶、培养皿来说，清洗过程中还要求细胞贴壁生长的一面不能有划痕，否则不利于贴壁细胞的生长及对培养情况的观察和记录。因此设计一套适当的清洗程序以保证达到清洗的目的是非常必要的。

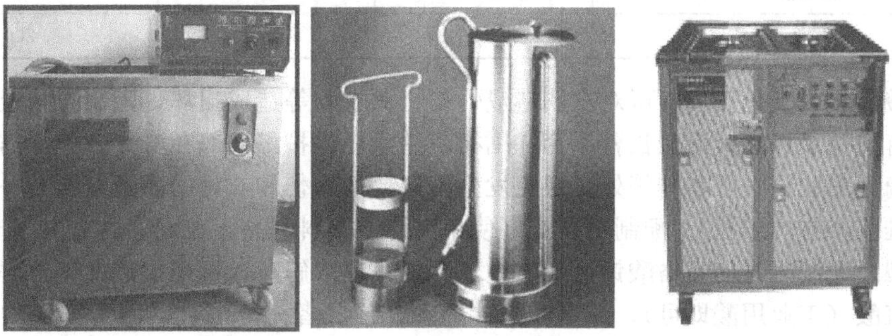

(a) 超声波清洗机　(b) 玻璃吸管清洗器　(c) 培养瓶喷淋冲洗装置

图 1-14　细胞培养中的高效清洗工具

一般来说，玻璃器皿的清洗包括：浸泡、刷洗、浸酸和冲洗 4 个步骤。

① 浸泡　初次使用和培养用后的玻璃器皿都需先用清水浸泡，以使附着物软化或被溶掉。对于新购置的玻璃器皿，玻面常带有许多干涸的灰尘，同时在生产过程中，玻璃表面常呈碱性并带有一些对细胞有毒的物质，如铅和砷等，新玻璃器皿在使用前最好先用自来水简单刷洗，然后用稀盐酸溶液（2%～5%）浸泡过夜，以中和其表面的碱性物质，最后用自来水冲洗干净，晾干后再行泡酸（或其他方法）清洁、洗刷。

对于每次培养后的玻璃器皿，因其往往附有大量蛋白质，干涸后不容易刷洗掉，故用后要立即浸入清水中，注意让水能完全进入瓶皿中，尽量不要留有气泡，以达到软化蛋白质等物质的目的。

若在实验过程中，玻璃器材沾上了油脂（如液体石蜡、凡士林、羊毛脂等），要单独消毒洗刷，切勿与其他器材相混。此类器材经蒸汽灭菌后，要趁热倒尽污物，放在 5%碳酸氢钠水溶液中煮沸，再用肥皂和热水洗刷，油脂即可除净。

② 刷洗　浸泡后的玻璃器皿一般仍然要用毛刷沾洗涤剂洗涤，以除去器皿表面的附着较牢的杂质。刷洗次数太多会损害器皿表面光泽度，所以应选用软毛刷和优质的洗涤剂（如高级洗衣粉或洗洁精），绝对不能使用含沙粒的去污粉。对细胞培养瓶、培养皿等细胞培养时需要贴壁生长的玻璃器皿，最好使用优质医用纱布擦洗，以免造成划痕，不利于细胞生长及观察。洗刷的时候应特别注意洗刷瓶角等部位，最大限度地洗掉污物，不留死角。然后再用自来水冲净洗涤剂泡沫，尽可能甩尽残留的自来水，准备浸酸。

③ 浸酸　刷洗后的玻璃器皿往往还残留有极微量的杂质，经过用浓硫酸和重铬酸钾配制的清洁液的强氧化作用或其他清洁液的作用后，即可被除掉。清洁液对玻璃器皿无腐蚀作用，去污能力也很强，是清洗过程中关键的一环。浸泡时，器皿要充满清洁液，勿留气泡。浸泡时间不应少于 6h；一般应浸泡过夜（约 15h）。

硫酸-重铬酸钾混合液是目前绝大多数实验室采用的清洁液，根据需要，可配制成不同的强度，见表 1-2。动物细胞培养用品的清洁液一般选用强液或次强液。

表 1-2 硫酸-重铬酸钾清洁液的配制

组成 强度	重铬酸钾/g	浓硫酸/mL	蒸馏水/mL
弱液	100	100	1000
次强液	120	200	1000
强液	63	1000	200

浓硫酸具有强氧化作用，可对皮肤造成灼伤、对衣物等造成损坏，配制清洁液时，要注意安全。有条件最好穿戴耐酸长臂手套和围裙，注意要保护好面部和身体其他裸露部分，切勿使酸液滴到皮肤、衣服和鞋等处，避免发生不必要的灼伤和衣物的损毁（滴上一滴衣服就会有洞，鞋就会有坑或孔）。配制容器最好使用陶瓷或塑料制品，玻璃容器会由于产热量大，易发生破裂。配制时先使重铬酸钾溶于水中，不能完全溶解时，可稍加热助其溶解。然后慢慢加入浓硫酸（工业用酸即可），并不时搅拌摇动，使二者充分混合。因为浓硫酸的密度比水大，因此切不可将重铬酸钾水溶液倒入浓硫酸中以防硫酸飞溅，造成伤害；另外，注入过急产热量过大，也会发生危险。

配好后的清洁液一般呈棕红色，配制一次大约可使用半年之久，经长时间使用后因有机溶剂和水分增多而使氧化剂浓度下降，酸液会逐渐变成绿色，此时表明酸液已失效，应重新配制。旧的清洁液仍有一定腐蚀作用，弃用后严禁随便倾倒，宜深埋土中。放置清洁液容器的地面，最好铺置防酸橡皮垫或塑料垫或防酸砖铺地面，以防清洁液对地面的腐蚀。

④ 冲洗 刷洗和浸酸后都必须用自来水充分冲洗，使之不留任何残迹，否则对细胞的生长不利。在有条件的实验室冲洗宜用洗涤装置，以保证冲洗效果，又节省劳力。也可采用手工冲洗，方法是用水灌满玻璃容器再倒掉，重复 10～15 次，一般程序是用自来水冲洗后，先在去离子水中漂洗 4～6 次，再用三/双蒸水（电导度要求在 5%以下）漂洗4～6次，在烘箱中以 50℃烘干后准备包装、灭菌。在漂洗过程中双手最好佩戴一次性医用塑料手套，以防止皮肤中的脂肪成分“污染”容器，而且最好做到手套应该专水专用，减少三蒸水或双蒸水中混入去离子水的机会。

（2）塑料器皿的清洗 目前很多实验室使用的塑料器皿如塑料平皿、塑料细胞培养瓶、多孔培养板等，是一种已经消毒、灭菌后密封包装好的一次性商品，用时只要打开包装即可。必要时，用完后经过无菌处理，尚可反复使用 2～3 次，但也不宜过多，再用时仍然需要清洗和灭菌处理。

塑料器皿耐腐蚀能力强，但质地软，大多不耐热，因此它的清洗方法与玻璃器皿不同。塑料器皿的清洗一是要防止划痕，二是用后要立即浸入清水中，严防附着物干结。如残留有附着物，可先用脱脂棉擦拭掉，再用流水冲洗干净，接着先用 2% NaOH 液浸泡过夜，取出后用自来水冲洗 8～10 次，然后再用 3%～5%盐酸溶液浸泡 15～30min，取出后用自来水冲洗多次，再在双蒸水中漂洗 5～6 次，倒净器皿内的双蒸水，置 37℃恒温箱内晾干即可（此法也可用于血凝板、细胞板等的处理）。

（3）橡胶制品的清洗 细胞培养中所用橡胶制品主要是胶塞。用于细胞培养工作的橡皮塞（管）要求质软、弹性强、能耐高压、对细胞无毒性。

新购置的胶塞带有大量滑石粉，应先用自来水冲洗干净后，再做常规处理，即先在 0.5mol/L 氢氧化钠溶液中煮沸 15min，以自来水洗涤；再用 4%盐酸溶液煮沸 15min，以自来水洗涤多次，再用蒸馏水漂洗 5 次以上。

每次用后的胶塞要放入水中浸泡，以便集中处理和避免附着物干固，然后用 2%NaOH

煮沸10～20min，以除掉可能残留的蛋白质。以自来水冲洗后，再用1%稀盐酸浸泡30min，最后分别用自来水和三蒸水清洗3次以上，晾干备用。

(4) 金属器械的清洗 新的金属器械常常涂有防锈油，可先用沾有汽油的纱布擦去防锈油，再用自来水和蒸馏水冲洗干净，最后用酒精棉球擦拭晾干，以防生锈。

原代培养使用过的金属器械应及时浸入清水中，先用纱布擦洗器械上沾有的血污等，再用自来水和蒸馏水冲净，最后用酒精棉球擦拭晾干，备用。

(5) 滤器的清洗 正压除菌滤器使用后，放到含稀洗涤剂的水中，反复刷洗，然后再经流水冲洗、蒸馏水浸泡、三蒸水浸泡，最后晾干或在50℃烘干备用；塑料滤器的清洗方法则与上述塑料用品的清洗（清洗之前也要弃去滤膜）相同。玻璃滤器因为只能连接在真空泵在负压条件下抽滤，不能施加正压，而且每次使用后的清洗也特别麻烦，整个清洗过程需一周左右，现多已淘汰不用。

2. 培养用品的包装

包装的目的是防止消毒灭菌后再次遭受污染。所以培养用品在消毒处理前要经严格包装。清洗后器皿可先放入鼓风干燥箱中吹干（塑料和橡胶制品不能放入干燥箱），或置于通风无灰尘处自然晾干，然后包装起来，再做消毒处理。包装后的器皿便于消毒和贮存。

包装材料常用牛皮纸、硫酸纸、铝箔、纱布、铝饭盒和特制玻璃或金属制的消毒筒（长度能容纳吸管）等。印有字的纸张和棉纸不宜作包装材料用。

(1) 局部包装 较大瓶皿如细胞培养瓶、烧杯、容量瓶、三角瓶、消毒筒，以及体积较小，但瓶口包装方便的容器如青霉素瓶等的包装，通常采用局部包装（见图1-15）。方法是先把瓶口部分用硫酸纸（或铝箔）包裹，再罩以牛皮纸包起来用线绳打活结扎紧。打结的方法是先用左手拇指按住线绳的一端于瓶口处（线绳瓶口处应留出一小段，以便最后打结），右手持线绳以顺时针方向缠绕瓶口4～5圈，第一圈压住左手拇指，以后每圈的线绳则在左手拇指下方压住瓶口周围的牛皮纸缠绕瓶口，最后用左手拇指尖压住绕圈线绳的末端，指尖以下部分则离开瓶口，再用右手拉紧线绳瓶口处留出的一端即可。打活结便于操作时打开包装。

图1-15 瓶口局部包装的培养瓶

(2) 全包装 体积较小的培养瓶皿、注射器、胶塞及不便局部包装的用具如金属器械等，需采用全包装，现多采用直接装入铝饭盒的方法（金属器械一般要用3～4层纱布包裹再送入铝饭盒）。用铝饭盒来封装小培养瓶、胶帽和胶塞等很好，但往往因盖不严紧使用期限不宜太长。因铝饭盒不透明，在盖上宜写上用品名称以便于确认，吸管在装入消毒筒之前，先用少许脱脂棉将吸管接口端堵塞，松紧度适宜，过松易脱落，过紧不透气，妨碍使用；然后装入消毒筒中，消毒筒底部应垫以软纸或棉花以防吸管装入时折断管尖。

四、动物细胞培养用液

细胞培养的培养用液主要是指为培养细胞的生长提供基本营养物质和生长因子的培养液（基），培养基根据其来源不同可分为天然培养基和合成培养基。此外，在细胞进入培养瓶培养之前的处理过程中还要用到其他一些液体，主要包括平衡盐溶液（balanced salt solution，BSS）、消化液和pH值调整液、抗生素液等其他溶液。

(一) 平衡盐溶液

BSS 主要由无机盐和葡萄糖组成，BSS 中的无机离子如 Na^+、K^+、Ca^{2+}、Mg^{2+}、Cl^- 等不仅是组成细胞生命所需的基本元素，而且在维持渗透压、缓冲和调节溶液的酸碱度方面，也发挥着重要的作用。BSS 在细胞培养过程中常用作洗涤组织、细胞以及配制各种培养用液的基础溶液。另外，BSS 内常含有少量的酚红，作为溶液酸碱度变化的指示剂，溶液变酸时呈黄色、变碱时呈紫红色、中性时呈桃红色，借此易于观察到培养液 pH 的变化。平衡盐溶液的种类很多（见表 1-3），常用的有 Hank's 液、D-Hank's 液和 PBS。Hank's 液在细胞培养过程中常用于洗涤组织细胞。D-Hank's 液的成分和 Hank's 液基本一致，只是不含有 Ca^{2+}、Mg^{2+} 成分和葡萄糖。PBS 成分最简单，只含有两种钾盐、两种钠盐（或称两种磷酸盐、两种盐酸盐），也不含 Ca^{2+}、Mg^{2+} 成分，利于细胞的分散，因此常用来配制胰蛋白酶等组织消化液。

表 1-3 几种常用平衡盐溶液的组成成分 单位：g/L

成分	Ringer（1895 年）	PBS	Earle（1948 年）	Hank's（1949 年）	Dulbecco（1954 年）	D-Hank's
NaCl	9.00	8.00	6.80	8.00	8.00	8.00
KCl	0.42	0.20	0.40	0.40	0.20	0.40
$CaCl_2$	0.25		0.20	0.14	0.10	
$MgCl_2 \cdot 6H_2O$					0.10	
$MgSO_4 \cdot 7H_2O$			0.20	0.20		
$Na_2HPO_4 \cdot H_2O$		1.56		0.06		0.06
$Na_2HPO_4 \cdot 2H_2O$			1.14		1.42	
KH_2PO_4		0.20		0.06	0.20	0.06
$NaHCO_3$			2.20	0.35		0.35
葡萄糖			1.00	1.00		
酚红			0.02	0.02	0.02	0.02

(二) 消化液

消化液常在贴附型细胞原代培养或传代培养过程中用来分散组织或细胞团，以达到离散细胞、获得细胞悬液的目的。目前常用的消化液主要有胰蛋白酶消化液、胶原酶消化液以及乙二胺四乙酸二钠（EDTA·2Na）液。其中，胰蛋白酶溶液是使用范围最广的消化液；EDTA 由于消化能力较弱，常与胰蛋白酶混合使用；胶原酶则多于原代培养中将特殊组织的细胞与胶原成分离散开来。一般来说，这些消化液可以单独使用，也可以按一定比例混合使用，这主要取决于处理细胞类型的不同。

1. 胰蛋白酶溶液

胰蛋白酶主要采自牛或猪的胰脏，是一种黄白色粉末，易潮解，应放置冷暗干燥处保存。其主要作用是水解细胞之间的蛋白质，使细胞相互离散。常用的胰蛋白酶液的浓度为 0.25%和 0.125%。

胰蛋白酶对细胞的分离作用与细胞的类型和细胞的特性有密切关系，不同的细胞系对胰蛋白酶溶液的浓度、消化温度和作用时间等的要求也不一样。一般来说，浓度大、温度高、作用时间越长，对细胞分离能力也越大，但超过一定的限度也会损伤细胞。此外，许多学者认为，Ca^{2+}、Mg^{2+} 和血清中蛋白质的存在会降低其活力，所以常用无 Ca^{2+}、Mg^{2+} 的 D-Hank's液或 PBS 液配制胰蛋白酶溶液。另外，血清和胰蛋白酶抑制剂都能终止胰蛋白酶对细胞的继续作用。

2. EDTA·2Na 溶液

EDTA·2Na 是一种化学螯合剂，其溶液又称 Versen 液，对细胞有一定的离解作用，并且毒性小，价格低廉，使用方便。常用 D-Hank's 液或 PBS 液配成工作浓度为 0.02%的溶液，在某些个别细胞系则要求较高浓度。EDTA·2Na 的主要作用是通过结合（螯合）细胞间质中的二价阳离子从而破坏细胞之间的细胞连接，达到分散细胞的目的。EDTA·2Na 的消化作用缓和，分散效果较差，对单层细胞的解离效果要比对组织块的解离效果好。为提高 EDTA 的消化效果，通常将 EDTA·2Na 加到其他的酶消化液中联合使用。

3. 胶原酶溶液

胶原酶是从细菌中提取的一种酶，其对胶原组织和细胞间质有较强的消化作用，而对培养细胞一般不产生损伤，常在上皮类细胞原代培养时用来离散细胞与胶原组织。胶原酶不受钙、镁离子的螯合作用和血清的抑制作用，可用 Hank's 或含血清的培养液配制。工作浓度一般为 200 单位/mL 或 0.1～0.3mg/mL，该酶作用温和，无须机械振荡，最佳作用环境是 37℃、pH6.5。

除了以上三种消化液外，其他的酶液如链蛋白酶、黏蛋白酶、蜗牛酶等也可以用于消化培养细胞，达到分散细胞的目的，需根据不同酶的作用特点及组织成分的不同适当选用。

（三）培养基

1. 天然培养基

天然培养基在细胞培养中使用最早，也最有效，主要包括：血清、血浆、胚胎浸出液、水解乳蛋白、胶原等。其中血清是一种仍在广泛应用中的天然培养基，市场有产品出售，而血浆应用较少，因此用时多自行制备。天然培养基营养性较高，培养效果好。但天然培养基成分复杂，个体差异较大，影响对某些实验产物的提取和实验结果的分析；另外易污染，保存期至多一年，且来源上也有一定的限制。因此天然培养基逐渐为合成培养基所替代。

（1）血清　血清为天然培养基中最为重要和最常使用的天然培养基，绝大部分动物细胞的体外培养都要添加一定比例的血清。在模拟人体内成分制成的合成培养基中，细胞生长所需营养成分虽相当齐全，但仍然缺少很多能影响细胞增殖和各种生物学性状的未知成分，只有补充血清后，细胞才能更好地生长增殖和进行一定的功能活动。

① 血清的种类　血清分为人血清和动物血清两大类。培养人细胞用人血清，物种相同，对细胞有利，但因价格昂贵，且有因个体差异造成的生物活性不均一和易混有其他成分如肝炎病毒、艾滋病病毒等病原微生物的缺点，故使用较少。在动物细胞培养中使用最多的还是动物血清。动物血清以牛和马血清为好，牛血清使用更广泛。

牛血清又分胎牛血清和小牛血清两种。胎牛血清是从母牛剖腹取出的胎牛中分离出来的血清，对许多细胞系均有促生长作用，主要用于细胞株的保藏及特殊娇贵细胞株的体外培养，但价格昂贵。小牛血清是从刚出生，但尚未哺乳的小牛分离出的血清，如果厂家产品能做到符合这一要求，小牛血清的质量与胎牛血清的差异也并非很大，也适合许多动物细胞原代和传代培养。但如小牛出生后已哺乳，从这种小牛分离出的血清可能含有较多的生物活性物质，质量显然就不如前者。

② 血清中的成分及其主要作用　血清是由很多分子量不同的生物分子组成的极为复杂的混合物，包括各种血浆蛋白质、肽类、脂肪、糖类（碳水化合物）、无机物质以及血小板凝集时释放的各种生长因子。

a. 基本营养物质　血清中含有各种氨基酸、维生素、无机物、脂类物质、核酸衍生物等，都是细胞生长所需的基本营养物质。

b. 激素 血清中含有各种激素，如胰岛素、肾上腺皮质激素（氢化可的松、地塞米松）、类固醇激素（雌二醇、睾酮、孕酮）、促生长激素等。激素对细胞的作用是多方面的。其中，胰岛素有促细胞摄取葡萄糖和氨基酸的作用，它的这些作用可能与其能促细胞分裂相关；促生长激素有促进细胞增殖的效应；氢化可的松可能兼有促细胞贴附和增殖的作用。

c. 生长因子 生长因子是主要的促细胞增殖因子。血清中含有各种生长因子，如成纤维细胞生长因子（FGF）、表皮细胞生长因子（EGF）、血小板生长因子（PDGF）等。

d. 结合蛋白 结合蛋白的作用是携带重要的低分子量物质，如白蛋白携带维生素、脂肪（脂肪酸、胆固醇）以及激素等，转铁蛋白携带铁。结合蛋白在细胞代谢过程中起重要作用。

e. 贴壁和扩展因子 许多体外培养的细胞必须贴附于培养器皿才能生长，帮助细胞贴壁的物质都属于细胞外基质，细胞在体内生长时具有分泌细胞外基质的功能，而在体外生长时，随着传代次数的增加这种能力逐渐下降甚至丢失。血清中含有这类物质，如纤连蛋白（FN）、层粘连蛋白（LN）等，它们可以促进细胞贴壁。

f. 其他成分 血清中还含有一些微量元素和离子，它们在代谢解毒中起重要作用，如SeO_3、硒等。血清中还含有蛋白酶抑制剂，保护细胞免受死细胞释放的蛋白酶的伤害。此外，血清中还含有抑制细胞增殖的成分，如与培养细胞有交叉反应的抗体，用热灭活方法可被除掉，而不伤害多肽生长因子，不过有时也难免去除掉一些其他有用的成分。因此热灭活血清比不灭活血清的培养效果也不一定总令人满意。

③ 血清的制备和评价 一般细胞培养多用牛血清，用量较大，现牛血清已商品化。从国外或国内均可定购到各厂家的小牛血清制品，因此已无自制必要。

好的血清应该是透明清亮，土黄色或棕黄色，无沉淀或极少量沉淀，比较黏稠。如发现血清浑浊、不透明、含许多沉淀物，说明血清污染或血清中的蛋白质变性；若血清呈棕红色，说明血清中的血红蛋白含量太高，取材时有溶血现象；如果摇晃时感觉液体稀薄，说明血清中掺入的生理盐水太多。如果要进一步了解血清的质量，则应连续培养某些细胞，观察细胞的生长状况。

④ 血清的使用和储存 正确地使用及保存血清，才能使血清发挥应有的作用。

a. 血清的解冻 需采用逐步解冻的方法。将－70～－20℃低温冰箱中的血清放入4℃冰箱中溶解1天，然后移入室温，待全部溶解后再分装。在溶解过程中需不断轻轻摇晃均匀（小心勿造成气泡），使温度与成分均一，减少沉淀的发生。切勿直接将血清从－20℃进入37℃解冻，这样因温度改变太大，容易造成蛋白质凝集而出现沉淀。

b. 血清的热灭活 血清热灭活是指56℃、水浴加热30min已完全解冻的血清，使血清中的补体成分灭活。血清中的补体成分对细胞有毒副作用，会导致平滑肌细胞收缩，肥大细胞和血小板释放组胺，增强吞噬作用，促进淋巴细胞和巨噬细胞发生化学趋化和活化。加热过程中须规则摇晃均匀。一般不建议做此热处理，因为热处理会造成血清沉淀物显著增多，而且还会影响血清的质量。但若用做细胞融合的话，则必须灭活，否则将影响融合率。

c. 血清的使用浓度 自从有了合成培养基之后，血清就是作为一种添加成分与合成培养基混合使用，使用浓度一般为5%～20%，最常用的是10%。过多地使用血清，容易使培养中的细胞发生变化，特别是一些二倍体的无限细胞系，迅速生长之后容易发生恶性转化，如骨髓瘤细胞的培养一般只添加5%的血清。

d. 血清的保存 需要长期保存的血清必须储存于－70～－20℃的低温冰箱中。4℃冰箱中保存时间切勿超过1个月。由于血清结冰时体积会增加约10%，因此，血清在冻入低温冰箱前，必须预留一定体积空间，否则易发生污染或玻璃瓶冻裂。切勿将血清在37℃放置太久，否则血清会变得浑浊，同时血清中的有效成分会破坏而影响血清质量。

(2) 血浆　血浆为最早用于细胞培养的培养基，含有纤维蛋白原和一定的营养成分，当与胚胎汁混合后，能发生凝固，构成细胞生长的环境，利于细胞向三维空间生长，其缺点是易于液化。因制备血浆后不再做无菌处理，全过程必须在严密无菌条件下进行。

(3) 胚胎浸出液　胚胎浸出液含有生长因子、大分子核蛋白和小分子氨基酸等，有刺激细胞生长的作用，为早年细胞培养使用的培养用液，常用的有鸡胚、牛胚浸出液，现已被合成培养液所代替，但在某些研究中仍有一定的应用价值。

(4) 水解乳蛋白　水解乳蛋白系乳白蛋白经蛋白酶和肽酶水解的产物，也是天然培养基的一种，含有丰富的氨基酸；开始是为猴肾细胞培养设计的，但后来也用于培养其他细胞系，效果较好，近年由于广泛使用合成培养基，已代替了乳白蛋白。但其成分简单，在培养基不足等特殊情况下尚有其应用价值。

一般配制成0.5%的溶液，与合成培养基经常按1∶1比例混合使用。

(5) 胶原　胶原是细胞生长良好的基质，它是从动物特定组织中用人工方法提取出的，利于组织和细胞的固定。胶原主要用于细胞的附着，能改善细胞表面性质，促进细胞生长。胶原可来自大鼠尾腱、豚鼠真皮、牛真皮、牛眼水晶体等，其中以鼠尾胶原最为常用和制备简便，可配制成0.1%～1%的醋酸溶液。

2. 合成培养基

合成培养基是根据动物体内细胞生长所需成分人工模拟合成的、配方恒定的一种较理想的培养基。其主要成分是氨基酸、维生素、碳水化合物、盐离子和一些其他辅助物质。

合成培养基的组成成分固定，有利于控制实验条件的标准化。合成培养基的应用极大地促进了培养细胞的发展，已成为现今普遍使用的培养基。但合成培养基尚未成为十分完全的培养基，它只能维持细胞不死，不能促进细胞增殖生长，使用时还需添加天然培养基构成完全培养基，所以合成培养基又被称为基础培养基。

(1) 合成培养基的种类　动物体内所有细胞虽有共同的营养需要，但随细胞的种类不同又有所区别，因此合成培养基的种类也很多。目前常见的有MEM、DMEM、RPMI1640、HamF12，分别介绍如下。

① MEM培养液　即MEM Eagle培养液，它仅含有12种必需氨基酸、谷氨酰胺和8种维生素，成分简单，可广泛适应各种已建成细胞系的培养。同时，易于添加或减少某些成分，也特别适于特殊研究的细胞培养工作。

② DMEM培养液　是在MEM培养液的基础上改良而成，但其各种成分的用量加倍。葡萄糖用量可选择高糖（1000mg/L）或低糖（400mg/L）。低糖对于生长速度较快、附着性稍差的肿瘤细胞生长有利；高糖则特别适用于附着性较差，但又不希望它脱离原来生长点的克隆培养，效果较好，所以常用于杂交瘤技术中骨髓瘤细胞和DNA转染的转化细胞的培养。

③ RPMI1640培养液　也是一种常用的培养液，最初是针对淋巴细胞的培养而设计。问世后发现它能广泛适应许多种类的细胞的培养，包括正常细胞和肿瘤细胞的培养，而且成分简单，和MEM一样，应用已极其广泛。

④ HamF12培养液　它与其他合成培养液不同之处是使用了一些微量元素的无机离子，如Cu^{2+}、Zn^{2+}、Fe^{2+}等，它的重要特点是成分丰富，常用于无血清培养基的研制。HamF12可以在血清含量较少（2%～10%）的情况下培养细胞，而且特别适用于单细胞的

培养，因此常用作单细胞克隆化培养。

除上述几种培养液外，还有许多种其他培养基，但特点不明显，这里不再赘述。

（2）合成培养液的配制 现今国内外都普遍使用市售商品干粉合成培养基，除专门从事培养基研究的人员外，各实验室已无必要再自己配制培养基。干粉培养基因其颗粒极细，很容易完全溶解于水，配制培养液方法极易掌握。但应注意，不同厂家生产的同种产品其成分比例可能不全相同，配制方法也不同。有的培养基需加热或通气来帮助溶解，此外还应注意有的培养基成分不完全，要求另外加入补充成分。如谷氨酰胺就是时常再单独加入的成分。另外，干粉合成培养基一般都不含 $NaHCO_3$ 成分，也需配制时自行加入。

配制过程总的原则是要使每一种成分都必须充分溶解和避免出现沉淀。所以在配制培养液时，要按照各种成分的性质分成若干组分个别溶解，最后按比例和一定顺序混合。掌握1～2种粉剂的配法即可，其他大同小异。

3. 完全培养基

合成培养基（基础培养基）只能维持细胞生存，要想使细胞生长和繁殖，还需添加天然培养基，常用的是牛血清，因为牛血清中含有促细胞增殖的各种生长因子和其他多种有利于细胞生存的物质。此外，为防止污染，培养液中尚需加一定量的抗生素。基础培养基添加血清、抗生素等物质后，叫完全培养基，也叫（血清）细胞培养基。完全培养基根据添加血清量的多少，可分为细胞生长培养基和细胞维持培养基，用于不同的细胞和不同的研究目的。

（1）细胞生长培养基（液） 这是用以维持细胞生长增殖之用，含血清比例较大。生长培养液是培养细胞工作中最主要的培养用液，其组成为：基础培养基 80％～90％，血清（多用小牛血清）10％～20％，抗生素（多用青霉素 100U/mL 和链霉素 100μg/mL）。

这是适用于一般细胞的培养液的组成。为培养特定细胞，还要选择适应性培养基，可能尚需添加基本培养基中缺少或该细胞需要的成分。

（2）细胞维持培养基（液） 这是为维持细胞缓慢生长或不死的培养液，血清含量甚少。一般细胞因缺少生长因子而不能增殖，生长缓慢；但发生转化或癌细胞因自身有产生促生长增殖因子的能力，虽在血清缺少情况下仍能生长；因此维持液可用于选择发生恶性转化的细胞。另外，当细胞接种病毒后，也需将生长培养基换成维持培养基，因接种病毒后主要是病毒在细胞内进行增殖，不需对细胞继续增殖。其组成成分为：基本培养基 95％，血清 2％～5％，抗生素（多用青霉素 100U/mL 和链霉素 100μg/mL）。

此处需注意，如培养正常细胞完全不加血清，可维持细胞不死，但时间过长细胞难免退化。

4. 无血清培养基

通常，动物细胞的培养有赖于血清的存在，在传统的天然培养基和合成培养基中，如果不加血清，绝大部分细胞将不能增殖。但使用血清又存在着道德和科学上的问题，如对实验动物的伤害、存在潜在的污染源、细胞产品不易纯化、不同批次血清间的生物活性和因子的不一致及价格高等诸多弊端。有大量实践证明，无血清培养基不仅能在很大程度上避免或改善血清培养基的缺点，而且也能取得良好的培养效果。

（1）无血清培养基的发展 从 1975 年垂体细胞株 Gh3 在无血清介质中生长获得成功到现在，无血清培养基的发展大致经历了三代：第一代为一般意义上的无血清培养基，含有各种可替代血清功能的生物材料，含有大量动植物来源蛋白质和不明成分；第二代为无血清、无动物衍生蛋白质培养基，完全不用动物来源蛋白质，需要的蛋白质来源于重组蛋白或蛋白水解物；第三代为双无培养基，完全不含血清、无蛋白质或蛋白质含量极低，且所含蛋白质成分是明确的。随着科技的进步，第四代（目前处于研发阶段）无血清培养基的研究开发并投入市场将成为发展趋势，此培养基完全无血清、无蛋白质，成分十分明确。

（2）无血清培养基组成　无血清培养基的成分十分复杂，一般由两部分组成，即基础培养基和补充因子。基础培养基是各种营养物质的混合物，是维持组织或细胞生长、发育、遗传、繁殖等一系列生命活动所必不可少的物质。目前应用最广泛的是MEM、DMEM、RPMI1640等。补充因子是无血清培养基中用于代替血清的各种因子的总称。这些补充因子可使培养基既能满足动物细胞培养的要求，又能有效地避免和消除含血清培养基的缺点，可分为必需补充因子和特殊补充因子。胰岛素、转铁蛋白和硒几乎是所有的细胞株在无血清培养基中生长时都需要的，即为必需补充因子。特殊补充因子可分为激素和生长因子、结合蛋白、贴壁和铺展因子、微量元素、低分子量营养因子和酶抑制剂等。

由于无血清培养基的成分相对比较清楚，所以人们可根据培养目的及细胞种类，选择合适的基础培养基或改变补充因子的种类和用量以达到更好的培养目的。

目前无血清培养基的组分主要在以下几方面进行改进：①调整补充因子中生长因子的种类及用量；②改变基础培养基；③采用新的补充因子。通过对无血清培养基成分的适当调整、改进，人们实现了对某一类细胞或细胞产物快速、专一的培养目的，但目前这种改进还未大规模投入生产，且培养的细胞种类具有一定的局限性。

（3）无血清培养基的优点及应用　由于无血清培养基具有组成成分相对清楚、性能更加一致、易于对细胞产物进行纯化和下游加工、培养细胞的功能可以精确评估、增强细胞的生长和增加细胞产物的分泌、生理反应性可以较好对照、可增强细胞内中介物的检测等诸多优点，从而在动物细胞体外培养中的应用日益广泛，主要体现在以下几方面：①用于生产疫苗、单克隆抗体和生物活性蛋白等生物制品；②用于干细胞的体外培养和研究；③用于肿瘤的研究；④用于从多种细胞混杂的培养中选择目的细胞；⑤研究细胞体外分化的条件或方法；⑥用于激素、生长因子和药物等与细胞相互作用的研究。

在无血清培养基出现至今的短短几十年中，已经历了三次大的发展，虽然至今仍有适用范围窄、培养基相对较难保存以及成本较高等诸多不足。但随着人们对细胞营养与代谢、细胞周期、细胞凋亡、信号转导以及外源蛋白表达机制等各方面机理认识的不断深入以及细胞培养基设计与研究中的更多科学便捷的方法技术的成熟和采用，相信无血清培养基必将克服其不足，在适合多种细胞生长，具有广泛适用性、生产高效性，降低成本及安全风险，与发酵罐技术良好结合等方面取得更大的突破，使之更广泛地应用于生产实践和基础研究中，特别是对干细胞和癌症机理的研究，从而为人类造福。

五、动物细胞培养常用的消毒和无菌处理方法

对细胞培养实验最危险的是发生包括支原体、细菌、真菌和病毒等在内的微生物污染。细胞污染是细胞培养的大敌，轻则和细胞争夺营养，妨碍细胞生长，影响实验结果；重则直接导致细胞死亡。污染主要是由于操作者的疏忽而引起的，如操作台表面或周围空气不洁、培养器具和培养液消毒灭菌不彻底或存放时间过久等，有时一两个培养物发生污染，可能累及整个实验，甚至累及整个实验室，必须引起高度重视。细胞培养的每个环节都应采取严格措施，严防污染发生。除了对细胞培养室、操作台、CO_2培养箱等进行定期消毒以及加强实验过程无菌操作意识避免细胞污染外，实验前对与细胞直接接触的培养用品和用液的消毒灭菌处理更是防止细胞污染的最关键环节。

消毒灭菌方法因物品的不同而异，主要分为三类：一是物理灭菌法，包括射线、紫外线、干热、湿热（高压蒸汽）和过滤等手段；二是化学灭菌法，主要指使用化学消毒剂如

75%的酒精、碘酊等进行消毒；三是抗生素灭菌法，指使用青霉素、链霉素等抗生素进行灭菌的方法，如在细胞培养液中添加一定浓度的抗生素也是一种预防污染的常用方法。

(一) 物理消毒法

1. 射线消毒

主要指使用^{60}Co、X射线和高速粒子加速器等发出的辐射，适用于消毒量大和不适做高压或滤过等方法消毒的培养用品，如塑料制品等，由于一般的实验室不具备射线发射条件，故很少采用。

2. 紫外线消毒

紫外线直接照射消毒法很方便，效果也好，可以杀灭空气中的大部分细菌，是目前各实验室常用的消毒灭菌方法之一，主要用于对空气、操作台表面和一些不能使用其他方法进行消毒的培养器具（如塑料培养皿、培养板等）进行消毒。

紫外线作用于细菌等微生物的DNA，使DNA链上相邻的嘧啶碱形成嘧啶二聚体（如胸腺嘧啶二聚体），抑制了DNA复制；另外，空气在紫外线照射下可以产生臭氧，臭氧也有一定的杀菌作用。

紫外线的消毒效果同紫外线灯的辐射强度和照射剂量呈正相关。辐射强度随距灯管的距离增加而降低，辐射剂量和照射时间成正比。因此，培养室紫外线灯距地面不宜超过2.0m，距工作台面的距离不宜超过1.5m；照射时间以每天照射2～3h为宜，期间可间隔30min左右。

使用紫外线照射灭菌时应注意其他的环境和条件：①室内的温度和湿度。温度在20℃以上，紫外线的输出强度较大，低于4℃时照射效果会下降。室内要保持干燥，湿度大于50%杀菌力下降。②空气要清洁。空气中的尘埃能吸收紫外线而降低杀菌力。③照射方式为直接照射。紫外线的穿透力很差，无法穿过纸、布等遮挡物，因此，紫外线只限于直接照射。应定期用酒精棉球擦拭紫外灯管，除去其表面的灰尘和油垢，以减少对紫外线穿透力的影响。④灯管的长期使用会影响杀菌效果。使用已久的灯管向外输出强度会减弱，所以要适当延长照射时间或更换新的灯管。

紫外线照射消毒灭菌法的缺点是产生臭氧，污染空气，对身体有害；同时对射线照射不到的部位起不到消毒作用，故消毒时，物品不宜相互遮挡。紫外线照射消毒时，不宜进行实验操作，因为紫外线不但对细胞、试剂和培养溶液有不良影响，而且对人的皮肤也有伤害。

3. 干热消毒

干热消毒

主要用于玻璃器皿的消毒，干热消毒后的器皿干燥，易于贮存。但干热传导慢，需加温到160℃和保持90～240min，才能杀死细菌、芽孢，达到消毒目的。在不发生大规模污染情况下，160℃保持60～120min，效果也很好。消毒完后不要立即打开箱门，以防止冷空气骤然进入电热鼓风干燥箱引起玻璃炸裂，或者包装起火，应待温度降至80℃以下方可打开烘箱。

金属器械和橡胶、塑料制品不能使用干热消毒方法。塑料制品最适于用射线消毒，如因量小不便，可用70%酒精擦洗或浸泡后再用无菌蒸馏水漂洗，然后在紫外灯照射下晾干即可。

湿热灭菌

4. 湿热灭菌

湿热灭菌是最常见、最有效的一种灭菌方法，布类、胶塞、金属器械、某些玻璃器皿以及某些培养用液（主要是一些不含对高温高压敏感成分的培养用液）等都可用此方法消毒灭菌。

湿热灭菌时，首先要检查锅内的水量是否适宜，避免发生因水少而烧坏锅的现象；其次是消毒品不能装得过满，以保证消毒器内气体的流通。在加热升压之前，先要打开排气阀门，排出残留容器内的冷空气，因此导气管一定要顺着灭菌锅内胆上特制的通气孔道到达罐的底部并且不能堵塞。冷空气排尽后，关闭排气阀门；继而开始升压，当达到所需要的压力时，开始计时。目前实验室使用的高压蒸汽灭菌锅都是全自动的，即自动升到所需温度、压力后自动计时，达到所需灭菌时间后自动断电完成灭菌。

消毒过程中，消毒者不能离开岗位，要经常检查压力是否恒定，如有偏离，应及时调整。一般压力消毒罐虽都装有安全阀，但还是以不发生过压为好，以免影响消毒物品性状和发生其他意外。各种物品的有效消毒压力和时间不同，一般要求如下：

培养用液、橡胶制品	10 磅（$1lbf/in^2=6894.76Pa$）（115℃）10～20min
布类、玻璃制品、金属器械等	15 磅（121℃）30min

5. 滤过消毒

大多数培养用液，如人工合成培养液、血清、酶溶液等，在高温、高压下会发生变性，失去其功能，不适宜用前面介绍的方法进行灭菌，必须采用滤过法除菌。其基本原理是利用细菌等微生物在滤过时不能通过滤膜的微孔而与培养用液分离，达到除菌的目的。常用的滤器有 Zeiss 滤器、针头滤器等（见动物细胞培养用品）。目前各实验室也广泛使用一次性小滤器。滤膜的选择是滤过效果好坏的关键，滤膜的孔径有 0.8μm、0.45μm、0.22μm、0.1μm 等数种，最好使用 0.22μm 孔径的滤膜。为确保滤过效果，滤膜用前要用超纯水或三蒸水浸泡 2h，完成过滤后要检查滤膜是否有损坏。

除以上介绍的几种常用物理消毒方法外，还有煮沸消毒法，它的优点是简便迅速，缺点是湿度大，消毒后不适于长时间保存；另外，金属器械煮沸消毒后容易生锈。

（二）化学消毒法

化学灭菌制剂包括来苏儿、新洁尔灭、过氧乙酸和 75%酒精等。化学消毒剂主要用于消毒那些无法用其他方法进行消毒的物品，如操作者的皮肤、操作台表面及无菌室内的桌椅、墙壁和空气等。

来苏儿对皮肤有刺激性，不宜用作皮肤消毒剂，常用于培养室地面的消毒。1%的新洁尔灭是目前细胞培养实验室常用的消毒剂，器械、皮肤和操作表面都可用它浸泡和擦拭消毒。75%酒精也可用于器械的浸泡消毒和皮肤消毒，因对活细胞毒性小，有时用于瓶皿开口部位的消毒，效果很好。乳酸蒸气对空气消毒十分有效，但刺激味较强，常用作无菌室内或周围环境的定期消毒手段。消毒时，将少许乳酸放入一平皿或开口较大的容器内，下方用酒精灯加热，使乳酸挥发，弥漫整个室内，即可达到消毒的效果。过氧乙酸消毒能力极强，在 0.5%浓度 10min 即可将芽孢菌杀灭，可以用作各种物品的表面消毒，使用时需用水稀释后，再用喷洒和擦拭的方法消毒即可。

（三）抗生素消毒灭菌

抗生素消毒主要适用于培养用液消毒。在细胞培养实验时，为了预防因操作不慎等原因造成的细胞培养污染，可以在培养液中加入适当剂量的抗生素液，抑制细菌的污染而达到灭菌的目的。

不同抗生素的抗菌谱也不一样（见表 1-4），对不止一种细菌造成的细菌污染，可采用不同种类抗生素联合应用来达到灭菌效果。目前在细胞培养中最常用的是将青霉素（常用浓度是 100U/mL）与链霉素（100μg/mL）混合使用，俗称双抗液，常规加入所用的培养基中。庆大霉素（10～100μg/mL）通常有广谱抗菌效应，并具有溶液稳定性，故也被一些实验室使用，特别是当有低水平的污染存在时更是如此。

表 1-4 常用抗生素的抗菌谱和剂量

抗生素	作用对象	参考浓度	抗生素	作用对象	参考浓度
青霉素 G	革兰阳性菌	100U/mL	四环素	革兰阳性、阴性菌，支原体	10μg/mL
链霉素	革兰阳性、阴性菌	100μg/mL	红霉素	革兰阳性菌，支原体	100μg/mL
氨苄青霉素	革兰阳性、阴性菌	100μg/mL	利福平	革兰阳性、阴性菌	50μg/mL
庆大霉素	革兰阳性、阴性菌，支原体	50U/mL	两性霉素	真菌	5μg/mL
卡那霉素	革兰阳性、阴性菌	50μg/mL			

尽管很多实验室在细胞系的培养基中常规加入抗生素作传代培养，但仍建议不要在原代培养中加入抗生素，理由之一是从动物体内获得的细胞是无菌的，原代培养时的细菌污染很少发生；其次，尽管认为抗生素对细胞代谢的影响可忽略，但最好避免使用它们，以免细胞生长环境不稳定；最重要的是不添加抗生素，通过细菌检测技术，可以判断出培养中主要污染物的类型，而它们通常也暗示了问题的来源。

• 操作规程

一、动物细胞培养常用设备的使用

(一) 操作用品

1. 器材

三洋 MCO-15AC 型二氧化碳培养箱、Milli-Q 超纯水仪、37XB 型倒置显微镜、高压灭菌锅、超净工作台、相差显微镜。

二氧化碳培养箱的使用

2. 试剂

75%酒精。

(二) 操作步骤

1. 三洋 MCO-15AC 型二氧化碳培养箱

(1) 投入运行前的准备工作

① 培养箱和附件消毒　用75%酒精浸泡过的纱布擦拭培养箱内壁和附件进行灭菌消毒，然后用无菌干纱布将酒精擦除干净，这项工作应定期进行。

② 温度调试　待箱内酒精挥发干净后，将箱内温度设定为37℃、CO_2 浓度设定至0%（设定方法见下面的相关内容），这种状态维持 8h 以上。这步操作适用于首次启动运行或长时间未用。

③ CO_2 的通入　用配套的供气管将 CO_2 储气瓶的减压器与培养箱连接起来。注意检查接点是否漏气。

储气瓶减压器是用来调节 CO_2 供气量的装置，它由双表组成，左表是低压表，右表是高压表，高压表连接螺杆。其使用方法如下：

a. 打开 CO_2 储气瓶前，先按逆时针方向旋转减压器调节螺杆，直到调节弹簧不受压力为止。

b. 把 CO_2 储气瓶阀门缓慢打开，高压表指示瓶内气体量读数。

c. 按顺时针方向轻轻旋转减压器调节螺杆，使 CO_2 减压，当低压表指针指到 0.03MPa 时，松动低压表的出口，使 CO_2 气体缓慢流入培养箱。若压力超过 0.03MPa 时，需再旋转螺杆，放出一部分气体后再调节。整个调节过程要细心、缓慢，若进入培养箱的 CO_2 压力过高，可冲破培养箱的CO_2调节装置或将供气管弹开，导致CO_2培养箱CO_2调节量失控。

（2）设定培养箱温度和CO_2浓度　通常CO_2培养箱的使用条件为37℃、5%CO_2。其设定程序见表1-5。

表1-5　CO_2培养箱设定程序

步骤	操作说明	所操作的键	操作之后的指示
1	打开电源开关		温度指示器显示当前箱内温度
2	按SET键	SET	温度指示器中数字闪烁
3	按下▶▶键和▲键，将数字设定到37.0	▶▶	按下该键，可使数字移位
		▲	按下该键，可使数字增加
4	按下ENT键	ENT	存储设定温度；CO_2指示器中数字闪烁
5	按下▶▶键和▲键，将数字设定到5.0	▶▶	按下该键，可使数字移位
		▲	按下该键，可使数字增加
6	按下ENT键	ENT	存储设定的CO_2浓度
7	调节上限报警温度设定旋钮，使报警温度比箱内高1℃		在CO_2浓度指示器中，显示HI，在温度指示器中显示38.0
8	按下ENT键	ENT	设定状态结束，上述指示器分别显示当前温度和CO_2浓度

注意：

① 在设定状态中，当不进行任何键操作持续90s之后，指示器将自动恢复到当前温度和CO_2浓度显示状态。

② 在设定状态中，如不需要改变设定值，则按下SET便可跳到下一种设定状态。

③ 当旋转上限报警温度旋钮时，即使不处于设定状态，上限报警温度都将改变。

④ 用螺旋口瓶培养细胞时，需将瓶盖微松，以保证通气。培养瓶相互保持足够的距离，间隔不足则有可能造成箱内温度和二氧化碳浓度分布不均匀。

⑤ 保持培养箱内清洁干净。存放于箱内的培养瓶先用酒精棉擦拭干净；定期对培养箱内壁及其附件进行消毒；培养箱内壁有冷凝水时，需用无菌纱布擦拭。

⑥ 给增湿盘注入无菌蒸馏水，以保持箱内湿度，避免培养液蒸发。如果增湿盘水位降低，则应将水补足。此外，每月对增湿盘进行一次清洗。

⑦ 取放培养物时要快速，减少二氧化碳的消耗。

2. Milli-Q超纯水仪

① 接通电源。

② 将Q-POD的开关向下推。

③ 当LED显示18.2MΩ值时，可接蒸馏水使用。

④ 使用完毕后，将Q-POD的开关向上推。

⑤ 日常维护

a. 当产水水质未达标准（阻抗值降低、TOC值升高或有离子穿透现象），需由厂家专业人员更换Q-Gard。

b. 当更换Q-Gard时应同时更换Quantum Cartridge（其目的主要是维持水质最佳状态）。需更换时，由厂家专业人员更换。

倒置显微镜的使用

3. 37XB型倒置显微镜

① 接通电源。

② 聚光镜上的环形光阑推到通光孔处。

③ 观察时双目镜筒的镜距与人的两眼瞳距相一致。

④ 把标本放到载物台上，10×物镜转入光路，旋转粗微动手轮，使标本成像，要使影像更清楚，还可以调整一下光线的强弱。

⑤ 在进行相衬观察时，把相衬片插入聚光镜中，将孔径光阑开至最大，把相衬物镜（10×）转入光路，即可进行相衬观察。

使用倒置显微镜应注意的问题：擦拭镜头表面时，若去灰尘可用软刷或纱布，若清除指纹和油迹，可用沾有二甲苯的擦镜纸或柔软纱布擦拭。

4. 高压灭菌锅（相关视频可参见前文“湿热灭菌”处）

① 使用前按要求注入适量的水。

② 装入盛有培养基的培养容器，培养容器应直立放置。

③ 关闭高压蒸汽灭菌锅盖及安全阀。如是老式灭菌锅，螺栓要对称拧紧。

④ 设置灭菌温度和时间。根据所灭菌的物品选择适宜的灭菌温度和时间。

⑤ 开始灭菌。打开放气阀，开启电源开关和按下工作按钮，设备开始加热。当放气阀有大量蒸汽排出时，此时冷空气已经排出，关闭放气阀。也可以在加热时先关闭放气阀，待压力升到0.05MPa时，打开放气阀排出冷空气，再关闭放气阀。然后，设备会自动升温到所需灭菌温度，自动计时，达到所需灭菌时间后，系统会自动断电，手动关闭整个高压锅的外部电源。

⑥ 完成灭菌，取出物品。待高压锅内的压力慢慢下降，指针指到“0”时，打开锅盖，取出灭菌物品进行冷却后置于无菌物品专用储藏区。

5. 相差显微镜

① 样品的制备。贴壁细胞直接将培养皿或培养瓶等放在显微镜下观察即可。悬浮细胞可用压滴法和悬滴法制备。压滴法是将细胞悬液滴于载玻片上，加盖玻片后即可进行观察；悬滴法是在盖玻片中央加一小滴细胞悬液后，反转置于特制的载玻片上进行观察。为防止液滴蒸发变干，一般在盖玻片周围加凡士林封固。

② 打开电源开关，将培养器皿或载玻片置于载物台。

③ 调节转盘聚光器上的环状光阑至最大光圈，让普通可变光进入光路。旋转物镜转换器，使物镜进入光路。然后，对光和调焦。

④ 从目镜筒取下一目镜，换入合轴调中望远镜，调整相板圆环与环状光阑圆环使二者合轴、完全重叠，然后再换回目镜。样品观察时如果需要更换物镜倍数，须重新进行环状光阑与相板圆环的合轴调中。

⑤ 将绿色滤光片装到滤色镜架上，即可进行镜检。

动物细胞培养实验器具的清洗，包装和灭菌

二、动物细胞培养用品的清洗、包装和灭菌

（一）操作用品

1. 器材

电热鼓风干燥箱、高压蒸汽灭菌锅、三重玻璃蒸馏器、医用托盘、铝饭盒、恒温箱、陶瓷酸缸、优质软毛刷、纱布、橡胶手套、一次性塑料手套、脱脂棉、酒精棉球、优质洗衣粉、棉绳、牛皮纸、铝箔、后续实验所需的玻璃器皿、金属器械、橡胶和塑料制品等。

2. 试剂

新鲜制备的去离子水、一蒸水和三蒸水、浓硫酸-重铬酸钾清洁液（强液）、盐酸、氢氧化钠等。

（二）操作步骤

1. 玻璃器皿的清洗、包装和灭菌

(1) 清洗

① 浸泡　将上次实验后的玻璃器皿及时浸泡在清水中，注意让水完全浸泡，不要留有气泡。如果是新购置的玻璃器皿，先用自来水简单刷洗，再用2%盐酸溶液浸泡过夜后用自来水冲洗干净，其后处理步骤和重复使用的玻璃器皿相同。

② 刷洗　收集浸泡后的器皿泡在洗衣粉液中，用优质软毛刷刷洗容器内外壁，尽量不要遗漏瓶底、边角等死角；对培养皿、烧杯等瓶口较宽的容器也可以用纱布擦洗。对培养有特殊要求的也可在浸泡洗衣粉液之前在电炉上用水煮沸，在水温上升到约70℃时可加入少量化学级 NaOH 以除去玻璃上残留的脂质成分。注意，洗衣粉最好选择质软、去污效果好的，不要选用溶解后还留有颗粒的劣质洗衣粉，以免划伤玻面。

③ 泡酸　以自来水充分冲洗玻璃上的洗衣粉液，甩尽残留的自来水后在硫酸-重铬酸钾清洁液（配方见表1-2）或10%硝酸中浸泡过夜。酸液配制时应注意安全，泡酸之前尽量甩干器皿内的水，以延长清洁液的使用寿命。

④ 冲洗　手戴橡胶手套，小心取出酸缸中的玻璃器皿，用自来水充分清洗洗去酸液后（大约10遍），依次在去离子水、一蒸水和三蒸水中润洗5～6次。注意不要有酸液残留，防止酸液烧伤皮肤、衣物等；在去离子水等中润洗时可佩戴一次性塑料手套，以免皮肤中的脂质进入所洗玻璃容器。

(2) 包装

① 收集润洗后的玻璃容器于医用托盘中，置烘箱50℃左右烘干。

② 取出托盘，佩戴一次性塑料手套，先用硫酸纸（或铝箔）包住细胞瓶、烧杯、容量瓶、三角瓶及青霉素瓶等玻璃容器的瓶口（局部包装），再套一层牛皮纸，用线绳包扎，包扎方法见相应内容。培养皿采用全包装，6～8个一起叠放起来后用硫酸纸和牛皮纸包成筒状。吸管则先用少许脱脂棉将接口端堵塞，注意松紧适宜，过松易脱落，过紧不透气妨碍使用；然后装入玻璃消毒筒中封口。或将每根移液管堵完棉花后进行独立全包装，再装入筒内。独立包装每根移液管可以降低污染概率和延长灭菌后吸管的储藏期。

(3) 灭菌　将包装好的玻璃器皿放在托盘上送入电热鼓风干燥箱中，密闭箱门，160～170℃高温灭菌90～120min，待烘箱温度降至室温后，取出托盘送入细胞培养室储物柜中存放。

(4) 记录　玻璃器皿清洗、包装和灭菌工作完成后，操作人员应及时真实填写相应的记录表格，具体见学生工作手册1-1-1～1-1-5。

2. 金属器械的清洗、包装和灭菌

(1) 清洗　手术刀、解剖剪、止血钳、镊子等金属器械用后及时在清水中浸泡5～10min，用纱布沾取洗涤液洗去表面血污、残余组织块及其他杂物等后，以自来水冲洗10～15次，再佩戴一次性塑料手套，用三蒸水漂洗3～5次，甩干，用酒精棉球擦拭。

(2) 包装　将清洗后的金属器械用2～3层纱布简单包裹后，放入铝饭盒中准备灭菌。

(3) 灭菌　将铝饭盒送入高压蒸汽灭菌锅中于121℃、30min灭菌。

(4) 记录　金属器械的清洗、包装和灭菌工作完成后，操作人员应及时真实填写相应的记录表格，具体见学生工作手册 1-1-1～1-1-5。

3. 塑料用品、橡胶用品的清洗、包装和灭菌

(1) 塑料制品的清洗、包装和灭菌

① 水泡 实验用完后的塑料细胞瓶、培养皿、多孔培养板等应及时浸入清水中 6～8h 以上。如残留有较大附着物，可先用脱脂棉擦拭掉，再用流水冲洗干净浸入清水中浸泡。

② 碱泡 将在清水中浸泡好的塑料细胞瓶、培养皿等取出，以自来水简单冲洗后，在 2%NaOH 液中浸泡过夜。

③ 酸泡 以自来水冲洗 8～10 次，用 5%盐酸溶液浸泡 15～30min；注意每次取放物品时要佩戴塑料手套。

④ 烘干 用自来水冲洗多次，最后在三蒸水中漂洗 5～6 次，倒净器皿内的水，置 37℃ 恒温箱内晾干。

⑤ 灭菌 紫外灯下照射 3h 以上。照射后，无菌存放于储物柜中。

⑥ 记录 塑料制品的清洗、包装和灭菌工作完成后，操作人员应及时真实填写相应的记录表格，具体见学生工作手册 1-1-1～1-1-5。

(2) 橡胶制品的清洗、包装和灭菌

① 水泡 收集每次用后的橡胶制品先在清水中浸泡 5h 以上，避免附着物干固。

② 碱泡 取出橡胶制品，在 2%NaOH 液中煮沸 10～20min，以除掉可能残留的蛋白质。

③ 酸泡 以自来水充分冲洗后，用 1%稀盐酸浸泡 30min；注意每次取放物品时要佩戴塑料手套。

④ 晾干 以自来水冲洗 5～10 次后用三蒸水润洗 3～5 次，晾干后准备灭菌。

如果是新购置的橡胶制品，往往先用自来水简单冲洗后，在 0.5mol/L 氢氧化钠溶液中煮沸 15min，以自来水充分洗涤后再于 4%盐酸溶液中煮沸 15min，再以自来水充分冲洗后，用三蒸水漂洗 5 次以上，温箱中晾干后准备灭菌。

⑤ 灭菌 将晾干后的橡胶制品放在盒底铺有纱布的铝饭盒中，10 磅（115℃）高压蒸汽灭菌 20min 后于储物柜中存放。

⑥ 记录 橡胶制品的清洗、包装和灭菌工作完成后，操作人员应及时真实填写相应的记录表格，具体见学生工作手册 1-1-1～1-1-5。

4. 滤器的清洗、包装与消毒

(1) 正压除菌滤器的清洗、包装和消毒

① 清洗 将用过的正压除菌滤器拆开并去除滤膜，放到含稀浓度洗涤剂的水中，反复刷洗后，流水冲洗 15min，沥干水，蒸馏水浸泡 24h，三蒸水浸泡 24h，晾干或 50℃烘干备用。

② 安装及包装 先将三蒸水浸泡过夜的滤膜安装到滤器中，注意滤器旋钮不宜扭得太紧，防止滤膜破裂。然后用铝箔或牛皮纸包好正压除菌滤器的出液口和进气口，再用棉布将整个正压除菌滤器团团裹住，并捆好。为保证过滤效果，安装时在 0.22μm 滤膜（光面朝上）的上下各垫一层定性滤纸。

③ 灭菌 将正压除菌滤器于 121℃高压湿热灭菌 20min，消毒后于 50℃烘干备用，使用前在无菌环境中将旋钮扭紧。

④ 记录 正压除菌滤器的清洗、安装及包装、灭菌工作完成后，操作人员应及时真实填写相应的记录表格，具体见学生工作手册 1-1-1～1-1-5。

（2）针头滤器的清洗、包装与消毒 针头滤器的清洗、包装与消毒同塑料制品，但包装前应将滤膜装好，安装滤膜的注意事项和要领同正压除菌滤器。

注意事项：

① 取、放浸泡在硫酸-重铬酸钾清洁液中的实验用品时应戴长臂橡胶手套，切勿使酸液滴到皮肤、衣服和鞋等处，避免发生不必要的灼伤和衣物的损毁（滴上一滴衣服就会有洞，鞋就会有坑或孔）。

② 刷洗细胞瓶、培养板等细胞需贴壁生长的器皿时，应注意防止细胞生长面的划伤，影响细胞生长及显微镜下的观察，可以用纱布沾优质洗涤剂小心擦洗。

③ 电热鼓风干燥箱干热灭菌结束后，不要立即打开箱门，以免玻璃突然遇到冷空气炸裂，应让其温度降至80℃以下方可打开烘箱。

④ 高压蒸汽锅湿热灭菌时注意一定要先看锅内水量是否适宜，再行灭菌，避免因干烧将锅损坏。另外，应先将锅中冷空气排尽后再升温至所需温度，灭菌结束后待温度回落至室温时再开启放气阀取灭菌物品。

⑤ 塑料制品紫外灭菌时，应打开塑料容器的塞子（细胞瓶）、盖子（培养皿）等，灭菌物品之间也不要互相叠放，以充分暴露灭菌部位于紫外灯下。另外，应将各类塞子和盖子等同时灭菌，灭菌后在无菌条件下拧紧瓶塞。

三、动物细胞培养用液的配制和无菌处理

（一）操作用品

1. 器材

高压蒸汽灭菌锅、pH计、烧杯（1000mL）、容量瓶（1000mL）、青霉素瓶、滤纸、一次性0.22μm塑料微孔滤膜。

2. 试剂

$CaCl_2$（分析纯）、$MgSO_4 \cdot 7H_2O$（分析纯）、酚红、新鲜制备的三蒸水、7.4% $NaHCO_3$、胰蛋白酶干粉（1∶250）、DMEM培养基干粉、$NaHCO_3$、胎牛血清（FBS）以及青、链霉素液。

（二）操作步骤

1. Hank's液的配制和无菌处理

（1）准确称取0.14g $CaCl_2$ 先溶解在装有100mL三蒸水的烧杯中。

（2）准确称取0.20g $MgSO_4 \cdot 7H_2O$ 溶解在含100mL三蒸水的另一烧杯中。

（3）按配方（见表1-6）准确称取其他试剂依次溶解在盛有650mL三蒸水的烧杯中，注意应待前一种试剂完全溶解后，再溶解下一种成分，混匀。

表1-6 Hank's液的配方

成分	含量/(g/L)	成分	含量/(g/L)
$Na_2HPO_4 \cdot 2H_2O$	0.06	葡萄糖	1.00
KH_2PO_4	0.06	NaCl	8.00
KCl	0.4	$CaCl_2$	0.14
$MgSO_4 \cdot 7H_2O$	0.20		

（4）将（1）、（2）液缓慢倒入（3）中，并不时搅动，防止出现沉淀。

（5）将0.35g $NaHCO_3$ 溶解在37℃ 100mL三蒸水中。

（6）用数滴 $NaHCO_3$ 液溶解0.01g酚红。

(7) 将 (5)、(6) 液逐滴、搅拌加入到 (4) 液中。

(8) 将 (7) 液移入容量瓶，补加三蒸水定容至1000mL，然后充分混匀。

(9) 过滤除菌后分装，4℃冰箱内保存；或者先分装后，再于115℃、15min高压蒸汽灭菌，贴上标签于4℃冰箱内保存。高压蒸汽灭菌更方便容易。

(10) 记录。Hank's液配制工作完成后，操作人员应及时真实填写相应的记录表格，具体见学生工作手册1-1-1～1-1-5。

2. D-Hank's液的配制和无菌处理

D-Hank's液不含Ca^{2+}、Mg^{2+}，配制方法简便；此外，D-Hank's液不含葡萄糖，配制好后可采用高压蒸汽灭菌法灭菌。D-Hank's液的配制方法如下。

(1) 准确称取所需成分（表1-6中除$MgSO_4 \cdot 7H_2O$、葡萄糖、$CaCl_2$以外的成分）依次溶解在盛有750mL三蒸水的烧杯中，混匀；和Hank's液的配制过程一样，D-Hank's配制时也要注意应待前一种试剂完全溶解后，再溶解下一种成分。

(2) 将烧杯中溶解充分的溶液转移到容量瓶中，补加三蒸水定容至1000mL。

(3) 分装后，121℃高压蒸汽灭菌20min，贴上标签于4℃冰箱内保存。

(4) 记录。D-Hank's液配制工作完成后，操作人员应及时真实填写相应的记录表格，具体见学生工作手册1-1-1～1-1-5。

3. 血清的灭活处理

(1) 选用与血清瓶同规格的对照瓶一个。

(2) 对照瓶内放入与血清等体积的水。

(3) 对照瓶内插入准确的温度计，放入水浴锅中，接通电源，调节温度控制钮，使温度计温度保持在56℃。

(4) 血清瓶与带温度计的对照瓶一齐放入水浴锅中，待温度计所示温度上升至56℃时，定时30min。

(5) 大瓶血清灭活后，进行分装。

(6) 分装后，抽样做无菌试验，－70～－20℃保存。

(7) 记录。血清灭活工作完成后，操作人员应及时真实填写相应的记录表格，具体见学生工作手册1-1-1～1-1-5。

4. 0.25%胰蛋白酶液的配制和无菌处理

(1) 称量溶解　准确称取胰蛋白酶干粉250mg于无菌烧杯中，先用灭菌的D-Hank's调成糊状，然后再补足灭菌的D-Hank's至100mL，搅拌混匀，置磁力搅拌器上搅拌至溶解（室温和4℃间断进行，室温高于30℃要减少酶液在室温中的搅拌时间）。

(2) 过滤除菌　针头滤器过滤除菌，分装入青霉素瓶中（每瓶1～5mL），低温冰箱（－20℃）保存备用。

(3) pH校准　配好的胰蛋白酶溶液往往偏酸，在使用前可用无菌7.4% $NaHCO_3$溶液调pH至7.2左右。

(4) 记录　0.25%胰蛋白酶液配制工作完成后，操作人员应及时真实填写相应的记录表格，具体见学生工作手册1-1-1～1-1-5。

5. DMEM培养基的配制和无菌处理

(1) DMEM基础培养基的配制

① 溶解培养基　将干粉培养基溶于800mL左右的三蒸水或超纯水中，再用水洗包装袋内面2～3次，倒入培养液中。磁力搅拌或超声助溶，一般不要加热助溶。

② 补加试剂 干粉培养基充分溶解后，根据包装袋说明和试验需要加入 2.0g $NaHCO_3$、谷氨酰胺、丙酮酸钠、HEPES 等其他试剂。

③ 调 pH 值 补加试剂充分溶解后，根据实际情况用 1mol/L HCl 或 1mol/L NaOH 调节 pH 值至 7.1，加水定容到 1000mL。

④ 过滤除菌 培养基边过滤边分装于小瓶中。如果是学生实验，可让学生分组用针头滤器过滤各组所需用量。

⑤ 记录 DMEM 基础培养基的配制工作完成后，操作人员应及时真实填写相应的记录表格，具体见学生工作手册 1-1-1～1-1-5。

动物细胞培养基的配制

(2) 完全培养基的配制

① 加小牛血清 根据基础培养基配制的量将小牛血清分装，冷冻保存（－20℃）。临用前加入小牛血清（10%～20%）。

② 加抗生素 一般抗生素终浓度为——青霉素 100U/mL，链霉素 100U/mL。市售青霉素为 80×10^4U/瓶，可溶于 4mL 无菌三蒸水，每 1L 培养液中加 0.5mL 即可。市售链霉素为 100×10^4U/瓶，可溶于 5mL 无菌三蒸水，每 1L 培养液中也加 0.5mL 即可。无链霉素的情况下，用庆大霉素代替，终浓度调为 50～200U/mL。

如配制 100mL 的完全培养基：在无菌条件下依次将按上述操作准备好的无菌小牛血清、青链霉素加入到 90mL 无菌基础培养基中，如确保做到无菌操作即得到无菌的完全培养基。

基础培养基	90mL
小牛血清	10mL
青霉素	0.05mL
链霉素	0.05mL

③ 记录 DMEM 完全培养基的配制工作完成后，操作人员应及时真实填写相应的记录表格，具体见学生工作手册 1-1-1～1-1-5。

注意事项：

① Hank's 液配制时，为避免形成钙盐、镁盐的沉淀，含 Ca^{2+}、Mg^{2+} 试剂要单独溶解。此外，因 Hank's 液含有葡萄糖成分，无菌处理最好采用滤过除菌；如果要用高压蒸汽灭菌法进行灭菌，可适当降低温度压力值、减少灭菌时间，一般 10 磅（115℃）15min 即可。

② 称取试剂时，要注意看清楚试剂分子式与配方中分子式是否相符，如水分子含量不同，应当先加以换算。

③ 血清在冷冻保存前最好分装成小瓶储存，解冻后尽量在短时间内用完，以免反复冻融造成血清质量的下降。血清从－20℃冰箱取出解冻时，应先在 4℃冰箱中等其融化后再移入室温，以免温度的突然变化破坏血清中的某些营养成分；解冻后应参照血清供应商的产品说明书，看是否需要灭活处理，如需要，于 56℃水浴中加热 30min 即可。

④ 新鲜三蒸水应储存于棕色磨口试剂瓶中，三蒸水存放时间不要超过两周，最好现制现用。

⑤ 培养液配好后，应先抽取少许放入培养瓶内，于 37℃温箱内置 24～48h，以检测培养液是否有污染。

⑥ 每次配液量以两周左右为宜，一次配液不要太多，防止营养成分损失或者污染。

四、动物细胞培养的无菌操作

以超净工作台内的更换培养液的无菌操作步骤为例来说明。初学者在正式操作前可反复

动物细胞培养的无菌操作（准备工作）

进行训练，此过程包括以下几个独立的无菌操作技术：①无菌移液管的取出（从包装纸中）、连接（与吸耳球）、移液操作；②瓶塞的无菌起盖操作；③从饭盒中取物品的操作（如果实验中不慎将瓶塞掉在台面等造成瓶塞的可能污染时需更换新的瓶塞）；④无菌操作意识的养成，如吸管用前过火、实验后台面的消毒、所有操作都不能在敞口的瓶口上方进行、手及胳膊不能在敞口的瓶口上方移动等。

（一）操作用品

1. 器材

超净台、培养瓶架、酒精灯、刻度吸管、胶头滴管、培养瓶、250mL 烧杯、圆头镊、吸耳球等。

2. 试剂

0.2%新洁尔灭、75%酒精、培养基等。

3. 材料

VERO 细胞培养物。

（二）操作步骤

(1) 用酒精棉球擦拭超净工作台台面和前屏板的内面。

(2) 将实验中所需的操作用具如刻度吸管、胶头滴管、镊子、吸耳球、废液缸、污物盒、试管架等置于超净工作台内并合理摆放，原则上应是右手使用的东西放置在右侧，左手用品在左侧，酒精灯置于中央。然后打开紫外线消毒 30min。

(3) 肥皂洗手，然后更换无菌工作服、着帽、戴口罩。

(4) 超净工作台紫外消毒灭菌 30min 后，关闭紫外灯，开启照明灯，启动超净台风机，并调节至合适的风速。把装有培养液的试剂瓶和长有培养物的培养瓶用 75%酒精棉擦拭后，放到超净工作台台面上。

(5) 点燃酒精灯或煤气灯，用 75%酒精擦拭手，松开（但不移走）所有待用瓶子的盖子。

(6) 打开培养瓶。操作时，先用经火焰灼烧的镊子将培养瓶盖口朝上放到超净工作台里边、试剂瓶后面的工作台面上，以保证手不会从其上方通过（若某一时间仅打开一个瓶盖，可以把盖子夹在小指和手掌构成的弯中），然后拿住培养瓶在火焰中快捷地旋转灼烧瓶口和瓶颈，最后将培养瓶顺风斜放在培养瓶架上或放在手不会在其上方通过的超净工作台较内侧区域。

(7) 取无菌吸管，插到吸耳球中。把吸管插入到吸耳球中时，先打开包装纸的上部，握住吸管上面部分，再将吸管插入到吸耳球中，然后将包装纸往下剥，从包装纸中取出吸管，将包装纸丢入废物筐中。沿着吸管由下向上在火焰上来回移动吸管，边移动、边旋转，这个过程只持续 2～3s，否则吸管太热，做这步仅仅是为了固定落在吸管上的灰尘。

(8) 将培养瓶侧转，用吸管从培养瓶的侧面将原来的培养液吸到废液缸中。

(9) 弃去吸管。

(10) 打开装有培养液的试剂瓶。操作同第（6）步。

(11) 取一根新的无菌吸管，插到吸耳球中。操作同第（7）步。

(12) 使试剂瓶向吸管倾斜，以防手移到敞口的瓶子上。用吸管吸出适量的预热至 37℃ 的新鲜培养液，转移到先前的培养瓶中。

(13) 弃去吸管。

(14) 重新把试剂瓶或培养瓶的盖子盖好。盖上盖子前，注意在火焰中快捷地旋转灼烧瓶口和瓶颈，瓶盖内侧也快速过一下火焰。

(15) 操作完毕，拧紧瓶盖。

(16) 把培养瓶放回培养箱中，把培养基放回冰箱中。

(17) 清走所有的吸管、玻璃器皿等，并擦拭超净工作台台面。

注意事项：

① 实验操作前，将所需的各种器材和物品清点无误后，将其放置操作场所内，注意准备量要大于使用量，避免实验中出现失误导致物品不够。这样可以避免开始实验后，因物品不全往返拿取而增加污染的机会。

② 紫外消毒时超净工作台台面上用品不要过多或重叠放置，否则会遮挡射线降低消毒效果。在超净工作台台面紫外消毒时切勿将培养细胞和培养用液同时照射紫外线。

③ 拿取吸管时，要注意不要接触其使用端；所有操作都避免在敞口的瓶口上方进行。

④ 若在垂直式的超净工作台中操作，不要在开口器皿的上方操作；若在水平式的超净工作台中操作，不要在开口器皿的后方操作。

任务二　VERO细胞的传代和观察

• 必备知识

一、动物细胞传代培养技术

(一) 原代培养的首次传代

细胞由原培养瓶内分离稀释后传到新的培养瓶的过程称之为传代；进行一次分离再培养称之为传一代。原代培养后由于细胞游出数量增加和细胞的增殖，单层培养细胞相互汇合，整个瓶底逐渐被细胞覆盖。这时需要进行分离培养，否则细胞会因生存空间不足或密度过大，以及代谢产物的蓄积毒性和营养缺乏，影响细胞生长。初代培养的首次传代是很重要的，是建立细胞系关键的时期。在首次传代时要特别注意以下几点。

(1) 传代时机　待细胞生长到足以覆盖瓶底壁的大部分表面后再传代。

(2) 消化时间　传代时，不同的细胞有不同的消化时间，因而要根据需要注意观察并及时进行处理。原代培养的细胞较传代培养的细胞消化时间相对较长。

(3) 接种数量　首次传代时细胞接种数量要多一些，使细胞能尽快适应新环境而利于细胞生存和增殖。随消化分离而脱落的组织块也可一并传入新的培养瓶。

(二) 动物细胞传代方法

培养细胞传代根据细胞的不同采取不同的方法。贴壁生长的细胞用消化法传代，部分轻微贴壁生长的细胞用直接吹打即可传代。悬浮生长的细胞可以采用直接吹打或离心分离后传代，或以自然沉降法吸除上清液后，再吹打传代。

1. 贴壁细胞的传代

常用胰蛋白酶对贴壁细胞进行消化传代，它可以破坏细胞与细胞、细胞与培养瓶之间的细胞连接或接触，从而使它们间的连接减弱或完全消失，经胰蛋白酶处理后的贴壁细胞在外力（如吹打）的作用下可以分散成单个细胞，再经稀释和接种后就可以为细胞生长提供足够的营养和空间，达到细胞传代培养的目的。贴壁细胞的消化法传代一般包括以下步骤：

（1）吸弃或倒掉瓶内陈旧培养液。

（2）加入适量消化液于培养瓶内，轻轻摇动培养瓶，使消化液流遍所有细胞表面，吸掉或倒掉消化液后再加1～2mL新的消化液，轻轻摇动后再倒掉大部分消化液，仅留少许进行消化。也可不采用上述步骤，直接加消化液进行消化。

（3）消化2～5min后把培养瓶放置显微镜下进行观察，发现细胞质回缩、细胞间隙增大后，应立即终止消化。消化最好在37℃或室温25℃以上环境下进行。也可放在4℃冰箱隔夜消化。

（4）吸除或倒掉消化液，如用EDTA消化，需加Hank's液数毫升，轻轻转动培养瓶把残留消化液冲掉后再加培养液。如仅用胰蛋白酶可直接加少许含血清的培养液，终止消化。

（5）用吸管吸取瓶内培养液，按顺序反复吹打瓶壁细胞，从培养瓶底部一边开始到另一边结束，以确保所有底部都被吹到。吹打时动作要轻柔不要用力过猛，同时尽可能不要出现泡沫，以免对细胞造成损伤。细胞脱离瓶壁后形成细胞悬液。

（6）计数后，按要求的接种量接种在新的培养瓶内（图1-16）。

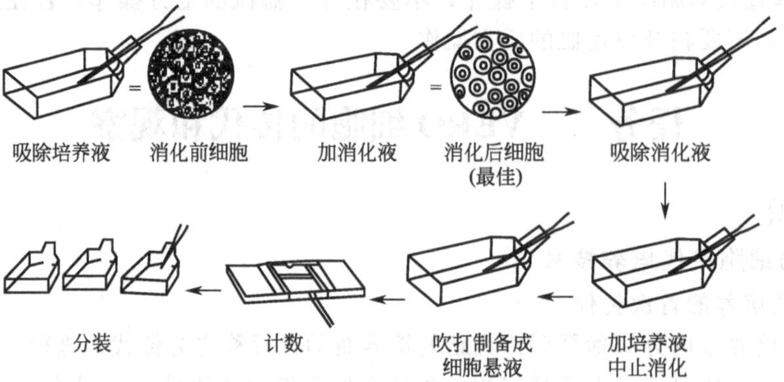

图1-16 贴壁细胞消化法传代培养操作步骤

（引自：司徒镇强、吴军正，细胞培养，1996）

2. 悬浮细胞的传代

因悬浮生长细胞不贴壁，故传代时不必采用酶消化方法，而可直接传代或离心收集细胞后传代。

（1）直接传代　使悬浮细胞慢慢沉淀在瓶底，吸掉1/2～2/3的上清液，用吸管吹打形成细胞悬液后再传代。

（2）离心传代　将细胞连同培养液一并转移到离心管内，800～1000r/min离心5min，弃上清液，加入新的培养液到离心管内，用吸管轻轻吹打使之形成细胞悬液，然后传代接种。悬浮细胞多采用此法。

部分贴壁生长细胞，不经消化处理直接吹打也可使细胞从瓶壁上脱落下来，而进行传代。但这种方法仅限于部分贴壁不牢的细胞，如HeLa细胞、骨髓瘤细胞等。直接吹打对细胞损伤较大，细胞也常有较大数量丢失，因而绝大部分贴壁生长的细胞均需消化后，才能吹打传代。

（三）细胞系的维持

细胞系（cell line）指原代细胞培养物经首次传代成功后所繁殖的细胞群体，也指可长期连续传代的培养细胞。细胞系的维持是培养工作的重要内容。概括起来说细胞系的维持是通过换液、传代、再换液、再传代和细胞冻存实现的，但对每一个细胞系来说都有其自身特点，要做好细胞系的维持必须注意以下几点。

(1) 做好细胞系的档案记录工作 无论在索取新细胞系或自己建立新细胞系时都应详细记录好细胞的组织来源、生物学特性、培养液要求、传代时间、换液时间和规律、遗传学标志、生长形态以及常规病理染色的标本等。这些记录对于保证细胞正常生长、保持细胞的一致、观察长期体外培养后细胞特性的改变都有十分重要的意义。

(2) 遵从细胞生长的规律 细胞系的传代、换液一般都有自身的规律性，因而在维持传代时要注意保持其稳定的规律性，这样可以减少由于传代时细胞密度的频繁增减或换液时间的不规律而导致细胞生长特性的改变，给以后的细胞实验带来影响。

(3) 防止细胞间交叉污染 多种细胞系维持传代，要严格操作程序，以防细胞之间的交叉污染。传代时所用器械要编号或做好标记，严禁交叉使用。

(4) 及时冻存防丢失 每一种细胞系都应在传代期的早期进行充足的冻存储备，防止由于培养细胞污染等因素造成细胞系的绝种；另外，二倍体细胞等有限细胞系如果暂时不用最好冻存，以免传代太多造成细胞衰老或二倍体细胞性质发生改变。

二、培养细胞的细胞生物学

体外培养的细胞来源于体内，其基本的细胞生物学规律和体内相同。但由于生活环境的改变，很多方面如形态、分化状态和增殖规律，与体内又有所区别，具有本身的特点和规律，不能为一般的细胞生物学完全替代。

(一) 培养细胞的生长类型和形态特征

体外培养细胞，其生长方式主要有贴壁生长和悬浮生长两种，分别称为贴壁型细胞和悬浮型细胞。还有一些细胞兼具上述两种生长方式，称为兼性贴壁细胞。

1. 贴壁型细胞

贴壁型细胞必须贴附于支持物表面才能生长，因此又称为贴壁依赖性细胞。贴附生长是大多数动物细胞在体内生存和生长发育的基本方式。贴附有两种含义：一是细胞之间相互接触；二是细胞与细胞外基质结合。正是基于这种贴附生长特性，才使得细胞与细胞之间相互结合形成组织，也才使细胞与周围环境保持联系。贴附生长的细胞，大多只附着一个平面，因而在外形上一般与体内明显不同，在形态上常表现单一化的现象，并常反映其胚层起源。

一般可将贴壁生长的体外培养细胞大体分为成纤维细胞型、上皮细胞型、游走细胞型、多形细胞型4种类型，最常见的为前两种。

(1) 成纤维细胞型 本型细胞因形态与体内成纤维细胞的形态相似而得名。细胞体呈梭形或不规则三角形，中央有卵圆形核，胞质向外伸出2～3个长短不同的突起，成群细胞在生长时多呈放射状、火焰状等（见图1-17）。除真正的成纤维细胞外，凡由中胚层间充质起源的组织如心肌、平滑肌、成骨细胞、血管内皮等常呈本类形态。人胚肺细胞在显微镜下可观察到典型的成纤维样细胞型。另外，在培养中的细胞凡形态与成纤维细胞类似时，皆可称之为成纤维细胞，因此细胞培养中的成纤维细胞一词是一种习惯上的称法，与体内细胞不同。

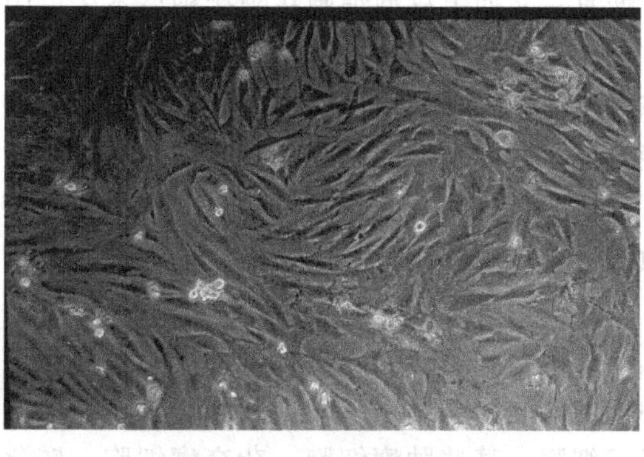

图1-17 成纤维细胞型

(2) 上皮细胞型 体外培养的这类细胞泛指那些形状上类似上皮细胞的细胞。这类细胞

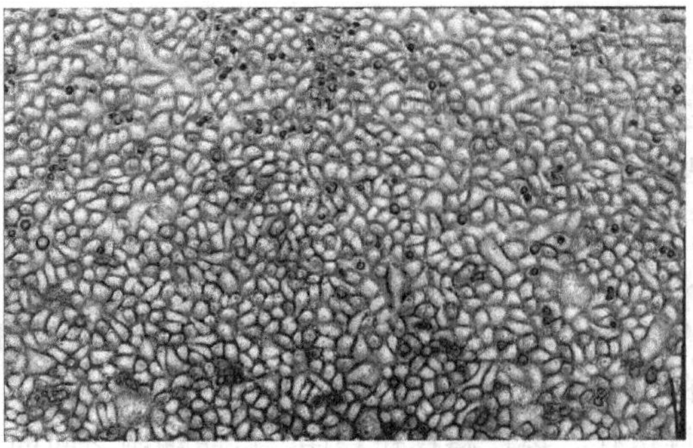

图 1-18 上皮细胞型

具有扁平不规则多角形，中有圆形核，细胞紧密相连，形成单层膜。因为相互拥挤而呈现“铺路石状”（见图 1-18），局部可以形成单层的上皮状“膜片组织”，细胞增殖数量增多时，整块上皮膜随之移动；处于上皮膜边缘的细胞多与膜相连，很少脱离细胞群单独活动。起源于内、外胚层细胞如皮肤表皮及其衍生物、消化管上皮、肝、胰和肺泡上皮等组织培养时，皆呈上皮型形态。上皮型细胞生长时，尤其是外胚层起源的细胞，细胞之间常出现所谓的“拉网”现象，即在构成上皮膜状生长的细胞群中一些细胞常相互分离卷曲，致使上皮细胞膜中形成网眼状空洞。拉网的形成可能与细胞分泌透明质酸酶有关。

（3）游走细胞型 体外培养的游走型细胞具有类似巨噬细胞样的特征。本型细胞在支持物上散在生长，一般不连接成片，形成群落；细胞质经常伸出伪足或突起；在培养器皿壁上生长位置不固定，呈活跃的游走或变形运动，速度快而且方向不规则。此型细胞不很稳定，外形不规则且不断变化。在一定条件下，由于细胞密度增大连接成片后，可呈类似多角形，或因培养基化学性质变动等，可能变成形状类似于成纤维型细胞或上皮型细胞，因此有时难以和其他型细胞相区别。呈现这种细胞形态的主要是那些具有吞噬作用的单核巨噬细胞系统的细胞，如颗粒性白细胞、淋巴细胞、单核细胞、巨噬细胞、肿瘤细胞等。

（4）多形细胞型 多形型细胞是一些形态上不规则的细胞，但它不像成纤维细胞那样，不规则形态是由宽扁的胞质突起所致，而是一般分胞体和胞突两部分，其中胞突为细长形，类似丝状伪足；胞体虽然也略呈多角形，但没有成纤维细胞那样不规则。多形型细胞不常见，只有像某些神经组织的细胞等难以确定其稳定形态时，可统归入多形型细胞。体外培养呈现多样性的细胞最常见的是神经元和神经胶质细胞。

上述对贴附型细胞形态的分类，主要根据细胞在培养中的表现以及描述上的方便而定。当细胞处于较好的培养条件时，形态上有相对的稳定性，在一定程度上能反映细胞的起源。但必须意识到，培养细胞的一般形态，并不是一项很可靠的指标，它可受很多因素的影响而发生改变，如 HeLa 细胞本属上皮型，但在过酸或过碱的情况下可变成梭形，pH 适宜时又可恢复；又如上皮型细胞在刚接种后不久，因细胞数量较少，细胞可能呈星形或三角形。只有当细胞数量增多后，多角形态特点和上皮膜状结构才逐渐变得明显起来。由于培养细胞形态的易变性，在利用形态学指标判定细胞类型和其他一些性状时应持谨慎态度。不应仅仅依赖光学显微镜观察所见，必要时需做超微结构和其他方法的分析，如电镜下观察到桥粒时，可确认为上皮型细胞，因桥粒是上皮细胞所特有的结构，但在光镜下不可见，只有在电子显微镜下才能观察到。因此，电子显微镜所提供的形态学依据显然更为可靠。

2. 悬浮型细胞

悬浮型细胞在体外生长时不需要贴附于支持物表面，可以悬浮状态在培养液中生长，这种细胞又称为非贴壁依赖性细胞。只有少数动物细胞能进行悬浮生长，如血液白细胞、淋巴组织细胞，某些肿瘤细胞、杂交瘤细胞、转化细胞系等均属此类细胞。这类细胞形态学特点是胞体始终为球形，观察时不如贴附型方便。

由于是悬浮生长，细胞生存空间大，容许长时间生长，因此悬浮培养的细胞密度一般都较高。另外，传代繁殖也较容易（只需稀释而不需消化处理）。可惜能在悬浮状态下生长的细胞种类有限。淋巴细胞等不附壁生长的细胞已被成功地进行了悬浮培养。大规模培养可采用培养微生物细胞用的发酵罐，但需将其稍加改进，如将搅拌转速减慢、搅拌叶改用螺旋桨式、通气装置通过硅橡胶扩散的方式等。

3. 兼性贴壁细胞

兼具上述两种生长方式的细胞，称为兼性贴壁细胞，如 VERO 细胞、小鼠 L929 细胞。当它们贴附在支持物表面上生长时呈上皮或成纤维细胞的形态，而当悬浮于培养基中生长时则呈圆形。

（二）培养细胞分化状态的变化

动物由一个受精卵通过细胞增生与分化形成各种执行不同功能的细胞、组织和器官，这是动物生长发育的基本过程。体内细胞的增殖活动、功能状态和分化特征始终受到三个方面的调节和影响，即体外环境的影响、体内神经-体液的调节和细胞相互作用的影响。细胞被置于体外培养后，失去了神经-体液的调节和细胞相互间的影响，生活在缺乏动态平衡的环境中，细胞处在“自由”生长状态，经过多次传代增殖，其分化可能会发生如下的变化。

1. 脱分化或去分化

脱分化或去分化是指细胞在体外不可逆地失去它们原有的特性。例如，一旦一个肝细胞失去它的特征性酶，如精氨酸酶、转氨酶等以及不能储存糖原或不能分泌血清蛋白后，这些特性就不能重新被诱导。体外培养细胞出现脱分化或去分化的现象可能是因为培养基某些成分的作用使细胞染色体发生了变化，致使细胞分化停止或特殊功能丧失。

但即便是脱分化也并不意味着细胞分化能力完全丧失。从细胞遗传学角度考虑，体外培养细胞，不论是正常细胞或肿瘤细胞都源于二倍体细胞，含有与体内细胞基本相同的基因组，也即存在着发生分化的依据。一种分化特性的丧失，不等于彻底消除了分化能力，一旦这些细胞重新获得某种类似体内的生存环境或调节信号，它们会重新表现出分化特点。比如，把血管内皮细胞置于胶原中进行三维培养，它们会形成类似血管的管状结构；把表皮细胞放在气液界面上培养，会分化成含大量角蛋白丝的胶质细胞。当然，这种分化的能力会随着培养时间延长而逐渐丧失。

2. 去适应性

去适应性表现为培养细胞在原体内时所拥有的分化特性减弱或不显，逐渐失去各自的形态与功能特征，表现出某种趋同性，而正如上文所述，一旦这些细胞重新获得某种类似体内的生存环境或调节信号，它们会重新表现出分化特点。如体外培养的肝细胞丧失产酪氨酸转移酶的特性，有人证明肝细胞产生酪氨酸转移酶需要胰岛素、可的松的诱导和与相应细胞基质如胶原蛋白的相互作用，只要这些条件存在，体外培养的肝细胞便可重新恢复产酪氨酸转移酶的特性。细胞刚离体培养时，先出现的现象可能属不适应，即由于环境的改变而出现的分化变化。

因此脱分化和去适应性两个概念是不同的。细胞脱分化指细胞不可逆地失去特化性质，很可能是基因变异所致。细胞的去适应性是指细胞随着原来生长条件的恢复能重新诱导出原有的性质，是因生存条件的改变使分化发生阻抑。如把正常肝细胞培养在漂浮的胶原筏上时，可以诱导酪氨酸转移酶表达，而且，基质凝胶有稳定肝细胞表型分化的作用。因此，体外培养细胞分化的改变应分析属何种性质。很多细胞在培养中的改变只是因培养环境的改变和分化因子的缺乏，导致细胞分化表达受阻、分化基因表达抑制或不充分而已。

另外，细胞置于体外培养时，因环境的改变，细胞分化的表达形式也发生了与原体内时不同的变化。如二倍体成纤维细胞，在体外可传30～50代，相当于150～300个细胞周期，最后衰老死亡，呈现着生命发展分化过程。在体内，胶原蛋白是成纤维细胞和骨细胞的主要产物。而在体外培养的细胞，不仅成纤维细胞能产生胶原，在一定条件下，上皮细胞、神经细胞，甚至一些肿瘤细胞也能产生胶原。

（三）培养细胞的生长特点

细胞在体外生长时具有一些特点，其中主要是细胞贴附、接触抑制和密度依赖性。

1. 贴附生长

附着于一定的底物并伸展，是大多数体外细胞培养的基本生长特点。体内细胞接种到培养器皿以后，首先要发生贴附，这是细胞培养开始后能否成功的第一步。一般来说，从底物脱离下来的贴附生长型细胞，不能长期在培养基中悬浮生长而逐渐衰退，除非是转化了的细胞或肿瘤细胞。支持细胞生长的底物可以是其他细胞、胶原、玻璃或塑料等。培养细胞在未贴附于底物之前一般呈球体状，当与底物贴附后，细胞将逐渐伸展而形成一定的形态，呈上皮细胞样或呈成纤维细胞样等。

（1）影响细胞贴附的因素　细胞贴附现象是一个非常复杂的与多种因素相关的过程，主要的影响因素如下。

① 底物的表面特性　底物表面不洁不利贴附；底物表面带有阳性电荷利于贴附。

一些特殊的促细胞附着的物质（如基膜素、纤维连接素、血清扩展因子等）可能参与细胞的贴附过程。这些促细胞贴附因子均为蛋白质，存在于细胞膜表面、培养基和血清之中。在培养过程中，这些带阳性电荷的促贴附因子先吸附于底物上，悬浮的球形细胞再与已吸附有促贴附物质的底物附着，进而细胞逐渐伸展成一定的形态。

② 培养液离子的浓度和pH　培养液中钙离子的含量过低、pH值过高时不利于细胞的贴附和伸展。

③ 培养液的一些物理因素　低温、培养基流动过快、培养液的悬浮力过高等均可妨碍细胞的贴附。

（2）贴附的过程　细胞附着于生长基质的过程可分为以下四个阶段（见图1-19）。

(a) 吸附

(b) 接触

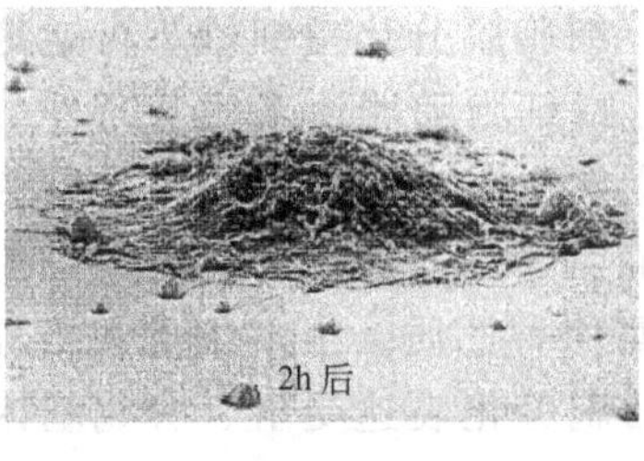

(c) 贴壁

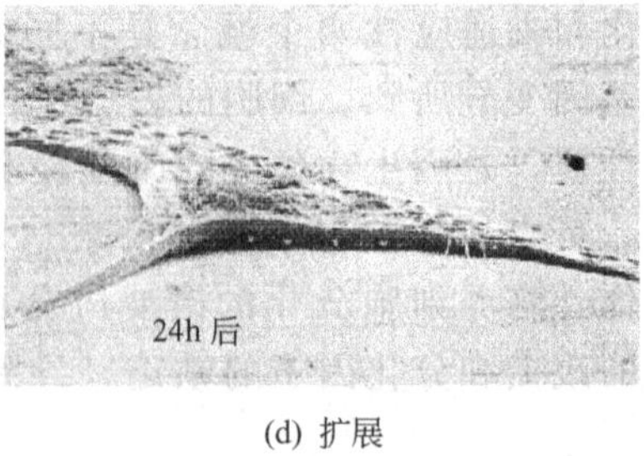

(d) 扩展

图1-19　细胞贴壁过程

① 吸附 促贴附因子（带正电荷）对带负电荷的细胞产生静电吸引力，使细胞容易贴附。

② 接触 细胞以伪足与生长基质初期附着，与生长基质形成一些接触点。

③ 贴壁 细胞完全贴附于生长基质表面。

④ 扩展 细胞在生长基质表面逐渐呈放射状扩展，最终变成极性细胞。

2. 接触抑制

接触抑制是指体外培养的细胞在贴附底物上连接成片、相互接触后失去运动的现象，是贴附生长型细胞的特性之一。正常细胞在数量适宜的情况下，其在培养中存在不停顿的活动或移动，外周的细胞膜呈现某些特征性的褶皱样活动。但是，当两个细胞移动而互相靠近时，其中之一或两者将停止移动，继而向另一方离开，这保证了细胞不会发生重叠。因此，正常细胞一般不互相重叠于其上而生长，而恶性细胞则无接触抑制现象（见图 1-20），因此接触抑制可作为区别正常细胞与癌细胞的标志之一。转化细胞或肿瘤细胞因细胞间无接触抑制作用或不明显，细胞之间可相互重叠生长，导致细胞向三维空间扩展，使细胞发生堆积。

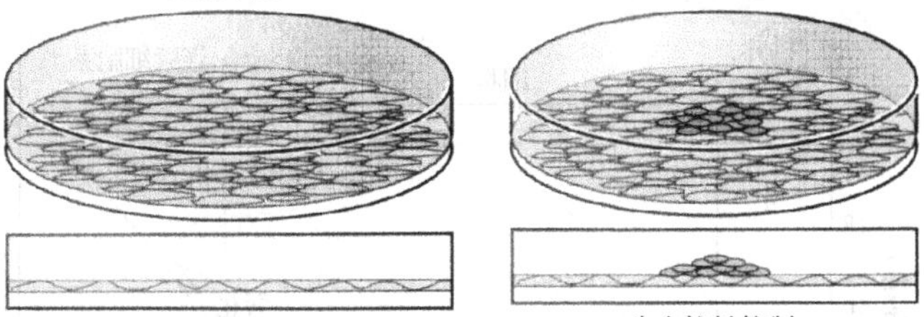

图 1-20 接触抑制

3. 密度依赖性

培养器皿中细胞过少或过密都会影响细胞的生长、增殖，这种现象称为密度依赖性。

当正常细胞生长密度过大时，细胞间变得拥挤，生存空间消失，同时培养基中的一些营养物质被逐渐消耗掉，代谢产物过多，细胞将停止分裂增殖，但细胞可在静止状态维持存活一段时间，细胞的这种特性称为密度抑制。转化细胞或肿瘤细胞的密度抑制程度较低，细胞可生长至较高的终末细胞密度。因此细胞接触抑制和密度抑制是两个不同的概念，不应混淆。

当细胞在培养器皿中数量过少时，细胞的生长和增殖也会受到影响，比如单个细胞比群落细胞更难培养。这可能是由于任何一种细胞，既要从培养液中获取营养物质，同时也会向外释放一些物质（包括生长因子）把环境调节到有利于本身生长的状态。单个细胞所释放的物质比不上众多细胞对周围环境的调节能力，所以人们往往在单克隆抗体实验的培养液中加入一些饲养细胞，或在换液时留一些原培养液，以更利于细胞生长。

（四）培养细胞的生长和增殖过程

体内细胞生长在动态平衡环境中，而体外培养的细胞生存空间和营养是有限的，当细胞增殖达到一定密度后，则需要分离出一部分细胞和更新营养液，否则将影响细胞的继续生存。另外，很多细胞特别是正常细胞，在体外的生存也不是无限的，存在着一个发展过程。所有这一切，使得体外培养的组织细胞存在着一系列与体内细胞不同的生长和增殖特点。

1. 培养细胞生命期

培养细胞生命期，是指细胞在培养中持续增殖和生长的时间。组织和细胞在培养中的生命期如何，要看细胞的种类、性状和原供体的年龄等情况。人胚二倍体成纤维细胞，在不冻存和反复传代条件下，可传 30～50 代，相当于 150～300 个细胞增殖周期，能维持一年左右的生存时间，最后衰老凋亡。如供体为成体或衰老个体，则生存时间更短；如培养的为其他细胞如肝细胞或肾细胞，生存时间更短，仅能传几代或十几代。只有当细胞发生遗传性改变，如获永生性或恶性转化时，细胞的生存期才可能发生改变。但进行正常细胞培养时，不论细胞的种类和供体的年龄如何，在细胞全部生存过程中，大致都要经历原代培养期、传代培养期和衰退期三个阶段。

（1）原代培养期　原代培养也称初代培养，是指从体内取出组织细胞开始培养到第一次传代前的这一段时期（见图 1-21），一般持续 1～4 周。在原代培养期内，细胞刚刚离体，细胞的结构和功能与体内仍很相似，因此是一些实验研究如药物测试、疫苗制备的良好工具。此期细胞为二倍体核型，呈活跃的移动，可见细胞分裂，但不旺盛，分裂的次数还不多。原代培养的细胞群呈异质性，即培养物的细胞成分混杂，细胞相互依存性强。如把这种细胞群稀释分散成单细胞，在软琼脂培养基中进行培养时，细胞克隆形成率很低，即细胞独立生存性差，这也体现了细胞的密度依赖性。

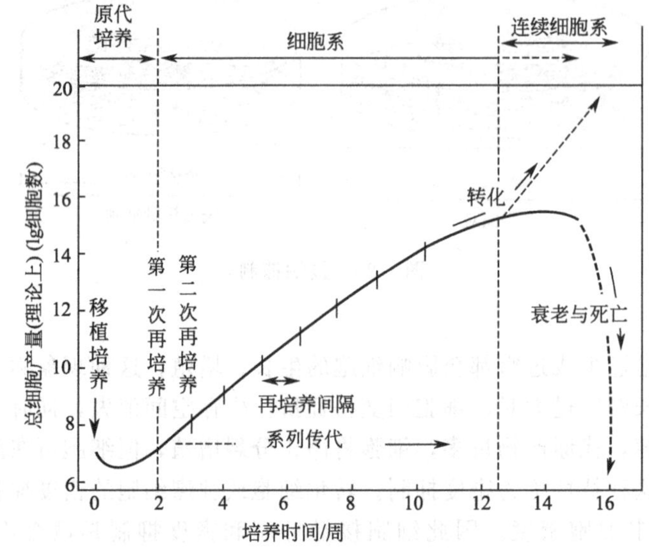

图 1-21　培养细胞的生命期

（2）传代培养期　一旦将原代培养细胞分开接种到两个或两个以上的培养器皿内进行培养，就标志着原代培养期结束，培养过程进入了传代培养期（见图 1-21）。原代培养细胞一经传代后便称作细胞系。传代期在全生命期持续时间最长。在这一时期内，最主要的特征是细胞分裂增殖旺盛。在传代期的早期，细胞尚能维持二倍体核型，称为二倍体细胞系，但随着传代次数的增多，细胞有可能失掉二倍体性质或发生转化。为保持二倍体细胞性质，细胞应在原代培养期或传代期的早期冻存。当前世界上常用细胞系均在十代内冻存。

除持续时间长、增殖旺盛等特点，传代期内细胞还将逐渐进入去分化状态。原本成分混杂的培养物中，某一种增殖能力较强的细胞会逐渐处于优势，而将其他数量较少的细胞逐渐淘汰掉。比如，体外培养的皮下结缔组织细胞，经过多次传代，其中成纤维细胞的数量将会很快增大，而其他细胞将越来越少直至消失。

一般情况下传代10～50 次，细胞增殖逐渐缓慢，以至完全停止，细胞生长进入衰退期。

（3）衰退期　传代培养到一定的代数时，细胞的生命活动明显减弱，细胞虽然生存，但增殖很慢或不增殖，培养物很难长满培养空间，即使换液也无济于事，培养过程进入衰退期。衰退期细胞的主要特征是形态轮廓增强，色泽变暗，细胞质内出现暗的颗粒样结构以及空泡状结构，胞质突起回缩，最后衰退凋亡。

在细胞生命期阶段，少数情况下，在以上三期任何一点（多发生在传代末或衰退期），由于某种因素的影响，细胞可能发生自发转化。转化的标志之一是细胞可能获得永生性，也称不死性，即细胞获持久性增殖能力，这样的细胞群体称无限细胞系，也称连续细胞系。无限细胞系的形成主要发生在第二期末，或第三期初阶段。细胞获不死性后，核型大多变成异倍体。细胞转化亦可用人工方法诱发，转化后的细胞也可能具有恶性性质。

2. 一代贴附生长细胞的生长过程

所谓细胞“一代”一词，是仅指细胞自接种至新培养皿中到下一次再传代接种的一段时间，这已成为培养工作中的一种习惯说法，它与细胞倍增一代非同一含义。如某一细胞系为第 153 代细胞，即指该细胞系已传代 153 次，在细胞一代中，细胞能倍增 3～6 次。每代细胞的生长过程，一般要经过以下三个阶段：生长缓慢的潜伏期、增殖迅速的指数生长期和最后的生长停止的停滞期（或平顶期），如图 1-22 所示。

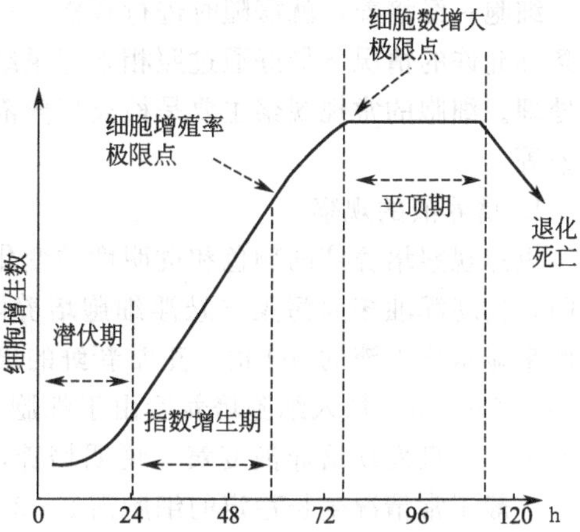

图 1-22　一代细胞的生长过程

（1）潜伏期　潜伏期即细胞对接种操作所致损伤的恢复期和对新的生长环境的适应期。细胞接种培养后，先经过一个在培养液中呈悬浮状态的悬浮期，此时细胞胞质回缩，胞体呈圆球形。短时间后细胞开始附着或贴附于底物表面上，并逐渐伸展。各种细胞贴壁时间长短不同，原代培养细胞贴附慢，可长达 10～24h 或更多；连续细胞系和恶性细胞系快，10～30min 即可贴附。细胞贴附于支持物后，除先经过前述延展过程变成极性细胞，还要经过一个潜伏阶段，才进入生长和增殖期。细胞处在潜伏期时，可有运动活动，基本无增殖，少见分裂相。细胞潜伏期与细胞接种密度、细胞种类和培养基性质等密切相关。细胞接种密度大时潜伏期短；原代培养细胞潜伏期长，约为 24～96h 或更长，连续细胞系和肿瘤细胞潜伏期短，仅为 6～24h。当细胞分裂相开始出现并逐渐增多时，标志着细胞已进入指数增生期。

（2）指数增生期　指数增生期又称对数生长期，它是细胞增殖最旺盛的阶段，培养物中的细胞数量呈指数增长（见图 1-22）。指数增生期内细胞分裂相数量可作为判定细胞生长旺盛与否的一个重要标志。一般以细胞分裂指数（mitotic index，MI）和细胞群体倍增时间来表示。细胞分裂指数（MI）是指细胞群中每 1000 个细胞中的分裂相数量。细胞群体倍增时间指的是培养物中细胞数量翻倍的时间。体外培养细胞分裂指数受细胞种类、培养液成分、pH、培养温度等多种因素的影响。一般细胞的分裂指数介于 0.1%～0.5%，原代细胞分裂指数低，连续细胞和肿瘤细胞分裂指数可高达 3%～5%（肿瘤细胞偏高）。pH 和培养液血清含量变动对细胞分裂指数有很大影响。指数增生期是细胞一代中活力最好的时期，因此是进行各种实验最好的和最主要的阶段。在接种细胞数量适宜的情况下，指数生长期持续3～5天后，随细胞数量不断增多、生长空间渐趋减少，最后细胞相互接触汇合成片。

（3）停滞期（平顶期）　细胞长满瓶壁后，细胞数量达到饱和密度，产生接触抑制和密度抑制，细胞就停止增殖，进入停滞期。此时细胞数量持平，故也称平顶期。停滞期细胞虽不增殖，但仍有代谢活动，继而培养液中营养渐趋耗尽，代谢产物积累、pH 降低。此时需进行传代，否则细胞会中毒，发生形态改变，甚至脱落死亡，故传代应越早越好。传代过晚能影响下一代细胞的机能状态。在这种情况下，虽进行了传代，因细胞已受损，需要恢复，至少还要再传 1～2 代，通过换液淘汰掉死细胞，使受损轻微的细胞得以恢复后，才能再用。

停滞期不同于上面讲到的培养细胞生命期的衰退期。处于停滞期的细胞可通过传代进行挽救，而处于衰退期的细胞以任何方法都不能阻止其向死亡方向发展。

三、培养细胞的观察和检测技术

（一）培养细胞的常规观察

细胞一经培养，就需随时进行观察。一般应每日观察 1 次，及时记录细胞的生长状态，在条件允许的情况下最好通过照相来记录细胞的生长情况。发现异常情况要采取相应措施进行处理。细胞的常规观察主要是检查培养液的变化、细胞生长情况、细胞形态及有无微生物污染等。

1. 培养液的观察

重点观察培养液的颜色和透明度的变化，观察方式为肉眼直接观察。培养液正常为清亮透明，出现浑浊多为污染（悬浮细胞培养除外）。一般培养液中均含有酚红作为指示成分，以此来显示培养液的 pH 值。正常新鲜的培养液为桃红色，这种颜色代表培养液的 pH 值大约为 7.2～7.4。加入细胞培养后由于细胞代谢产生酸性产物，培养液 pH 值下降使颜色变浅变黄。一旦发现培养液变黄，说明培养液中代谢产物已堆积到一定量，需换液或传代处理。一般正常情况生长稳定的细胞需 2～3 天换液 1 次，生长慢的细胞需 3～4 天换液 1 次。目前细胞培养多采用 CO_2 温箱，这样使 pH 值相对稳定，利于细胞生长。传代和换液后，如果发现培养液很快变黄，可能是由以下因素造成：有细菌污染发生；培养器皿没有洗干净，有残留物；细胞接种数量较大。

2. 细胞生长情况的观察

用倒置显微镜观察。新种入培养瓶的细胞，绝大多数并不马上开始增殖，都会经历一段适应期或潜伏期，其时间长短不同。原代培养潜伏期较长，从几天到数周不等；细胞系细胞一般时间很短，多为 24h 以内；一般胚胎组织细胞的潜伏期较短，而成年组织细胞和部分癌细胞潜伏期较长。原代培养中最先可见从组织块边缘“长出”细胞，这些细胞通常并不是增殖产生而是从原代组织块中游走出来的，因而原代早期较少见到分裂细胞。成纤维细胞是最易生长的细胞，生长速度快，适应性强，最早游出的细胞多以成纤维细胞为主。

细胞传代后，经过悬浮、贴壁伸展进入潜伏期，然后开始生长进入对数生长期，细胞开始大量繁殖，逐渐相连成片而长满瓶底后进入平台期，生长受到抑制。贴壁生长的细胞在长满瓶底 80％就应及时传代，否则细胞可由于营养物质缺乏和代谢产物的堆积，进入平台期并衰退。这时细胞轮廓增强，细胞变得粗糙，胞内常出现颗粒状堆积物。严重时细胞甚至可从瓶壁脱落。悬浮生长的细胞当增长显著、培养液开始变黄时也应及时传代。

3. 细胞形态变化的观察

生长状况良好的细胞镜检观察时透明度大、边缘整齐、折光性强、轮廓不清；用相差显微镜观察能看清部分细胞细微结构，细胞处于对数生长期时可以见到很多分裂期细胞。细胞生长状态不良时，细胞折光性变弱，轮廓增强，边缘不整齐，细胞发暗、胞质中常出现空泡、脂滴、颗粒样物质，细胞之间空隙加大，细胞变得不规则，失去原有特点，上皮样细胞可能变成纤维样细胞的形状，有时细胞表面和周围出现丝絮状物，如果情况进一步严重，可以出现部分细胞从瓶壁脱落、死亡、崩解、漂浮。只有生长状态良好的细胞才适合进一步传代和实验。对生长状态不良的细胞首先要查明原因，采取相应措施进行处理，如换液、排除污染、废弃等。

4. 微生物污染的观察

微生物污染主要包括细菌、霉菌、酵母菌、支原体的污染。细菌、霉菌、酵母菌污染最典型的表现为培养液浑浊，液体内漂浮菌丝或细菌。支原体污染时则不同，对于传代稳定、生长规律的细胞系，往往表现为培养条件没有改变而细胞生长却明显变缓、胞质内颗粒增多、有中毒表现，但培养液多不发生浑浊，即可考虑为支原体污染。细菌和霉菌的污染多发生在传代、换液或其他实验操作之后，因而在进行上述操作后24～48h要密切注意是否有污染发生。

（二）细胞生长曲线的测定

1. 意义

在细胞生长特性观察中，生长曲线的测定是最为基本的指标之一，是观察细胞生长基本规律的重要方法。只有具备自身稳定生长特性的细胞才适合在观察细胞生长变化的实验中应用。

2. 方法

(1) 取生长状态良好的细胞，用胰酶消化。

(2) 用培养液制备成细胞悬液。经细胞计数后，将细胞浓度调整为（1～5）×10^4个/mL，精确地将细胞分别接种于30个大小一致的10mL培养瓶内或两块24孔培养板中，要求每瓶（孔）加入的细胞总数和培养液的量是一致的。

(3) 每天取3瓶（孔）细胞消化，进行细胞计数，计算平均值。一般需连续计数10天左右。从接种后培养开始，每3天需给未计数的细胞换液。

(4) 以培养时间为横轴、细胞浓度为纵轴，将每天所得的细胞浓度标在坐标纸上，各点连线即得细胞生长曲线（图1-23）。

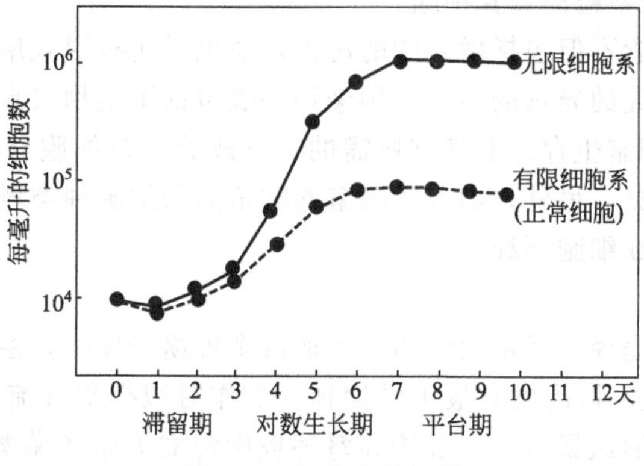

图1-23 细胞生长曲线

（引自：司徒镇强、吴军正，细胞培养，1996）

3. 结果分析

标准的细胞生长曲线近似“S”形，一般在传代后第一天细胞数有所减少，经过几天的滞留期，进入对数生长期。达到平台期后生长稳定，最后到达衰老。

细胞倍增时间：是在生长曲线上细胞数量增加一倍的时间，可以从曲线上换算出。细胞倍增的时间区间为细胞对数生长期，细胞传代、实验等多应在此区间进行。细胞群体倍增时间的计算方法有以下两种。

(1) 作图法 在细胞生长曲线的对数生长期找出细胞增加一倍所需的时间，即倍增时间。

(2) 公式法 按细胞倍增时间计算细胞群体倍增时间（doubling time，DT）。

$$DT = t\frac{\lg 2}{\lg N_t - \lg N_0}$$

式中，t 代表培养时间；N_0 代表首次计数获得的细胞数；N_t 代表培养 t 时间后的细胞数。一般情况下，首次计数在细胞接种 24h 后进行，而 N_t 是细胞在对数生长期终点时的细胞数。

4. 说明

(1) 细胞接种浓度不能过多也不能过少，在合适的浓度下细胞在 7～10 天内能长满而不发生生长抑制；细胞数量太少，细胞适应期太长；数量太多，细胞将很快进入增殖稳定期，在短时间内需进行传代，曲线不能确切反映细胞生长情况。同种细胞的生长曲线先后测定要采用同一接种密度，这样才能做纵向比较；不同的细胞也要接种细胞数相同，才能进行比较。

(2) 细胞生长曲线虽然最为常用，但有时其反映数值不够精确，可有 20%～30%的误差，需结合其他指标进行分析。

(3) 不同细胞在不同培养液内的细胞生长曲线和细胞倍增时间可以直接反映细胞在该种培养液内的增殖速度，通过不同培养液内细胞生长曲线的差异，可筛选出有利于细胞生长的最合适的培养液。

(4) 通过对细胞生长曲线的绘制，可比较不同的培养液对细胞生长曲线变化的影响；在条件允许的情况下，分析培养液中添加不同的生物活性物质（如生长因子、激素等）对细胞生长的影响，从而筛选出合适的细胞培养液。

(三) 细胞培养的污染检测及其排除

培养细胞的污染概念不但包括微生物的污染，还包括所有混入培养环境中对细胞生存有害的成分和造成细胞不纯的异物的污染。污染物一般包括微生物（真菌、细菌、病毒和支原体）、化学物质（影响细胞生存、非细胞所需的化学成分）及细胞（非同一种的其他细胞）。其中以微生物污染最多见。另外，随着实验室同时培养的细胞种类增多，不同种细胞交叉污染也时有发生，从而造成细胞不纯。

1. 微生物的污染

(1) 微生物污染的途径 微生物的污染可通过多种途径发生，主要有以下几种。

① 空气 空气是微生物传播的最主要途径。工作时减少空气流动是防止污染的重要环节。培养设施不能设在通风场所，一般培养室环境中每立方米含菌数不应超过 1～5 个。如果培养操作场地与外界隔离不严或消毒不充分，外界不洁空气很容易侵入造成污染。超净工作台能通过过滤产生无菌的屏障气流，可有效防止不洁空气的侵入，但如使用过久，滤器受尘埃阻塞，可使净化工作不能正常进行。工作时不戴口罩或面对操作野大声讲话、咳嗽等使外界气流过强，污染空气可侵入操作野，造成污染。

② 器材及试剂 主要是细胞培养用器材清洗消毒不彻底或培养用液等灭菌不彻底使污物残留或导致细菌污染。另外，有些血清在生产时就已被支原体或病毒等污染，也可成为污染的来源。此外，CO_2 培养箱培养细胞时为开放式培养，如培养箱没有定期消毒，由于培

养箱内湿度大，温度适宜，再加上取存细胞时不慎将培养液漏出，就易使细菌、霉菌滋生，形成污染。

③ 操作 实验操作无菌观念不强、动作不准确、使用污染的器具或封瓶时不严都可发生污染。培养两种以上细胞时，操作不规范、交叉使用吸管或培养液等有可能导致细胞交叉污染。

④ 组织样本 组织样本如含有微生物或碘酒（手术时消毒使用的）等可造成原代培养的污染或影响细胞生长，这也是原代培养失败的主要原因之一。

(2) 微生物污染对细胞的影响 体外培养细胞一旦发生污染多数将很难挽救。因细胞离体后没有抵抗污染的能力，且培养基中加入的抗生素的抗感染能力很有限。细胞受到有害物污染早期或污染程度较轻时，如能及时处理并去除污染物，部分细胞有可能恢复。但如果污染物持续存在培养环境中，轻者使细胞生长缓慢，分裂相减少，细胞变得粗糙，轮廓增强，胞质出现较多的颗粒状物质；严重时细胞增殖停止，分裂相消失，胞质中出现大量的堆积物，细胞变圆或崩解，从瓶壁脱落甚至死亡。

支原体污染细胞后，不易察觉而被忽视。因受支原体污染的培养液常不发生浑浊，细胞病理变化多数情况下表现轻微或不显著，细微变化也可由于传代、换液而缓解。但个别严重者，可致细胞增殖缓慢，甚至从培养器皿脱落。

支原体多附着于细胞的表面，能产生丰富的腺苷酸环化酶，能将无毒的6-甲基嘌呤脱氧核苷转变为对哺乳动物细胞具有毒性的物质。需精氨酸型支原体能急速消耗精氨酸，导致细胞变形。有DNA活性的支原体能降低培养细胞DNA的合成，引起培养细胞染色体核型的改变、增加染色体畸变等一系列严重后果。有的支原体还能与细胞竞争尿嘧啶，影响RNA的合成。单克隆抗体杂交瘤培养时，支原体不仅可能抑制细胞生长，还可能降低细胞融合率。所以，在建立细胞系和进行各种实验研究时，应首先证明所用细胞无支原体污染。

污染物不同对细胞的影响也有差别，霉菌和细菌繁殖迅速，能在很短时间内抑制细胞生长或产生有毒物质导致细胞死亡；而支原体和病毒对细胞的形态和机能的影响是长期的、缓慢的和潜在的，短时间内不易被发现。

(3) 微生物污染的检测与排除

① 真菌的污染及排除 污染培养细胞的真菌种类很多，常见的有烟曲霉、黑曲霉、毛霉菌、孢子霉、白念珠菌、酵母菌等。霉菌污染一般肉眼可见，较易被发现，短期内培养液多不浑浊，在培养液中形成白色或浅黄色漂浮物。倒置显微镜下可见在细胞之间有纵横交错穿行的丝状、管状及树枝状菌丝，并悬浮漂荡在培养液中。很多菌丝在高倍镜下可见到有链状排列的菌珠；念珠菌或酵母菌形态呈卵形，散在细胞周边和细胞之间生长。有时通过显微镜观察可能发现瓶底外面生长的菌丝，不要错当培养瓶内的污染。瓶外的污染物，需及时用酒精棉球擦洗清除，以防其通过瓶口传入瓶内。如被污染可考虑采用制霉菌素25μg/mL或酮康唑10μg/mL对细胞进行处理。

② 细菌污染及排除 常见的污染菌有大肠杆菌、白色葡萄球菌、假单胞菌等。细菌污染后容易发现，多数情况下培养液短期内颜色变黄，且有明显浑浊现象；有时静置的培养瓶液体初看不浑浊，但稍加振荡，就有很多浑浊物漂起。倒置显微镜下观察，可见培养液中有大量圆球状颗粒漂浮，有时在细胞表面和周围有大量细菌存在，细胞生长停止并有中毒表现。必要时可取少量培养液涂片染色检查以证实细菌种类；有的培养液改变不明显而又疑有污染，亦可向肉汤培养基内滴加少量培养液，37℃培养可以检测是否污染。

细菌污染排除：抗生素对预防和杀灭细菌有一定效果。抗生素联合使用比单独使用效果好。预防性应用比污染后使用效果好。已发生细菌污染，再使用抗生素，常难以根除。有的抗生素对细菌仅有抑制作用，而无杀菌效应，反复使用抗生素可使微生物产生耐药性，且对细胞本身也产生一定的影响。有价值的细胞被污染后，可试用5～10倍常用剂量的冲击方法，加药作用24～28h，再换入常规培养液中，有时可奏效。

③ 支原体污染的检测及排除　支原体是一类缺乏细胞壁的原核细胞型微生物，呈高度多形性，有球形、杆形、丝状、分枝状等多种形态。它广泛存在于自然界中，有80余种，污染细胞最严重的支原体包括发酵支原体、猪鼻支原体、口腔支原体、精氨酸支原体、梨支原体、唾液支原体和人型支原体等。

细胞培养中被支原体污染是一个较普遍的问题，污染率高达30%～60%。其污染来源主要包括工作环境的污染、操作者本身的污染（一些支原体在人体是正常菌群）、培养基的污染、污染支原体的细胞造成的交叉污染、实验器材带来的污染和用来制备细胞的原始组织或器官的污染。

a. 支原体污染的检测　检测细胞培养物中的支原体方法有很多，各有优缺点。各实验室可根据具体情况，选择不同的方法，或者几种方法联合使用。

ⓐ 培养法检测支原体　培养法是利用营养丰富的精氨酸肉汤培养基、支原体琼脂培养基（半流体），直接对待检细胞、血清等进行支原体培养。培养结束时，精氨酸肉汤培养基如有支原体生长，则液体颜色改变（粉色或黄色）。半流体培养基中如有支原体生长，则出现絮状沉淀。此种方法最为可靠且成本低廉，但培养周期较长，工作量大。常用于细胞及临床治疗细胞的支原体检查。

ⓑ 染色法检测支原体

ⅰ. 姬姆萨或地衣红染色法：细胞液体培养物直接涂片，用姬姆萨（1∶20）染色3h以上，可在光学显微镜下见到呈淡紫色或蓝色，形态为球形、球杆形、杆形、螺旋形、分枝的长丝状等；地衣红染色后，镜下观察可见支原体呈暗紫色小点，位于细胞外或细胞之间。

ⅱ. 荧光染色法：利用荧光试剂Hoechst33258标记细胞核支原体DNA，在紫外光（630nm）激发下产生黄绿色荧光，利用荧光显微镜观察支原体是否存在。正常细胞核区见边缘整齐清晰的荧光，胞质区无荧光。支原体污染的细胞不仅在细胞核而且在细胞核外及细胞膜上均可见散在的亮绿色小点，即支原体。该方法操作较为简便，但轻度污染不易检出，一般要求培养无污染的指示细胞作为对照。

ⓒ 扫描电子显微镜法检测支原体　利用电子显微镜的超级放大功能，直接观察培养细胞中的支原体污染情况。在电镜下可观察到支原体多分布在细胞周围和细胞间隙，有的直接吸附在细胞表面膜上，在细胞基质内未见支原体存在。该方法非常直观、准确，但对环境要求高，操作复杂，实验周期较长，常作为样品的最后定性检测。

ⓓ PCR法检测支原体　PCR检测方法可快速检测细胞培养物中的支原体污染。该方法根据常规PCR反应原理和实验步骤即可完成对培养物中支原体的快速检测，检测时可选用美国Stratagene公司、ATCC公司等出品的支原体PCR检测试剂盒。该方法具有灵敏度高、特异性强以及检测快速等特点，比常规培养法和荧光染色法快5～10天，但这种方法对实验环境要求严格，实验成本较高，有时还会出现假阳性的现象。弥补的方法是对怀疑的样品要经过3次PCR检测，或配合使用培养法检测。

b. 支原体污染的排除

ⓐ 抗生素处理　支原体最突出的结构特征是没有细胞壁，一般来讲，对作用于细胞

壁生物合成的抗生素，如β-内酰胺类、万古霉素等完全不敏感；对多黏菌素、利福平、磺胺药物等普遍耐药。对支原体最有抑制活性及常用于支原体感染治疗的抗生素是卡那霉素、四环素、庆大霉素、链霉素、金霉素等。有些实验室中用100μg/mL卡那霉素处理3周，可清除培养物中的支原体污染。亦有将细胞培养瓶直放，瓶内装入含600μg/mL卡那霉素的生长液至瓶颈部，37℃孵育18h，然后移入含200μg/mL卡那霉素的生长液，成功地处理了支原体。金霉素对细胞的毒性较卡那霉素大，常用浓度为100～200μg/mL。对卡那霉素、四环素有耐药性的支原体污染，可用泰乐菌素处理细胞，对培养细胞无不良影响。污染细胞以50μg/mL泰乐菌素处理6天，或连续处理2代，可长期有效地清除支原体污染。

ⓑ 高热处理　因支原体和细胞对热的耐受性不同，将受污染的细胞置41℃作用5～10h，最长达18h，可以破坏支原体，而细胞仅少许损伤，但可恢复。对温度敏感的细胞株不能采用这种方法。

ⓒ 巨噬细胞和抗生素联合处理　将同种动物腹腔巨噬细胞加入被支原体污染的细胞中(巨噬细胞与污染细胞的比例为100∶1)，再加入100μg/mL的抗生素，结合支持物方法培养，逐日检查，直至支原体被巨噬细胞消除。

ⓓ 鼠的传代处理　污染的肿瘤细胞株可接种于Balb/c裸鼠的颈背部皮下，每只接种4×10^6个细胞，接种3～5只，在动物带瘤生长一个月时，取瘤块进行原代培养。

ⓔ 血清处理　人和动物的血清中，含有一些天然的抗微生物成分，如γ-球蛋白、补体成分和溶菌酶等。Zieglar-Heibrok将污染的细胞接种到含10%非灭活血清培养基中，孵育6h后，去除了包括人-人杂交瘤在内的5种细胞系中污染的支原体，并证实起作用的是补体成分。

去除细胞培养中支原体污染的方法均较麻烦，且效果不确定，所以一旦发生支原体污染，除非有特别重要的价值，一般均弃之重新培养，去除细胞中支原体污染的努力只应当作为最后的手段来考虑。

2. 细胞交叉污染及排除

在细胞培养工作中要注意防止细胞间交叉污染。细胞交叉污染是由于在细胞培养操作过程中，多种细胞培养同时进行时，器材和培养用液混杂所致。这种污染使细胞形态和生物学特性发生变化，某些变化不易察觉。有些污染细胞具有生长优势（如HeLa细胞等），最终压过其他细胞，使这些细胞生长抑制，最终死亡，细胞交叉污染导致细胞种类不纯，不能进行实验研究。防止细胞交叉污染的措施主要有：

① 实验器材如吸管不能混用。几种细胞同时实验时，器材要做好专用标记。

② 细胞培养用液不能混用。几种细胞同时做实验时，也要尽量做到专液专用。如实验条件所限，细胞培养用液需公用时，要做到勤换吸管，千万不能用混有细胞的吸管直接吸细胞培养液。吸培养液的吸管尖端不要触及培养瓶瓶口，以免把细胞带到培养液瓶中，以防止进行其他细胞培养操作时导致细胞污染。

③ 所有从别处转来的细胞或自己所建的细胞系都要在早期留有充足的冻存备用，一旦发生细胞交叉污染，可以复苏早期冻存细胞使用。

3. 化学物质污染及排除

化学污染物质包括残存洗涤剂、细胞残余、解体的微生物等，细胞直接接触物（如培养皿、生长基质、培养基等）或间接接触物（如配制培养基的器皿、瓶塞、瓶盖等）一旦被化学物质污染，将导致细胞死亡。因此，化学污染是细胞培养失败的重要原因。故细胞实验所使用的全部器材都要严格清洗，并正确掌握器材操作要领。

• 操作规程

一、VERO 细胞的传代培养

原代培养细胞的传代

（一）操作用品

1. 器材

超净工作台、倒置显微镜、CO_2 培养箱、25mL 细胞培养瓶、吸管及胶头等。

2. 试剂

Hank's 液（或 D-Hank's 液）、消化液（0.25%胰蛋白酶液）、完全 DMEM 液［含 10%胎牛血清（FBS）+抗生素培养液］。

3. 材料

汇合的 VERO 细胞。

（二）操作步骤

1. 传代前准备

传代前先把培养基和 0.25%胰蛋白酶液从冰箱放到室温 1～2h，由于冰箱中的培养基温度与无菌室的温差很大，这样做可以防止细胞“感冒”。

2. 传代（九字口诀法）

（1）弃　取 80%或接近汇合的培养细胞，使培养瓶的细胞面向上，用吸管吸出培养液（操作熟练后也可将培养液倒入盛污物的三角瓶内，避免倒出的液体回流，或两瓶口相接触，以免发生污染），弃掉。此过程需用 5mL 或 10mL 吸管 1 根。

（2）洗　用 Hank's 液（或 D-Hank's 液、PBS 液）清洗 2～3 次，每次约用 2mL。此过程需用 2mL 或 5mL 吸管 1 根。

（3）消　向培养瓶内加入消化液约 2mL，室温（37℃）下消化。此步为传代的关键步骤。观察消化细胞，掌握好消化程度。此过程需用 2mL 或 1mL 吸管 1 根。

将培养瓶置于倒置显微镜下观察，当发现细胞胞质回缩，细胞与细胞之间相互接触松散、间隙增大、细胞变圆或出现蜘蛛网状结构时，立即将培养瓶直立终止消化（约需 3min）。用肉眼观察时可见培养瓶的细胞面出现类似水汽的一层结构，即出现发雾现象，这是因为细胞被消化后部分细胞回缩，细胞与细胞间出现间隙，有细胞的地方透光性降低，无细胞的地方透光性增加，使得细胞面透光性变得不均匀，产生水汽样结构。

（4）离　待消化结束后，向培养瓶内加入等量含小牛血清的培养液中止消化。拍打培养瓶，促使已松动的细胞从瓶壁脱落。然后用吸管将细胞从瓶壁吹打下来，1000r/min、10min 离心去除胰蛋白酶。此过程需用 2mL 或 1mL 吸管 1 根。

（5）悬　离心完毕，加培养液约 5mL，用吸管吸取培养液轻轻反复吹打细胞，使细胞混匀形成细胞悬液。吹打勿用力过猛，以免伤害细胞。此过程需用 5mL 吸管 1 根。

（6）接　细胞悬液按 1∶2 或 1∶3 的比例分配，接种到 2～3 个培养瓶内［用步骤（5）中的吸管］，再向各瓶补加培养液（重新换 5mL 吸管）到 5mL。初次对细胞进行传代时，要先对细胞计数后再按要求接种，因接种的细胞数量是一个较宽的范围，对于经常进行细胞传代的工作者凭经验即可直接估算细胞接种的比例。

（7）标　在培养瓶侧面标记出细胞名称、操作人和操作时间等事项。

（8）观　在倒置显微镜下观察细胞的数量、形状及状态，同时用肉眼观察细胞培养液的颜色。

(9) 培 置 37℃、5% CO_2 培养箱中培养。此后每三天换液一次，并注意观察细胞传代培养后的形态变化。

3. 记录

VERO 细胞的传代工作完成后，操作人员应及时真实填写相应的记录表格，具体见学生工作手册 1-2-1～1-2-5。

二、VERO 细胞的常规观察

(一) 操作用品

1. 器材

倒置显微镜、超净工作台、灭菌吸管、试管、吸球等。

2. 试剂

完全 DMEM 培养液。

3. 材料

VERO 细胞培养物。

(二) 操作步骤

1. 营养液 pH 值的检查

新鲜培养液呈红色或橙红色（pH7.2 左右），适合多数细胞生长。细胞生长旺盛或细胞接种量过大，代谢产生酸性物质积累增多，营养液酸化变黄，pH 值下降；若培养瓶瓶塞刷洗不洁，残留碱性物质，或细胞接种量过少，细胞生长缓慢，致营养液 pH 值升高，颜色变紫红色。上述两种情况对细胞都将产生不利影响，严重时细胞脱落死亡，要及时更换营养液。更换营养液的时间可依营养物消耗而定，一般情况下，每周换液 2 次，每次换半量或 1/3 量。

(1) 培养液全换方法

① 无菌操作翻转培养瓶，使细胞面朝上。

② 火焰消毒瓶口后倒去原培养液。

③ 从培养瓶侧面加入新培养液。

④ 再翻转培养瓶，使培养液覆盖细胞面，瓶口消毒加塞。

(2) 培养液换半量方法

① 瓶口消毒。

② 从瓶侧面吸去原培养液量的一半。

③ 从瓶侧面补加等体积新培养液。

④ 翻转培养瓶，使培养液覆盖细胞面，瓶口消毒加塞。

2. 细菌污染的检查

培养液变浑浊，常由细菌污染所致。污染的培养物在显微镜下可见大量细菌，细胞出现死亡，并有大量细胞碎片。

3. 真菌污染的检查

霉菌污染时易于发现，用肉眼观察即可见到生长的霉菌菌落。菌落大多为白色或浅黄色小点，漂浮于培养液表面，有的散在生长。镜检时可见纵横交错的丝状、瘤状或树枝状菌丝，穿行于细胞之间。念珠菌或酵母菌形态呈卵圆形，散在于细胞周边和细胞之间。

4. 健康细胞与衰老死亡细胞的观察

通过倒置显微镜观察，生长状态良好的细胞表现为均质、明亮、透明度大、折光性强；

生长状态不好的细胞、衰老的细胞，细胞质中常出现黑色颗粒、空泡或脂滴，细胞间空隙加大，细胞形态变得不规则、边缘不整齐、发暗或失去原有特性，严重时只剩下细胞碎片。

5. 记录

VERO 细胞的常规检查工作完成后，操作人员应及时真实填写相应的记录表格，具体见学生工作手册 1-2-1～1-2-5。

注意事项：

细胞生长与否，不能作为评价细胞生长状态好坏的唯一标准，必须做全面分析。在很多情况下，细胞虽机能状态不良，但仍可生长，如支原体轻度污染时即如此。

良好的无菌操作技术是控制微生物污染细胞的基础。

细胞污染时，应首先找出细胞污染的原因，根据情况及时做出相应处理。

任务三　VERO 细胞的冻存和复苏

• 必备知识

一、细胞的冻存

1. 细胞冻存的意义

细胞培养的传代及日常维持过程中，在培养器具、培养液及各种准备工作方面都需大量的耗费，而且细胞一旦离开活体开始原代培养，它的各种生物学特性都将逐渐发生变化并随着传代次数的增加和体外环境条件的变化而不断有新的变化。因此，及时进行细胞冻存十分必要。从其他实验室购买回的细胞株，经过 1～2 次稳定传代后，更应及时冻存。

在制备单克隆抗体时，在没有建立一个稳定分泌抗体的细胞系的时候，细胞培养过程中随时可能发生细胞的污染、分泌抗体能力的丧失等，为了保证杂交瘤细胞不致因传代污染或因变异而丢失，杂交瘤细胞株一经建立应及时冻存原始孔的杂交瘤细胞、每次克隆化得到的亚克隆细胞，特别是每次克隆化的同时或稍后，均应冻存部分阳性克隆。这样，一旦克隆化失败或增殖过程中丢失，还可将冻存的杂交瘤细胞重新复苏。如果没有原始细胞的冻存，则因为上述的意外而前功尽弃。对每株亲本骨髓瘤细胞和稳定的杂交瘤细胞，至少应冻存保留 5～10 支不同批号或日期的细胞，并应定期进行复苏，检查抗体分泌情况，并进一步传代后再冻存，而不要长期培养于培养液中。

2. 细胞的冻存原理

细胞低温冷冻储存已成为细胞培养室的常规工作和通用技术。通常培养细胞存储在液氮中，液氮温度低达－196℃，能长时间保存细胞活力，理论上在液氮内细胞的储存时间是无限的。细胞冷冻储存在－70℃冰箱中可以保存一年之久，适于细胞的短期保存。

为了最大限度地保存细胞活力，细胞冻存及复苏的基本原则是慢冻快融。所以冻存细胞时要缓慢冷冻。主要原因是细胞在不加任何保护剂的情况下直接冷冻时，细胞内外的水分会很快形成冰晶，冰晶的形成将引起一系列的不良反应。首先是细胞因脱水而使局部电解质浓度增高，pH 值发生改变，部分蛋白质因此而变性，细胞内冰晶的形成和细胞膜上蛋白质、酶的变性，可损伤溶酶体膜，释放的溶解酶可破坏细胞内结构成分，并且使线粒体肿胀、功能丧失，导致细胞能量代谢障碍。另一方面胞膜上的类脂蛋白复合体在冷冻中易发生破坏引起胞膜通透性改变，使细胞内容物流失。位于细胞核内的 DNA 也是冷冻时易受损伤部分，如细胞内冰晶形成较多，随冷冻时温度的降低，冰晶体积膨胀易造成 DNA 的空间构型发生不可逆的损伤性变化，引起细胞死亡。

为了减少细胞内冰晶的形成对细胞造成的伤害，通常在保存液中加入一定浓度的冷冻保护剂。目前多采用甘油或二甲基亚砜（DMSO）作保护剂。这两种物质对细胞无明显毒性，分子量小，溶解度大，易穿透细胞，可以使冰点下降，提高胞膜对水的通透性；加上缓慢冷冻方法可使细胞内的水分渗出细胞外，在胞外形成冰晶，减少细胞内冰晶的形成，从而减少由于冰晶形成造成的细胞损伤。细胞冻存时，二甲基亚砜使用浓度范围在5%～15%，常用10%的浓度。

二、细胞的复苏

1. 细胞复苏基本知识

细胞置于液氮中，正常情况下，可保存数年至数十年。细胞复苏与冻存的要求相反，应采用快速融化的手段。复苏时融解细胞速度要快，使之迅速通过细胞最易受损的-5～0℃，这样可以保证细胞外结晶在很短的时间内即融化，避免由于缓慢融化使水分渗入细胞内形成胞内再结晶对细胞造成损害，以防细胞内形成冰晶引起细胞死亡。冻存的细胞并非100%复苏成功。失败可能与以下因素有关：①冻存时细胞数量少或生长状态不良。②细胞受细菌或支原体污染。③液氮罐保管不善，没有及时补充液氮。④复苏时培养条件改变，如换用另一批号小牛血清或不同种培养液。⑤冻存和复苏方法不得当，如冻存和复苏的速度以及冻存液的组成等。

2. 细胞的常规复苏法

细胞的复苏在一般情况下都采用常规复苏法，一般操作为：将冻存细胞自液氮中小心取出，迅速放置于37℃水浴中，在1min内使冻存的细胞解冻，离心弃上清液，移入含培养液的培养瓶内，置37℃、5%CO_2温箱中培养，次日可以换液，弃去漂浮的死亡细胞，此时存活的细胞大部分可贴壁生长并增殖。

三、细胞活性检查

细胞活性检查是细胞培养的基本技术，它是了解细胞受不同药物、生化物质等处理效果的直观简便手段，也是评定细胞冷冻效果的方法之一。在细胞冻存和复苏过程中，由于细胞遭受非生理性的低温打击等，不可避免地对细胞产生影响，引起部分细胞活力下降或死亡。通过细胞活性检查可快速检验细胞冷冻效果，是衡量细胞冻存、复苏效果的一种简便易行的方法。

1. 染色法

细胞损伤或死亡时，某些染料可穿透变性的细胞膜，与解体的DNA结合，使其着色。而活细胞能阻止这类染料进入细胞内，因此可以鉴别死细胞与活细胞。常用的染料有台盼蓝、苯胺黑、结晶紫等。

2. 四唑盐（MTT）比色法

四唑盐（MTT）商品名为噻唑蓝，化学名为3-(4,5-二甲基噻唑-2)-2,5-二苯基四氮唑溴盐。四唑盐比色法的原理是活细胞中脱氢酶能将四唑盐还原成不溶于水的蓝色产物——甲臜（formazan），并沉淀在细胞中，而死细胞没有这种功能。二甲基亚砜（DMSO）能溶解沉积在细胞中的蓝紫色结晶物，溶液颜色的深浅与所含甲臜量成正比。再用酶标仪测定OD值。MTT法简单快速、准确，该方法已广泛用于一些生物活性因子的活性检测、大规模的抗肿瘤药物筛选、细胞毒性试验以及肿瘤放射敏感性测定等，具有灵敏度高、经济等特点。

四、细胞计数

细胞计数法是细胞学实验的一项基本技术，在细胞培养过程中，加入培养瓶的细胞数量都应在一定的范围内，细胞才能达到其最佳生长状态。常用的细胞计数法有血细胞计数板计数法和电子细胞计数仪计数法。

1. 血细胞计数板计数法

计数板是一块特制的长方形厚玻璃板（见图 1-24），板面的中部有 4 条直槽，内侧两槽中间有一条横槽把中部隔成两长方形的平台。此平台比整个玻璃板的平面低 0.1mm，当放上盖玻片后，平台与盖玻片之间的距离（即高度）为 0.1mm。平台中心部分各以 3mm 长、3mm 宽精确划分为 9 个大方格，称为计数室，每个大方格面积为 $1mm^2$，体积为 $0.1mm^3$。用倒置显微镜观察计数板四角的大方格，可见每个大方格又分为 16 个中方格，适用于细胞计数。

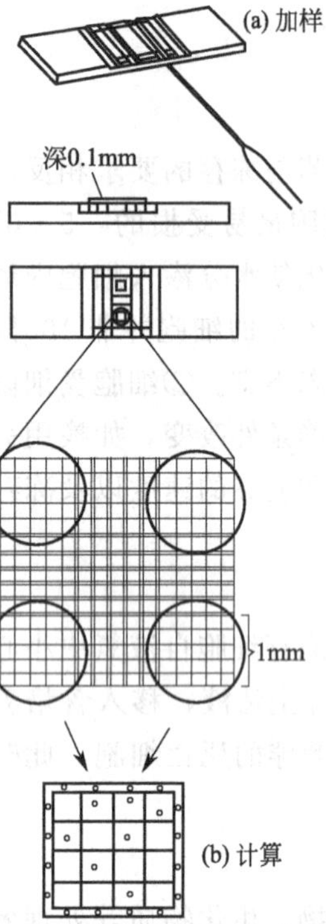

图 1-24　细胞计数
（引自：程宝鸾，动物细胞培养技术，2003）

细胞计数及密度换算操作过程如下：

（1）准备血细胞计数板　用酒精清洁计数板表面及盖玻片，然后用干净纱布轻轻拭干，注意不要划伤计数板表面。

（2）制备细胞悬液　用消化液分散单层培养细胞或直接收集悬浮培养细胞，吹打制成单个细胞悬液。本法要求细胞密度不低于 10^4 个/mL，若细胞数很少，应将悬液离心（1000r/min、2min），重悬于少量培养液中。

（3）加样　将盖玻片放在计数板正中。用毛细吸管轻轻吹打细胞悬液使其混合均匀后，取少许细胞悬液，从计数板与盖玻片之间加少量细胞悬液，使细胞悬液充入计数室内。加样量不要过少或带气泡，也不要溢出盖玻片。如滴入溶液过少，经多次充液，易造成气泡；如滴入过多，溢出并流入两侧深槽内，使盖玻片浮起，体积改变，会影响计数结果。如出现上述情况，应洗净计数室，干燥后重做。

（4）计数　细胞培养液滴入计数室后，需静置 2～3min，然后在低倍镜下计数。在显微镜下，用 10×物镜观察计数板四角大方格中的细胞数（图 1-24）。计数时应循一定的路径，对横跨刻度上的细胞，依照“数上不数下，数左不数右”的原则进行计数，即细胞压中线时，只计左侧和上方的细胞，不计右侧和下方的细胞。计数细胞时，数四个大方格的细胞总数。

（5）计算　将计算结果代入下式，得出细胞密度。

$$细胞密度(细胞数/mL\ 原液)=(4\ 大格细胞数之和/4)\times 10^4$$

若原液稀释一定倍数后，再进行细胞计数，则：

$$原液中细胞密度(细胞数/mL)=(4\ 大格细胞数之和/4)\times 10^4\times 稀释倍数$$

例：若已知 4 个大方格的细胞数为 160 个，试计算原液中的细胞密度（细胞数/mL 原液）？

根据上式得：细胞密度(细胞数/mL 原液)$=(160/4)\times 10^4=4\times 10^5$ 个/mL

（6）细胞密度的换算　细胞密度换算是根据溶液稀释公式进行计算，即溶液稀释前后溶质含量保持不变。公式为：

$$c_1\times V_1=c_2\times V_2$$

式中，c_1、V_1 分别代表溶液稀释前的浓度和体积；c_2、V_2 分别代表溶液稀释后的浓度和体积。

例如，欲配制 10mL、10^6 个细胞/mL 的细胞悬液，现有 10^8 个细胞/mL 的细胞悬液若干毫升，应如何稀释？

已知：$c_1=10^8$ 个/mL，$c_2=10^6$ 个/mL，$V_2=10$mL，求 V_1？根据上式得：

$$V_1=c_2\times V_2/c_1=10^6\times 10/10^8=0.1\text{mL}$$

即取 10^8 个细胞/mL 的细胞悬液 0.1mL，补加 9.9mL 培养液，即成 10mL、10^6 个细胞/mL 的细胞悬液。

2. 自动细胞计数仪计数法

血细胞计数法计数时存在操作较繁琐、耗时长、误差较大等缺点，在有条件的实验室逐渐被自动细胞计数仪所代替。目前，仪器设备市场上自动细胞计数仪种类及厂家繁多，如法国默克密理博、美国 Cellometer、韩国 Luna、美国 Countstar 等，下面以 Luna™自动细胞计数仪为例介绍自动细胞计数仪的使用。

基于精确的光学设计和全新的软件算法，Luna™自动细胞计数仪能在短短 7s 的时间内对活细胞/死细胞精确计数。在 $5\times10^4\sim1\times10^7$ 个细胞/mL 的浓度范围和 3～60μm 的细胞直径范围内，能准确检测活细胞/死细胞，并区分细胞碎片，甚至对细胞簇中的单个细胞也能准确计数。目前已有多个细胞系在 Luna™ 上验证过，包括 HEK-293、CHO、HeLa、HL-60 和 Jurkat 等。其操作过程如下：

（1）样品制备　将 10μL 样品和 10μL 0.4%台盼蓝染色液混合后，取 10～12μL 的混合物加入 Luna™计数板进液端口。

（2）插入计数板　将计数板完全插入到计数器端口并听到插入按钮声。

（3）调节焦距　通过使用触摸屏幕上的聚焦旋钮（“放大”按钮）调整图像，观察细胞。活细胞有明亮的中心和黑暗的边缘，而死亡的细胞显蓝色、没有明亮的中心。

（4）计数细胞　按“计数”按钮来获得分析结果。按下“保存”按钮来转移图像和生成报告到 USB 驱动。按“图”按钮来看细胞体积分布直方图。按“标签”按钮来立即检查在屏幕上的活细胞与死细胞。

• 操作规程

一、VERO 细胞的冻存

细胞冻存技术

（一）操作用品

1. 器材

超净工作台、1mL 可调移液器及枪头、吸球、吸管、离心管、塑料细胞冻存管、冻存管架、低速离心机、−86℃低温冰箱、液氮罐。

2. 试剂

0.25%胰蛋白酶、细胞冻存液（用含 20%小牛血清的完全培养液配制的 10%二甲基亚砜）。

3. 材料

培养瓶生长的 VERO 细胞。

（二）操作步骤

（1）备　准备对数生长期细胞，在冻存前一天最好传代或换一次培养液。

（2）悬　制备细胞悬液。按前细胞传代中所述方法制备细胞悬液，主要步骤包括弃、洗、消、悬（注：悬浮生长的细胞可直接进行下一步离心操作）。

（3）离　把消化好的细胞收集于离心管，以1000r/min离心10min，离心完毕，弃去上清胰蛋白酶及培养液。

（4）悬　加入配制好的冻存液1mL重悬细胞，计数后调整冻存液中细胞的最终密度为5×10^6～1×10^7个/mL，注意计数后对细胞进行稀释时必须使用冻存液。操作过程参照计数方法。

冻存悬液的配制比例如下：①血清90%，DMSO 10%；②培养VERO细胞用的完全培养液90%，DMSO 10%。根据细胞的状态和培养特性选择不同的冻存液，一般来说第一种冻存液的冻存效果好于第二种。冻存液的配制可在步骤（3）离心的间隙完成。

（5）分　根据细胞密度换算公式算出需要补足的冻存液，加入后用吸管轻轻吹打使细胞分散均匀，然后分装入无菌冻存管中，每支2mL冻存管加细胞悬浮液1mL。

（6）标　旋紧冻存管的盖子，在管上写明细胞的名称、冻存日期及操作人或实验室名称等信息。

（7）冻　谨记冻存时的慢冻原则。将冻存管分别置于4℃、－20℃、－70℃冰箱中0.5h、1.5h和过夜，然后将冻存管装入已做标记的小袋或支架内，投放入液氮罐中，同时作好记录。投入液氮罐中时注意做好防护，避免接触到液氮而受伤。

（8）记录　细胞冻存工作完成后，操作人员应及时真实填写相应的记录表格，具体见学生工作手册1-3-1～1-3-5。

细胞的常规复苏技术

二、VERO细胞的复苏

（一）操作用品

（1）器材　镊子、37℃水浴锅、离心机、超净工作台、酒精灯、吸球、灭菌5～10mL吸管、灭菌毛细管、灭菌细胞培养瓶、记号笔、二氧化碳培养箱等。

（2）试剂　二甲基亚砜（DMSO，分析纯）、0.25%胰蛋白酶、细胞培养液、含10%～20%血清的细胞培养液（DMEM或RPMI 1640）。

（3）材料　于液氮中保存的VERO细胞冻存管。

（二）操作步骤

（1）取　操作者用镊子将要复苏的细胞冻存管从液氮罐中取出。

（2）融　将细胞冻存管立即放入38～40℃水浴中，轻摇至完全融化。

（3）离　将融化好的细胞冻存管放入离心机中，1000r/min，离心10min，倒弃上清液。

（4）接　用5mL吸管吸取适量完全培养基吹悬细胞沉淀，使细胞吹散悬浮，转入细胞培养瓶中。

（5）标　在培养瓶上写明细胞的名称、复苏日期及操作人等信息。

（6）培　置5%CO_2、37℃孵箱培养。次日可以换液，弃去漂浮的死亡细胞，此时存活的细胞大部分可生长并增殖，一般一支细胞冻存管复苏后接种一瓶。培养3～5天方能长好。

（7）记录　VERO细胞的复苏工作完成后，操作人员应及时真实填写相应的记录表格，具体见学生工作手册1-3-1～1-3-5。

注意事项：

① 整个操作都需在无菌条件下进行，严防污染。

② 将细胞从液氮罐中拿出时，要戴手套或用镊子夹持冻存管，以防冻伤。

③ 应根据细胞对营养的要求选择不同的培养液对细胞进行复苏，如杂交瘤细胞复苏时所用的营养液为含20%小牛血清的RPMI 1640培养液，且可在培养液中加入一定量的饲养细胞；一般细胞复苏时用DMEM培养液。

三、VERO 细胞的活性检查

（一）操作用品

（1）器材　CO_2 培养箱、离心机、酶标仪、微孔振荡器、研钵、滤纸、漏斗、试剂瓶、标签纸、显微镜、胶头滴管、镊子、载玻片、盖玻片、计数器、96 孔细胞培养板。

（2）试剂　台盼蓝、苯胺黑、结晶紫溶液（溶于 Hank's 液或 BSS 液）、四唑盐（MTT）溶液、二甲基亚砜（DMSO，分析纯）。

（3）材料　冷冻复苏后的 VERO 细胞。

（二）操作步骤

1. 染色法

（1）配制染色液

① 配制 0.05%苯胺黑　0.05g 苯胺黑充分研磨后溶于 100mL BSS 液中。苯胺黑对细胞毒性小，但溶解度差，配制后需过滤一下，贴标签。

② 配制 0.4%台盼蓝　0.4g 台盼蓝加热溶于 100mL BSS 液中，贴标签。

③ 配制 0.1%结晶紫　0.1g 结晶紫充分研磨溶于 100mL BSS 液中，过滤后贴标签。

（2）制备细胞悬液　将培养细胞制成细胞悬液，计数后调整细胞浓度在 1×10^6 个/mL 左右。

（3）染色

① 0.05%苯胺黑法　使用时，苯胺黑液与细胞悬液以 1∶10 混合，稍放置后制片镜检，死细胞染成黑色，活细胞不着色。

制片时用胶头滴管吸取细胞悬液，从计数板边缘缓缓滴入，使之充满计数板和盖玻片之间的空隙。注意不要使液体流到旁边的凹槽中或带有气泡，否则需重做。1min 后用 10× 物镜移动视野观察，计数 100～200 个细胞。用活细胞占计数细胞中的百分比表示细胞活力。

② 0.4%台盼蓝法　取少量细胞悬液，按 1∶1 量加入 0.4%台盼蓝溶液，充分混匀，静置 1～2min，制片镜检。活细胞圆形透明，死细胞染成蓝色。

③ 0.1%结晶紫法　细胞悬液与结晶紫液等量混合后，立即制片镜检，着紫色的为活细胞。

细胞活性检查

（4）记录　细胞活性检查工作完成后，操作人员应及时真实填写相应的记录表格，具体见学生工作手册 1-3-1～1-3-5。

注意事项：

① 取样计数前，应充分混匀细胞悬液。在连续取样计数时，尤应注意这一点。否则，前后计数结果会有很大误差。

② 镜下计数时，遇见 2 个以上细胞组成的细胞团，应按单个细胞计算。如细胞团占 10%以上，说明消化不充分。

③ 计数细胞时，如发现大方格的细胞数目相差 8 个以上，表示细胞分布不均匀，必须把稀释液摇匀后重新计数。

④ 如检查贴壁细胞的活力，应先将细胞消化后进行操作。

2. 四唑盐（MTT）比色法

（1）四唑盐（MTT）溶液的配制　MTT 溶于 pH7.4 的 PBS 液中，混匀后过滤除菌，配成 5mg/mL 的 MTT 液，4℃冰箱储存备用。

（2）接种细胞　单细胞悬液接种于 96 孔细胞培养板，10^3～10^4 个/孔，每孔培养基总量 200μL。

（3）培养细胞 37℃、5%CO_2 培养箱中培养一定时间（根据试验目的和要求决定培养时间）。

（4）呈色 培养一定时间后，每孔加入 MTT 溶液 20μL，继续孵育 4h，终止培养，小心吸弃孔内培养上清液，对于悬浮细胞需要离心后再吸弃孔内培养上清液。每孔加入 DMSO 液 150μL，室温下，将平板置于微孔振荡器上振荡 10min，使结晶物溶解。

（5）比色 选择 490nm 波长，在酶标仪上测定各孔光吸收值，记录结果，以时间为横坐标、吸光值为纵坐标绘制细胞生长曲线。

（6）记录 细胞活性检查工作完成后，操作人员应及时真实填写相应的记录表格，具体见学生工作手册 1-3-1～1-3-5。

注意事项：

① 细胞接种浓度：一般情况下，96 孔培养板的每一个孔内当细胞长满时约有 10^5 个，但不同细胞贴壁后所占面积差异很大，所以，进行 MTT 实验前，应先对某种细胞测试贴壁率、倍增时间以及不同接种细胞数条件下的生长曲线，然后确定实验中每孔的接种细胞数和培养时间。这样可保证终止培养时不致细胞过满，使 MTT 结晶与细胞数呈良好的线性关系。

② 为避免血清干扰，一般选用低于 10%的胎牛血清的培养液进行实验。

③ 由于培养基中血清、酚红影响测定孔的光吸收值，降低实验的敏感性，因此在呈色后应尽量吸尽孔内残余培养液。

④ 悬浮型生长的细胞要小心地去除培养液。

⑤ 设空白对照孔：实验中设不加细胞只加培养基的孔为空白对照孔，其他操作与实验组相同。最后比色时以空白对照孔调零。

【项目拓展知识】

一、动物细胞培养实验室的设计与布局

（一）动物细胞培养室的设计原则

动物细胞培养要求无菌操作，因此细胞培养实验室必须保证无微生物污染和不受其他有害因素的影响。动物细胞培养室设计时应把握以下原则：①净、污分流。细胞培养室与相关辅助用房必须分开。培养室内环境要求清洁、空气清新、无尘、干燥。②布局合理、方便操作。所有实验室的布局要求统一、协调，最好相邻，以利于工作；室内各项设备安排要紧凑，节省空间，方便工作，避免交叉干扰。

（二）动物细胞培养室的布局

理想的动物细胞培养实验室可分为以下几部分：准备室、操作室、普通实验室、办公室。其布局可因地制宜地进行安排或进行一些简化，并不是一成不变的。

近年来，由于超净工作台的使用，动物细胞培养实验室的设计趋向简化，可以不需要分隔小的培养室，也可使用一些常规的实验室，只要在无尘或少尘的房间内放置超净工作台即可。不管实验室如何简化，实验室环境都要求清洁、空气清新、无尘和干燥。

动物细胞培养实验室的设置和基本要求介绍如下。

1. 准备室

准备室主要用于培养器皿的洗涤、消毒以及培养物品的准备和物资保存等。准备室应具备良好的通风和采光，但应避免灰尘污染。为避免相互间不必要的生物或化学污染，可将准

备室划分为不同的功能区（有条件的话，可由数间小室组成）。

（1）洗涤和制水区　洗涤区主要进行所有细胞培养器皿的清洗、准备及三蒸水和超纯水制备等工作，设有水槽、洗涤池，可存放待洗刷物品、蒸馏水处理器及酸缸等。洗涤和制水区地面应设置地漏，以利水渍快速干燥，并要求供、排水方便。

（2）消毒区　消毒区主要供物品和器械消毒及烘干用，常用消毒方法有干热法和湿热法。可存放烤箱、消毒锅等。因设备耗电量大、产热量高，应单独配备供电线路。

（3）制备区　在该区主要进行培养液及有关培养用的液体等的制备，可存放普通培养箱、离心机、水浴锅、搅拌器、pH 计、普通天平及日常分析处理物。

（4）储藏区　储藏区主要放置冰箱、低温冷藏箱、液氮罐、干燥箱、超低温冰箱、普通培养箱等设备，以存放实验室的细胞株、某些试剂、酶、培养基、配制好的溶液、培养瓶等，供实验室内常规培养的需要。储藏区的环境也需要清洁无尘。

（5）精密仪器区　该区主要放置电子天平、酶标仪、分光光度计和显微镜等设备。要求工作台有较好的水平度、有较高的抗震能力、环境温湿度变化小、无尘等。

2. 操作室

操作室是进行细胞培养及各种无菌操作的区域，最好能与外界隔离，不能穿行或受其他干扰。理想的操作室应包括以下部分。

（1）缓冲间　缓冲间常设于无菌室外，3～5m^2 即可，要求清洁、干燥和不通风，并设置紫外灯（距地面不超过 2.5m）等必要的环境消毒设备，目的是为了保证操作间的无菌环境。缓冲间可作为更衣室，供更换衣服、鞋子及穿戴帽子和口罩；培养室，放置培养箱供细胞培养使用，同时可放置某些必需的小型仪器及消毒好的无菌物品等。

（2）无菌操作间（无菌室）　无菌操作间专用于无菌操作，要求清洁、干燥、无菌、不通风。其大小要适当，且其顶部不宜过高（最高不超过 2.5m）以保证紫外线的有效灭菌效果；墙壁光滑无死角以便清洁和消毒。工作台安置不应靠墙壁，台面要光滑压塑作表面，漆成白色或灰色以利于解剖组织及酚红显示 pH 的观察。目前，有条件实验室的无菌操作区只放置超净工作台，不放培养箱，不兼做培养区使用。

二、动物细胞培养的其他常用液

在组织培养中，除前面介绍的几种主要培养用液外，还有其他一些必不可少的用液，它们的配制和使用都很容易掌握。其中包括调整培养液酸碱度的 pH 调整液、防止发生污染的抗生素溶液、检查细胞和观察研究细胞的各种染液，以及检查各种用液是否有污染的细菌培养基等。

（一）pH 调整液

1. $NaHCO_3$ 溶液

$NaHCO_3$ 是培养基中必须添加的成分，常用 5.6%或 7.4%的 $NaHCO_3$ 溶液调节培养基，使之达到所要求的 pH 环境。在许多情况下，为了营养成分稳定和延长贮存时间，在配制营养液时都不预先加入 $NaHCO_3$，而是在使用前再加入。因此 $NaHCO_3$ 都是单独配制的。配制时，用三蒸水或超纯水溶解后，过滤除菌，分装小瓶，盖紧瓶塞，4℃冰箱或室温下保存。用 10 磅 10min 高压蒸汽灭菌亦可，高压灭菌时可能有部分 $NaHCO_3$ 被破坏，但操作简单方便，消毒后要迅速封上瓶口，以免 CO_2 逸出。调节溶液 pH 值时，$NaHCO_3$ 液要逐滴加入，并不时搅动培养液，以防加入过量使 pH 值过度增高；如溶液内含有酚红指示剂，可按颜色变化判定。若 pH 值超过所需 pH 值，可用高压灭菌的 10%醋酸溶液或通入 CO_2 气体的方法调节。

2. HEPES（*N*-2-羟乙基哌嗪-*N*-2-乙磺酸）液

调 pH 除用 $NaHCO_3$ 外亦可用氢离子缓冲剂，它们具有能较长时间控制恒定的 pH 值的作用，HEPES 就是其中的一种。HEPES 是一种弱酸，它的性质稳定，对细胞无毒性，具有较强的缓冲能力，主要作用是防止培养基 pH 值迅速变动。在开放式培养条件下，观察细胞时培养基脱离了 5% CO_2 的环境，CO_2 气体的迅速逸出会使 pH 迅速升高，造成培养液 pH 值的剧烈振荡，这对细胞生长是不利的。但若加了 HEPES，此时可以维持 pH7.0 左右。HEPES 使用浓度一般为 10～50mmol/L，可以根据缓冲能力的要求而定。HEPES 可按照所需的浓度，直接加入到配制的培养液内，再过滤除菌。HEPES 通常配制成 1mol/L 的浓缩液，配制方法如下：

① 用 200mL 双蒸水溶解 47.6g HEPES，用 1mol/L NaOH 调节 pH 至 7.5～8.0；

② 过滤除菌后，分装小瓶，室温或 4℃保存。

（二）抗生素溶液

为了预防因无菌操作不严而发生污染，培养液内一般要加入适量的抗生素。动物细胞培养使用的抗生素液种类较多，常用的有青霉素、链霉素和庆大霉素等，具体参见本项目任务一必备知识“抗生素消毒灭菌”。配制抗生素溶液时，可将抗生素溶于三蒸水中，配制成 100× 或 200× 的贮备液，分装成小瓶，冰冻保存。使用前根据培养液的量加入到培养液内，每小瓶最好一次用完。

（三）谷氨酰胺溶液

由于谷氨酰胺在溶液中很不稳定，4℃下放置 7 天就分解 50%，培养液在 4℃下放置 2 周以上时，要重新加入原来的谷氨酰胺，故需单独配制谷氨酰胺溶液，以便临时加入培养液内。常配制成 100 倍浓缩母液，浓度为 200mmol/L（29.22g/L）。使用时，在每 100mL 培养液中加入 0.5～2mL 谷氨酰胺母液，使其终浓度为 1～4mg/L 即可。

（四）消化酶抑制剂

一般常用于无血清培养基培养的细胞传代。贴壁生长的细胞传代时需使用消化酶使细胞脱离生长表面，在含血清培养时，血清中的某些成分可终止消化酶对细胞的作用，而无血清培养时则必须使用消化酶抑制剂，以保护细胞免受残留消化酶的损害。目前常用的酶抑制剂是大豆胰酶抑制剂，工作浓度为 0.1～0.5g/100mL，通常用 DMEM/HamF12 配成 100 倍浓缩储存液，经过滤除菌后，置－20℃保存。使用时常将其加入无血清培养液内，以终止残余消化酶的作用。

三、培养细胞的运输和短期保存

培养细胞的交流、交换、购买已成为生命科学研究中的一个重要环节。从其他研究室索取细胞时，应注意了解细胞的性状、培养液及培养时的注意要点等详细资料。建立时间短的细胞（株）系如培养过程中稍有差错，就有可能培养失败，因此要时刻注意。

装运细胞的方法有两种，一种为冷冻储存运输，即利用特殊容器内盛液氮或干冰冻存，保存效果较好，但较麻烦，且不宜长时间运输，多需空运；另一种较为简单的方法为充液法。

（一）长距离运输

长距离运输指的是耗时几天的运输，运输时按以下要求进行。

① 选择生长良好的单层细胞，去掉陈旧培养液，补充新培养液至瓶颈部，保留微量空气，拧紧瓶盖。这样可避免由于液体晃动导致的细胞损伤。

② 瓶口用胶带缠紧密封，并用棉花包裹（做防震防压处理），放在携带者贴身口袋

即可。

③ 到达目的地后，吸出多余的培养液（此液可继续使用），保留细胞生长所需的液量，常规培养数小时或过夜，次日传代。

（二）短距离运输

短距离运输指的是耗时几小时的运输，运输时去掉大部分生长液，仅留少量液体覆盖单层细胞，防止细胞干燥，将细胞面朝上带回。

（三）细胞悬液空运

① 将浓度为 6×10^5 个/mL 的细胞悬液于 0～4℃放置 24h。

② 将细胞悬液混匀后，200r/min 离心 30min，弃去含酶的上清液，加 4℃新鲜培养液，使细胞终浓度为 2.4×10^6 个/mL。

③ 细胞装于 4℃的冰盒内空运，到达目的地后以 200r/min 离心 30min，去上清液，加新鲜培养液，调节细胞数为 6×10^5 个/mL，然后接种于培养瓶。

（四）液氮冻存运输

利用 1L 液氮罐或大号暖瓶装液氮，将冻存细胞管移入液氮中，这样可将细胞转送到其他实验室。

【项目难点自测】

一、名词解释

贴壁依赖性细胞、非贴壁依赖性细胞、接触抑制、无限细胞系、脱分化、传代培养、细胞冻存、细胞复苏

二、填空题

1. 体外培养的动物细胞其生长方式主要有________和________两种，分别称为________细胞和悬浮型细胞。体外培养的动物细胞其生长方式以________为主。

2. 贴壁生长的体外培养动物细胞，按形态来分，大体分为________、________、游走细胞型、多形细胞型四种类型，最常见的为前两种。

3. 细胞在体外生长时具有一些特点，其中主要是________、________和密度依赖性。

4. 培养细胞生命期可分为________、________、________三个阶段。

5. 玻璃器皿的清洗程序主要包括________、________、________和________。

6. 目前大多数实验室采用的浸酸酸液的主要成分是________和________。

7. 细胞培养用品的包装主要包括________和________两种类型，如前者适宜的器皿有________、________等，后者适宜的器皿有________、________等。

8. 细胞培养中塑料制品主要采用________方法进行灭菌，人工合成培养基和酶液采用________方式进行灭菌。

9. 细胞培养实验前实验者的皮肤主要用________或________来消毒灭菌，实验室地面采用________定期拖洗消毒，培养室空气可以用________或________消毒。

10. BSS 中文名称为________，具有维持渗透压和 pH 值等作用，常用作洗涤组织和细胞以及配制各种培养用液的基础溶液。

11. 动物细胞培养中常用的消化液有________、________和________三种，常在________培养或________培养中用来离散细胞。

12. 要想取得好的细胞培养效果，在合成培养基中添加________构成完全培养基是非常必要的，通常它的灭活处理方法是________。

13. 通常在细胞冻存液中加入浓度为________的________作为冷冻保护剂。

14. ________检查可快速检验细胞冷冻效果，它是衡量细胞冻存、复苏效果的一种简便易行的方法。

15. 细胞活性检查中常用的染料有________、苯胺黑、________。

16. 常用的细胞计数方法有________和电子细胞计数仪计数法。

三、问答题

1. 什么是培养细胞的一代生存期？培养细胞的一代生存期可分为哪几个阶段？各有何特点？

2. 培养细胞需要哪些营养？它需要在什么样的环境下生长？这些环境如何获得？

3. 培养细胞需要哪些主要仪器？在使用时需要注意什么？

4. 塑料细胞瓶和培养板的清洗、灭菌方法和一般玻璃器皿有什么不同？

5. 用高压蒸汽灭菌锅进行湿热灭菌时应注意什么？

6. 谷氨酰胺在培养基中的主要作用是什么？配液时应该注意哪些问题？

7. 人工培养基常用的有哪些（列举1～2种）？采用人工培养基有什么优点？

8. 胎牛血清在细胞培养中起什么作用？如何从外观大致判断血清质量的好坏？

9. 完全培养基中各成分在细胞培养过程中的作用分别是什么？

10. 配制好的人工合成培养基可以用湿热灭菌法进行灭菌吗？为什么？

11. 为什么 Hank's 液的配制过程中，钙盐和镁盐需单独溶解？

12. 胰酶消化液为什么最好用不含钙、镁离子的 BSS 来配制？

13. 细胞传代时为何要加胰蛋白酶？

14. 细胞传代培养和细胞分裂之间有何联系？细胞传代培养1次是细胞分裂1次吗？

15. 培养细胞的常规检查包括哪些内容，怎样进行？

16. 微生物的污染主要包括哪些方面？你是怎样判断所培养的细胞污染了何种微生物？针对不同的微生物污染应采取哪些措施？

17. 在镜下你是如何区分正常细胞与衰老细胞的？

18. 在细胞冷冻时常用的保护剂是什么？它有何作用？使用浓度是多少？

19. 如何进行贴壁细胞和悬浮细胞的冻存？

20. 细胞复苏时为什么要进行快速解冻？

21. 在细胞计数的操作过程中，哪些因素可影响计数的准确性？

22. 计算：将原液作100倍稀释后，通过细胞计数，已知4个大方格的细胞数为60个，试计算原液中的细胞密度（细胞数/mL 原液）；欲配制每毫升含10个细胞的细胞悬液共20mL，应将原液如何稀释？

23. 检查细胞活力时，为什么要对细胞进行染色？

项目二　鸡胚成纤维细胞的原代培养

【项目介绍】

一、项目背景

鸡胚成纤维细胞（chicken embryo fibroblast，CEF）是一种比较容易培养的细胞。与其他细胞相比，CEF 细胞相对容易获得，而且增殖能力强，适应性强，具有良好的耐受性，性状比较稳定，不易发生转化。正是因为具备以上的特点，使得 CEF 细胞易于进行从基因转染到微注射等较多领域的研究，还被广泛应用于病毒学领域的相关研究，同时也是疫苗生产的一种重要的细胞资源。现在已被用来生产各种鸡的疫苗，如传染性法氏囊病、马立克病、新城疫疫苗等，也被用来表达一些基因工程产物。CEF 细胞的原代培养在分子生物学、细胞学、遗传学、免疫学、肿瘤学及细胞工程学等领域，已发展成为一门重要的生物技术，并取得了显著成就。

假设你是××生物制药公司细胞车间的技术人员，你的部门领导分配给你所在的工作小组一项任务：完成鸡胚成纤维细胞（CEF）的原代培养，建立起鸡胚成纤维细胞（CEF）系，用以进行后续的基因转染实验。领导要求你们尽快熟悉细胞原代培养的相关知识及操作规程，制订工作计划和工作方案并有计划地实施，认真填写工作记录，按时提交质量合格的鸡胚成纤维细胞，最后他将对你们中的每一位成员进行考核。

二、学习目标

1. 能力目标

① 会按标准规程，采用组织块法或消化法进行原代细胞培养。

② 会正确使用设备和器材对原代培养细胞进行常规检查。

2. 知识目标

① 掌握动物细胞原代培养的主要方法及其基本原理。

② 了解上皮细胞、内皮细胞和神经细胞培养的特殊条件和方法。

③ 了解体外培养肿瘤细胞的生物学特性及肿瘤细胞的培养方法。

3. 素质目标

① 形成良好的无菌意识。

② 有较强的团队合作精神，能积极配合班组长或研发主管工作。

【思政案例】

三、项目任务

① 组织块法培养鸡胚成纤维细胞。

② 消化法培养鸡胚成纤维细胞。

【项目实施】

任务一　组织块法培养鸡胚成纤维细胞

• 必备知识

原代培养也叫初代培养，是从供体进行细胞分离之后至第一次传代之前的细胞培养阶段。原代培养是从事组织培养的工作人员应熟悉和掌握的最基本的技术，是获取细胞的主要手段，是建立各种细胞系的第一步。原代培养组织和细胞刚刚离体，生物学特性未发生很大变化，仍具有二倍体遗传特性，最接近和反映体内生长特性，很适合做药物测试、细胞分化等实验研究。但原代培养细胞的部分生物学特征尚不稳定，细胞成分多且复杂，即使生长出同一类型细胞如成纤维样细胞或上皮样细胞，细胞间也存在很大差异，如要做较为严格的对比性实验研究，还需对细胞进行短期传代后才能进行。

原代培养方法很多，最基本和常用的有两种，即组织块培养法和消化培养法。

一、培养细胞的取材

人和动物体内大部分组织都可以在体外培养，但其难易程度与组织类型、分化程度、供体的年龄以及原代培养方法等有直接关系。原代取材是进行组织细胞培养的第一步。

(一) 取材的基本要求

(1) 无菌　这是保证试验成功的关键环节。取材时应严格按照无菌操作要求进行，同时确保使用的物品及试剂都是无菌的。

(2) 快　取材的组织最好尽快培养。因故不能及时培养，可将组织切成长、宽 1cm 以下的小块浸泡于培养液内，放置于冰浴或 4℃冰箱中，但时间不能超过 24h。

(3) 轻　取材要用锋利的器械如手术刀片切碎组织，尽可能减少对细胞的机械损伤。

(4) 精　尽可能除去无关组织，如血液、脂肪、神经组织、结缔组织和坏死组织等。修剪和切碎过程中，为避免组织干燥，可将其浸泡于少量培养液中。

(5) 丰富　应采用营养丰富的培养液，最好添加胎牛血清，含量为 10%～20%为宜，特别是对正常细胞的原代培养。

(6) 容易　如无特殊要求，尽可能采用易培养的组织进行培养，成功率较高。一般来讲，胚胎组织较成熟个体的组织容易培养，分化低的较分化高的组织容易生长，肿瘤组织较正常组织容易培养。

(7) 留样　原代取材时要同时留好组织学标本和电镜标本。留样是为了便于以后鉴别原代组织的来源和观察细胞体外培养后与原组织的差异性，对组织的来源、部位，包括供体的一般情况要做详细的记录，以备以后查询。

(二) 不同组织细胞的取材

1. 皮肤和黏膜的取材

(1) 取材目的　从皮肤和黏膜取材主要是获取上皮细胞，也可以获取成纤维细胞。

(2) 取材方法　皮肤黏膜主要取自手术过程中切除的部分组织，如有特殊需要也可酌情单独取材。方法似外科取断层皮片手术的操作，为了使局部不留疤痕，面积一般在 2～3mm^2 即可。

(3) 注意事项　皮肤、黏膜分布在机体外部或与外界相通的部位，其表面细菌、霉菌很多，取材时要严格消毒，必要时用较高浓度的抗生素溶液漂洗；取材时不要用碘酒消毒（会造成化学污染，对细胞生长不利）；如以获取上皮细胞为目的，取材时不要切取太厚并要尽可能去除所携带的皮下或黏膜下组织，如欲培养成纤维细胞则反之。

2. 内脏和实体瘤的取材

(1) 取材目的　人和动物体内所发生的肿瘤及各脏器是较常用的培养材料，取材的目的是为了获取各脏器细胞及瘤细胞。

(2) 取材方法　取材前一定要明确和熟悉自己所需组织的类型和部位，取材时要去除不需要的部分如血管、神经和组织间的结缔组织；取肿瘤组织时要尽可能取肿瘤细胞分布较多的部分，避开坏死液化部分。

(3) 注意事项　有些有坏死并向外破溃的实体瘤可能被细菌污染。有些复发性、浸润性较强的肿瘤常与结缔组织混杂在一起，较难取到较为纯净的瘤体组织，培养后会有很多纤维细胞生长，给以后的培养工作增加困难。内脏除消化道外基本是无菌的。

3. 血细胞的取材

(1) 取材目的　血液中的白细胞是很常用的培养材料，常用于进行染色体分析、淋巴细胞体外激活进行免疫治疗等。

(2) 取材方法　多采用静脉取血，微量时人也可以从指尖或耳垂取血。常用肝素作抗凝剂以防止凝血，常用浓度为20U/mL，抽血前针管也要用浓度较高的肝素（500U/mL）湿润。

(3) 注意事项　抗凝剂的量以产生抗凝效果的最小量为宜，量过大易导致溶血。

4. 鼠胚组织的取材

(1) 取材目的　由于鼠胚组织取材方便，易于培养，同时与人类相近都是哺乳类动物，已成为较常用的培养材料。

(2) 取材方法　用断颈法处死动物后，将其整个浸入盛有75%酒精的烧杯中5min；取出后用消毒过的图钉或大头针将其固定在消毒过的固定板上；用眼科剪和止血钳剪开皮肤解剖取材，也可在酒精消毒后，在动物躯干中部环形剪开皮肤，用止血钳分别夹住两侧皮肤拉向头尾把动物反包，暴露躯干，然后再固定解剖取材。取好的组织要放置在另一无菌的平皿中或玻璃板上进行原代培养操作。

(3) 注意事项　因为小鼠的毛中隐藏微生物较多，而且不易消毒，所以取材前要将小鼠浸入75%的酒精中消毒；注意浸入75%酒精的时间不能太长，以免酒精从口和其他孔道进入体内，影响组织活力；动物消毒后的操作宜在超净台内或无菌环境中进行。

5. 鸡胚组织的取材

(1) 取材目的　鸡胚是组织培养经常被利用的材料，鸡胚成纤维细胞常用于禽类病毒的分离培养及进行疫苗的生产，一般使用鸡胚时可自行孵育。

(2) 取材方法　选用9～12天的鸡胚，于无菌条件下将蛋的气室（大头）朝上放在一个蛋托上，先碘酒后酒精消毒。用剪刀环行剪除气室端蛋壳，切开蛋膜，暴露出鸡胚，用纯弯头玻璃棒或小镊子伸入蛋中轻轻挑起鸡胚放入无菌培养皿中，根据需要取材。

(3) 注意事项　一切操作都在无菌条件下进行。

二、组织块培养法

(一) 组织块培养法概述

组织块培养是将组织剪切成小块后，接种于培养瓶进行的培养。其简便易行、成功率较高，是常用的原代培养方法，特别适合于组织量少的原代培养，但组织块培养时细胞生长较慢，耗时较长。为提高培养成功率，可根据不同细胞生长的需要将培养瓶做适当处理。例如，为利于上皮样细胞等的生长，可预先在培养瓶底涂一薄层胶原；如原代细胞准备做组织染色、电镜等检查，可在做原代培养前先在培养瓶内放置无菌的小盖玻片。放入组织块前预先用1～2滴培养液湿润瓶底，使之固定。组织块法操作简便，部分种类的组织细胞在小块贴壁培养24h后，细胞就从组织块四周游出。但由于在反复剪切和接种过程中对组织块的损伤，并不是每个小块都能长出细胞。

小鼠胎儿细胞的原代培养

(二) 组织块培养法培养要点

① 按照培养细胞取材基本原则和方法进行取材、修剪，将组织块剪切成1mm^{3}左右的小块。为了在剪切过程中保持湿润，可以适当向组织上滴加1～2滴培养液。

② 用眼科镊轻轻夹起剪切好的组织小块，送入培养瓶后，用牙科探针或弯头吸管将组

织块均匀摆放在瓶壁上，每小块间距 0.5cm 左右。注意摆放的组织块量不要太多，25mL 培养瓶（底面积约为 17.5cm^2）以 20～30 小块为宜。如果瓶内有盖玻片，其上也放置几块。组织块放置好后，轻轻将培养瓶翻转，使瓶底朝上，向瓶内注入适量培养液，盖好瓶盖，将培养瓶倾斜放置在 37℃温箱内。

③ 放置 2～4h 待组织小块贴附后，将培养瓶慢慢翻转平放，让液体缓缓覆盖组织小块，静置培养。注意动作要轻巧，严禁动作过快使粘贴的组织块受液体的冲击漂起而造成原代培养失败。若组织块不易贴壁可预先在瓶壁涂薄层血清、胎汁或鼠尾胶原等（见图 2-1）。

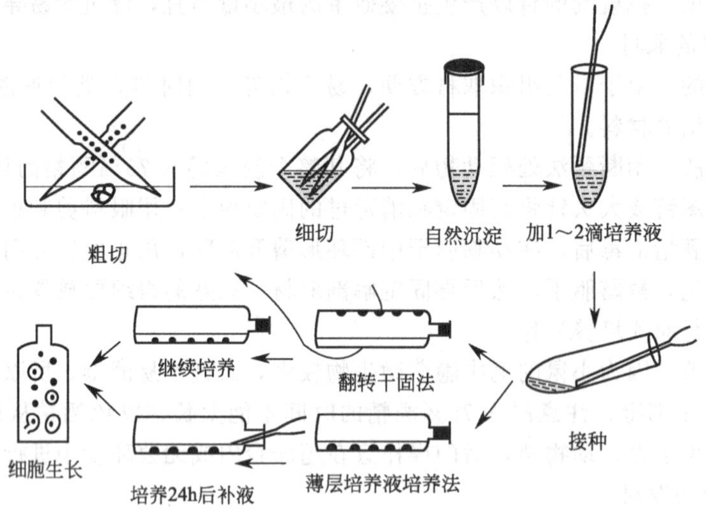

图 2-1 组织块原代培养示意图

（引自：司徒镇强、吴军正，细胞培养，1996）

组织块培养也可不用翻转法，即在摆放组织块后，向培养瓶内仅加入少量培养液，以能保持组织块湿润即可。盖好瓶盖，放入温箱培养 24h 再补加培养液。

（三）组织块培养法注意事项

1. 轻拿轻放

组织块接种后 1～3 天，由于游出细胞数很少，组织块的粘贴不牢固，在观察和移动过程中要注意轻拿轻放，尽量不要引起液体的流动而产生对组织块的冲击力使其漂起。

2. 防污染

在原代培养的 1～2 天内要特别注意观察是否有微生物的污染，一旦发现，要及时清除，以防给培养箱内的其他细胞带来污染。

3. 照相记录

要及时观察原代培养的组织，发现细胞游出后要照相记录。

4. 及时换液

为了去除漂浮的组织块和残留的血细胞，原代培养 3～5 天后，需换液一次，因为已漂浮的组织块和很多细胞碎片，含有有毒物质，影响原代细胞的生长，要及时清除。

• 操作规程

组织块法培养鸡胚成纤维细胞

一、操作用品

(1) 器材　超净工作台、倒置显微镜、酒精灯、CO_2 培养箱、吸管（弯头和直头）和胶帽、25mL 培养瓶、无菌 60mm 培养皿、烧杯（100mL）、眼科剪、普通手术剪、眼科镊、肾形解剖盘、不锈钢筛（100μm）、离心管（10mL）、计数板和手动计数器。

（2）试剂　75%酒精、Hank's 液或 D-Hank's 液、DMEM 培养液（含 10%FBS 和抗生素）、1 份 0.25%胰蛋白酶+1 份 0.02%乙二胺四乙酸二钠（EDTA·2Na）。

（3）材料　种蛋。

二、操作步骤

（一）鸡胚的准备

1. 调整孵化器的温度与湿度

（1）温度　最适孵化温度为 37.8℃。整批入孵可采取前高后低的原则，孵化的 1～5 天以 38.2℃为宜，6～10 天为 38℃，11～15 天为 37.8℃。

（2）湿度　一般为 40%～70%。整批入孵时可采取“两头高、中间低”的原则。

2. 放蛋

种蛋应大头朝上、小头朝下，不能平放，更不能小头朝上孵化。

注意：孵化过程既要注意温度、湿度，也要做好通风和翻蛋工作（一般每天翻 6～8 次；翻蛋角度以水平位置前俯后仰各 45°为宜；翻蛋时动作要轻、稳、慢）。

（二）取材

（1）消　取孵化 9～12 天的鸡胚 2～3 个入超净工作台中或生物安全柜中，大头（气室）朝上放置于蛋托上，先碘酊棉后酒精棉消毒气室部位。

（2）破　用镊子剥去气室部蛋壳，换一把镊子挑破鸡蛋的血囊膜及羊膜。

（3）取　再换一把镊子小心取出鸡胚，放于无菌培养皿中。

（4）除　用解剖剪或解剖刀除去头部，然后用弯头眼科镊夹起腹部皮肤，剪开腹腔和胸腔除去内脏。

（5）洗　用 Hank's 液或 D-Hank's 液洗 2～3 次，吸弃洗液以洗去红细胞。

（三）剪切

（1）洗　将胚体移入另一培养皿中，用 Hank's 液或 D-Hank's 液清洗 3 次去除血污。

（2）初剪　将无头无内脏的鸡胚切成几小块，然后转移到无菌青霉素瓶中。

（3）精剪　在青霉素小瓶内用眼科剪反复剪成 $1mm^3$ 的小块。

（四）接种

（1）移　用镊子夹起或用弯头吸管吸取若干组织小块，移入培养瓶。

（2）摆　用吸管弯头把组织小块分散摆到培养瓶底上，小块相互距离 5mm 为宜，每 25mL 培养瓶可接种 20～30 块。

（3）翻　组织块放置好后，轻轻将培养瓶翻转，使接种组织块的瓶底朝上。

（4）加　加入约 3～4mL 适量培养液，盖好瓶盖。

（5）标　做好标记。

（五）培养

（1）初培　置 37℃孵箱中培养 2～4h。

（2）翻　待组织小块略干燥，能牢固贴在瓶壁时，再慢慢翻转培养瓶，使培养液浸泡组织块。

（3）终培　将翻转后的培养瓶重新放入温箱静置培养。操作过程中动作一定要轻，减少振动，否则会使组织块脱落，影响贴壁培养。

组织块培养也可以不用翻转法，即在接种组织块后，向培养瓶内仅加入少量培养液，以能保持组织块湿润即可。盖好瓶盖，放入培养箱内培养 24h 再补加培养液。

（六）检查

培养后要随时观察细胞的生长状态和培养液的变化，以便发现异常情况后及时对症处理。具体的检查方法参照项目一任务二中 VERO 细胞的常规观察。

（七）记录

组织块法培养鸡胚成纤维细胞的工作完成后，操作人员应及时真实填写相应的记录表格，具体见学生工作手册 2-1-1～2-1-5。

任务二　消化法培养鸡胚成纤维细胞

• 必备知识

一、组织材料的分离

从动物体内取出的各种组织均由结合相当紧密的多种细胞和纤维成分组成，在培养液中，$1mm^3$ 的组织块，仅有少量处于周边的细胞可能生存和生长。如要获取大量生长良好的细胞，需将组织分散开，使细胞解离出来。此外，有些实验需要提取组织中的某种细胞，也需首先将组织解离分散，才能分离出细胞。目前分散组织的方法有机械和化学两种。在实际工作中，要根据组织细胞的特点和培养要求的不同，采用适宜的手段。

（一）细胞悬液的分离方法

培养材料为血液、羊水、胸水和腹水等细胞悬液时，可采用离心法分离。一般用500～1000r/min 的低速离心 5～10min。如果一次离心样品量很多，时间可适当延长。为了防止离心时细胞间挤压造成损伤甚至死亡，离心速度不能过大、时间不能过长。

（二）组织块的分离方法

1. 机械分散法

对于一些纤维成分很少的组织，可以直接用机械方法进行分散，如对脑组织、部分胚胎组织以及一些肿瘤组织等进行培养时。现在较常用的是用注射器针芯挤压组织块通过不锈钢筛网的方法，其操作过程如下。

① 先将组织用 Hank's 液或无血清培养液漂洗，然后剪成 $5～10mm^3$ 的小块，置 80 目孔径的不锈钢筛上；把筛网放在培养皿中，用注射器针芯轻轻压挤组织，使之压碎并穿过纱网。

② 用吸管从培养皿中吸出组织悬液，置入 150 目筛中，方法同上。

③ 镜检计数被滤过的细胞悬液，然后接种培养。如组织过大，可用 400 目筛再滤过一次（见图 2-2）。

机械分散组织的方法简便易行，但由于反复挤压对组织细胞有一定的损伤，且只能用于处理部分软组织，对硬组织和纤维性组织效果较差。

2. 剪切分离法

在进行组织块移植培养时，可以采用剪切法，即将组织剪或切成 $1mm^3$ 左右的小块后分离培养。具体操作方法同前组织块培养法。

3. 消化分离法

消化法是结合生化和化学手段把已剪切成糊状的组织进一步分散的方法。消化后可使组织松散、细胞分开，细胞容易生长，成活率高。各种消化试剂的作用机制各不相同，要根据组织类型和培养的具体要求选择消化方法和试剂。目前较为常用的消化方法如下。

（1）胰蛋白酶消化法

① 将组织剪成1～2mm³的小块或糊状后，吸入到三角烧瓶或细胞培养瓶内。

② 往培养瓶内加入3～5倍组织量并预温到37℃的胰蛋白酶液。

③ 放入37℃水浴或温箱中消化。每隔5～10min摇动一次，一般消化20～60min；也可放入4℃冰箱中进行冷消化，时间可以长达12～24h。对于难消化的组织，从冰箱取出离心后，可再添加胰蛋白酶，置于37℃温箱中，继续温热消化20～30min，效果可能更好。

④ 消化完毕后，如出现未充分消化的大块组织，可使消化后的细胞悬液通过100目孔径不锈钢筛网，将其滤掉，收集滤液。用Hank's液或培养液漂洗1～2次，每次以800～1000r/min离心3～5min，吸弃上清去除胰蛋白酶。

⑤ 用培养液重悬细胞，计数后，一般按$5\times10^5\sim1\times10^6$/mL接种细胞培养瓶。

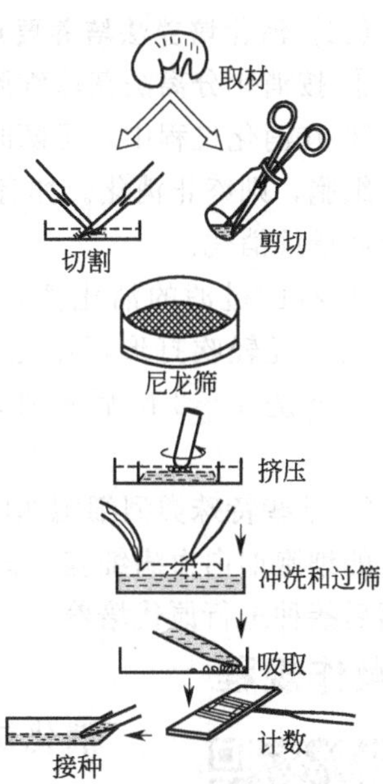

图 2-2　机械分散法
（引自：司徒镇强、吴军正，细胞培养，1996）

有时，为提高消化效果，还常将胰蛋白酶和EDTA按不同比例混合使用。常用0.02% EDTA和0.25%胰蛋白酶按1∶1混合或2份EDTA加1份胰蛋白酶。

（2）胶原酶消化法

① 将漂洗、修剪干净的组织剪成1～2mm³左右的小块后，放入三角烧瓶中。

② 加入3～5倍体积的胶原酶，密封烧瓶。

③ 将烧瓶放入37℃水浴或37℃温箱内，每隔30min振摇一次，如能放置在37℃的恒温振荡水浴箱中则更好。消化时间4～48h，可以根据具体情况而定。如组织块已分散而失去块的形状，一经摇动即成细胞团或单个细胞，可以认为已消化充分。有些肿瘤组织由于分解较慢，可作用5天或更长时间，期间需将组织离心用胶原酶重悬后继续消化，以防消化时间过长pH值下降至6.5以下。

④ 收集消化液。以1000r/min离心5min，弃上清液。如含个别较大组织块及没有充分消化的成分可先用100目不锈钢网过滤后，取滤液再离心。用Hank's液或无血清培养液漂洗细胞沉淀1～2次，离心后弃上清液。

⑤ 用培养液重悬细胞，细胞计数后按常规接种细胞培养瓶。

上皮组织经胶原酶消化后，由于上皮细胞对此酶有耐受性，可能仍有一些细胞团未完全分散，如无特殊需要可以不必再进一步处理，因成团的上皮细胞比分散的单个上皮细胞更容易生长。

二、消化培养法

（一）消化培养法概述

消化培养法是采用组织消化分离法将细胞间质包括基质、纤维等妨碍细胞生长的物质去除，使细胞分散，形成悬液进行培养的方法。此法可以很快得到大量活细胞，并可在短时间内生长成片，适用于培养大量组织，原代细胞产量高；但步骤繁琐、易污染，一些消化酶价格昂贵，实验成本高。

（二）消化培养法培养要点

① 按消化分离法获取细胞。

② 在消化过程中，可随时吸取少量消化液在镜下观察，如发现组织已分散成细胞团或单个细胞，则终止消化。如有组织块，可用孔径适当的筛网将其滤掉。大组织块可加新的消化液后继续消化。

③ 将已过滤的消化液在800～1000r/min低速离心5min后，弃上清液，加含血清培养液，轻轻吹打形成细胞悬液。如果用胶原酶或EDTA消化液等，尚需用Hank's液或培养液洗1～2次后再加培养液，细胞计数后，接种细胞培养瓶，置5%CO_2温箱培养。

④ 某些特殊类型细胞如内皮细胞、骨细胞等需用特殊的消化手段和步骤进行。对悬浮生长的细胞如白血病细胞、骨髓细胞和胸水、腹水等含有癌细胞的材料可不经消化直接离心分离后接种进行原代培养。

• 操作规程

鸡胚原代细胞的培养

消化法培养鸡胚成纤维细胞

一、操作用品

（1）器材　超净工作台或生物安全柜、CO_2培养箱、倒置显微镜、细胞培养瓶、吸球、灭菌吸管、平皿、离心管、剪刀、小镊子、计数板和手动计数器、酒精棉。

（2）试剂　Hank's液或D-Hank's液、含10%～20%血清的DMEM培养液、0.25%胰蛋白酶溶液。

（3）材料　孵化9～12天的鸡蛋。

二、操作步骤

（一）取材和剪切

具体操作过程参照项目二任务一组织块法培养鸡胚成纤维细胞中的取材和剪切步骤。此步结束后获得的是装在青霉素小瓶内已剪成糊状的组织块（约$1mm^3$/块）。

（二）消化

（1）加　加入适量0.25%胰蛋白酶液，加入量为组织块体积的3～5倍。

（2）消　放入37℃水浴或温箱中消化。每隔5～10min摇动一次，一般消化20～60min，视组织块变得疏松、颜色略变白时，从水浴中取出。

企业生产时，一般每10个鸡胚加20mL消化液，盖好橡皮塞，置37℃水浴中消化20～30min，消化时每隔5min摇动一次，使组织块散开。

（三）制备细胞悬液

（1）吹　用吸管轻轻吸去消化液，加入2～3mL含小牛血清的培养液，以终止消化。然后用吸管反复吹打，使大部分组织块分散成单细胞状态，静置片刻，让未被消化完的组织自然下沉，然后将上层液通过100目不锈钢筛网，收集细胞滤液。

（2）离　将细胞滤液移入无菌离心管中备用，离心（1000r/min、10min），弃去上清液。

（3）悬　加入适量培养液，用吸管轻轻吹打重悬细胞，制备细胞悬液。

（四）计数和接种

（1）计数　取样计数。无菌条件下取100μL细胞悬液加入无菌青霉素小瓶中，加入900μL基础培养液进行10倍稀释，重复操作制备100倍、1000倍稀释液，以血细胞计数板或细胞计数仪计数。如果1000倍稀释后细胞密度依然很高，则继续进行10倍级数的倍比稀释。按照接种的细胞浓度要求（$5\times10^5\sim1\times10^6$ 个/mL），利用细胞密度计算公式对细胞悬液进行稀释，稀释时使用细胞完全培养基。

（2）接种　将稀释好的细胞悬液接种培养瓶，培养液的量以覆盖瓶底为度。

（3）标记　在培养瓶侧面写上细胞名称、制备时间及操作人或组等信息。

（五）培养

将培养瓶置于37℃、5%CO_2 温箱中培养。培养时，培养瓶的盖不要拧得太紧，以不会往下掉为度，以便 CO_2 进入。细胞贴壁后延展成长梭形，培养7～10天后即可长成致密单层细胞。

（六）检查

培养后要随时观察细胞的生长状态和培养液的变化，以便发现异常情况后及时对症处理。具体的检查方法参照项目一中的任务二中VERO细胞的常规观察。

（七）记录

消化法培养鸡胚成纤维细胞的工作完成后，操作人员应及时真实填写相应的记录表格，具体见学生工作手册2-2-1～2-2-5。

注意事项：

① 消化培养法效率较高，可得到大量的原代细胞用于培养，但操作步骤较多，操作时要特别注意无菌操作，以防微生物污染而导致培养失败。

② 对于不同的组织需用不同的消化方法，一般而言，胚胎类软组织用胰蛋白酶和EDTA即可得到理想的消化效果，而对于成体组织由于存在大量的细胞外基质，需用胶原酶，有时配合使用透明质酸酶会加速消化过程。

③ 在组织消化过程中，为了防止消化过度影响细胞的贴壁生长，要随时取样进行观察，发现组织已分散成细胞团或单个细胞时应立即终止消化。

④ 细胞接种浓度不宜过大，否则会影响细胞贴壁和细胞生长。

【项目拓展知识】

一、正常组织细胞的培养

（一）上皮细胞培养

上皮细胞是许多器官的功能成分，如肾和肠道上皮细胞的吸收功能，肺上皮的气体交换功能；另外，癌细胞起源于上皮细胞，因此上皮细胞的培养一直受到人们的重视。但是上皮细胞在体外培养中难以长期生存，而且在培养中由于成纤维细胞的过度生长也给其体外培养带来一定的困难。

1. 上皮细胞培养的特殊条件

（1）微生物污染的防范　由于某些上皮组织细胞直接暴露或同外环境接触，组织本身带病原微生物的机会较多。因此，上皮组织细胞的体外培养不仅要求在组织取材时就严格灭菌，而且培养中使用的各种液体包括细胞冻存液、分离液以及培养液都需添加比其他组织培养浓度更高的抗生素。

（2）特殊的生长基质　体内的上皮组织一般均附着在含有胶原蛋白和各种糖蛋白的基膜上，借此与结缔组织相连。如果在体外培养时，在培养器皿的表面包被生长基质如胶原等，模拟体内的基膜结构，将有利于上皮细胞的贴附和生长，也有利于上皮细胞的分化。

（3）特殊的培养基　可用于上皮组织细胞培养的培养基有M199、RPMI1640、DMEM

和 HamF12。其中 M199、RPMI 1640 仅适合于上皮组织细胞的短期培养和维持其生存。而 DMEM 和 HamF12 用于上皮组织细胞培养时有其特殊作用。DMEM 加倍添加了各营养成分的含量，可促进上皮细胞贴附和分化。HamF12 中添加使用了一些微量元素的无机离子，特别适合原代上皮细胞的培养。在实际培养时，常将 DMEM 和 HamF12 按一定比例混合使用。

(4) 成纤维细胞的去除　体内的上皮组织通过薄层基膜与结缔组织相连，因此在分离上皮组织时，很容易带入结缔组织成分，从而造成成纤维细胞与上皮细胞混杂生长。由于成纤维细胞的增殖能力强，所以会干扰或抑制上皮细胞的生长。因此，在上皮细胞培养过程中，应从表皮分离、培养液和基质选择、增减适当的生长因子等方面抑制成纤维细胞生长。血清中含有促进成纤维细胞增殖的生长因子，因此用无血清培养基培养上皮细胞可能效果更好。去除成纤维细胞的具体方法可参见以下肿瘤细胞培养中成纤维细胞的去除方法。

2. 上皮细胞培养实例

(1) 表皮细胞培养　用皮肤表皮和真皮分离培养法可获得纯表皮细胞，其培养程序如下。

① 取材　外科植皮或手术残余皮肤小块，早产流产儿皮肤更好，取角化层薄者，切成 0.5～1cm^2 小块。

② EDTA 处理　置 0.02% EDTA 中，室温 5min。

③ 冷消化　换入 0.25%胰蛋白酶液中，4℃过夜。冷消化的目的是使表皮和真皮的结合松散。

④ 分离　取出皮块，用血管钳或镊子将表皮与真皮层分开。

⑤ 温消化　取出表皮，剪成更小的块后，置 0.25%胰蛋白酶中，37℃、30～60min。若分离下来的表皮膜已松散，可直接置于 PBS 液中用吸管吹打制备细胞悬液，不需经过温消化。

⑥ 轻轻反复吹打，制成悬液。

⑦ 培养　用 80 目不锈钢纱网滤过后，低速离心，吸去上清液。直接加入培养基制成细胞悬液，接种入培养瓶，CO_2 温箱培养。

⑧ 结果及鉴定　当表皮细胞培养 3～5 天后，在相差显微镜下可观察到向四周扩展增殖形成的集落，约 10 天时增殖的表皮细胞集落开始汇合，继续培养可形成整片细胞，但细胞增殖减慢，需进行传代培养。表皮细胞对角蛋白单克隆抗体呈阳性反应，对波形丝单克隆抗体呈阴性反应。

(2) 内皮细胞培养　内皮细胞是血管内形成单层内表面的细胞。用于内皮细胞培养的标本多为鼠脑皮质毛细血管、牛主动脉、牛肾上腺皮质毛细血管、人脐静脉以及人皮肤和脂肪的毛细血管。培养方法主要是用胶原酶消化分离血管内皮细胞，然后培养在铺有明胶基质的培养器皿内，如果培养的是毛细血管的内皮细胞，培养液中需加有丝分裂剂，如是大血管的内皮细胞，则不需要使用此试剂。

下面以牛胸主动脉为例介绍血管内皮细胞培养方法，其培养程序如下。

① 无菌条件下取牛胸主动脉 10cm。

② 超净台内剥除外膜上的脂肪组织，结扎肋间动脉残端和主动脉细段。用长血管钳将动脉内膜外翻，并用 PBS 液冲洗内膜上的血液。

③ 将动脉浸入混合消化液（5 份 0.25%胶原酶和 1 份 0.1%胰蛋白酶）中，37℃水浴消化 20～30min。

④ 弃动脉，立即加入含20%胎牛血清的M199培养液终止消化。

⑤ 将收集到的消化液以1000r/min速度离心5min，用培养液洗2次。

⑥ 将细胞重新悬浮于培养液中，然后接种于铺有1.5%明胶的培养皿或瓶中。

⑦ 细胞长满后可用常规胰蛋白酶消化法传代培养，更换培养液时不宜全量换液，最好每次换原培养液的1/2～2/3为好。

⑧ 结果及鉴定：获得典型上皮样细胞，可传代培养。内皮细胞能分泌第8因子、细胞内含有Weibel-Palade小体、吞噬低密度乙酰脂蛋白、表达内皮细胞特异性表面抗原。

（二）神经细胞培养

神经组织细胞的体外培养方法是由Harrison于1907年首创的。一百多年来，这项技术已从组织块（或植块）培养发展到分离细胞培养，并逐渐与多种现代技术结合起来，研究各种因素对神经的影响，在神经科学各领域发挥了重大作用。

神经组织细胞的体外培养主要包括神经元和神经胶质细胞的培养。

1. 神经元细胞

神经元的体外培养标本一般来源于胚胎动物神经组织或新生动物脑组织，取材部位为中枢神经系统的皮质组织或周围神经的神经节。

（1）神经元细胞培养的特殊条件

① 神经元细胞培养需要极高的营养条件，一般以DMEM与HamF12按1∶1混合的培养基作为基础培养基。

② 胶原、聚L-赖氨酸有利于神经元细胞的生长，所以培养底物需要经过胶原或聚L-赖氨酸的特殊处理。

③ 神经生长因子、有丝分裂抑制剂可以防止非神经元细胞的生长，从而促进神经元细胞的生长，如阿糖胞苷、5-氟脱氧尿嘧啶。

（2）神经元细胞的分离培养过程　以大鼠大脑皮层神经组织细胞培养为例，其培养程序如下。

① 1～2日龄新生大鼠，以碘酒和酒精消毒。

② 断头，取出大脑，分离脑膜，夹取两侧大脑皮质，用D-Hank's液冲洗两遍。

③ 剪碎大脑皮质至0.5～1mm³大小，用D-Hank's液充分洗去残血。

④ 加入5～10倍量0.25%胰蛋白酶液，移入离心管中放到37℃水浴锅中消化20～25min。

⑤ 终止消化，2000r/min离心5min，弃上清液。加入培养液，吹打制成细胞悬液。

⑥ 台盼蓝染色计数后，接种于事先涂好鼠尾胶的24孔板中。

⑦ 神经元的纯化：37℃、5%CO_2条件下培养2天后全量换液并加入5μmol/L阿糖胞苷以抑制非神经元的增殖，此后改用常规培养液，每2天半量换液。

⑧ 神经元的观察：刚分离出的神经元细胞呈圆形，用倒置显微镜观察有明显的光晕。接种一般在6h可贴壁；8h已有纤细突起长出；24h后可见细胞体积开始增大，呈圆形或椭圆形。生长良好的细胞可见胞体周围有明显的光晕，立体感强，突起以单、双突起为主；培养至第4天，神经元胞体明显增大，形态多样，有些具有分枝的突起；培养7天后，神经元形态基本成熟，具有光滑的胞体以及发育良好的突起。

2. 神经胶质细胞

与神经元细胞相比，神经胶质细胞在体外较容易培养。用常规的胰酶消化法、胶原酶消化法、组织块法均可从幼年或成年的动物或人的脑组织标本中培养出神经胶质细胞，而且不易发生自发转化。神经胶质细胞生长稳定，可建立起传代的二倍体细胞系。神经胶质细胞主要取材部位为中枢神经系统的灰质组织。

神经胶质细胞的培养也以DMEM与HamF12按1∶1混合的培养基为基础培养基，可加入促有丝分裂剂表皮生长因子10ng/mL、氢化可的松50nmol/L、胰岛素50μg/mL等。其培养程序如下。

① 无菌条件下取新生小鼠脑组织，放入含Hank's液的培养皿中，剥除脑膜后取脑灰质部分。

② 将脑组织移入另一培养皿，用Hank's液洗涤2～3次后移入试管，加约40倍体积的Hank's液，用吸管反复吹打，静置10min后弃上清液，重复该过程三次。

③ 将最后一次的沉降物加入适量培养液悬起，用孔径为75μm的尼龙筛过滤，收集细胞滤液，调整细胞密度，以10^4～10^6个/mL的细胞密度接种于培养瓶，置37℃、5%CO_2孵箱中培养，待细胞长满后传代培养。

④ 结果及鉴定。神经胶质细胞因初期生长慢而贴壁缓慢，而且混有其他种类细胞，经数次传代后可逐渐形成单一的单层生长的胶质细胞，其特点为神经胶质细胞胞体较大、扁平、形状不规则、胞质较丰富、初级胞突较多而长。

免疫组化染色检测胶质细胞特有的胶质原纤维酸性蛋白阳性，抗A2B5抗体染色阳性。

二、肿瘤细胞培养

肿瘤细胞培养是研究癌变机理和肿瘤细胞生物学特性的极好手段，癌细胞也是比较容易培养的细胞，因此肿瘤细胞在组织培养中占有核心的位置。当前建立的细胞系中癌细胞系是最多的。应用体外培养技术进行肿瘤研究具有许多优点：①可以免受机体内部因素的影响，从而便于研究理化和生物等因素对肿瘤细胞生命活动的影响；②便于研究肿瘤细胞的结构和功能；③肿瘤细胞可长期保存以便观察其遗传行为的改变；④可用于抗癌药物的快速筛选。但是体外培养易使肿瘤细胞的生物学特性发生一定的改变，因此，体外培养试验所得的结果应与体内试验结合研究比较合理。

（一）体外培养肿瘤细胞的生物学特性

体外培养的肿瘤细胞与体内正常细胞相比，在形态、遗传性状等方面都有显著不同；而生长在体内的肿瘤细胞和在体外培养的肿瘤细胞也并非完全相同。下面介绍肿瘤细胞在体外的一些生长生物学特性。

1. 永生性

永生性又称不死性，即在体外培养的肿瘤细胞一旦被建成细胞系，瘤细胞便可无限增殖而不凋亡。体外培养中的肿瘤细胞系或细胞株都表现有这种性状，体内肿瘤细胞是否如此尚无直接证明。从近年建立细胞系或株的过程说明，如果永生性是体内肿瘤细胞所固有的，肿瘤细胞应易于培养；而事实上，多数肿瘤细胞初代培养时并不那么容易，大多数也出现类似二倍体细胞培养中的停滞期。在经过纯化成单一化瘤细胞后，再增殖若干代，才能顺利传代生长下去，获得永生性。从而说明体外肿瘤细胞的永生性有可能是体外培养后获得的。

2. 形态和性状

培养中癌细胞无特异形态，镜下观察时大多数肿瘤细胞比二倍体细胞清晰，核膜、核仁轮廓明显，核糖体颗粒丰富。电镜观察癌细胞表面的微绒毛多且细密，微丝走行不如正常细胞规则。

3. 侵袭性

侵袭性是肿瘤细胞的扩张性增殖行为，体外培养的癌细胞仍持有这种性状。当与正常组织混合培养时，它能侵入其他组织细胞中，并有穿透人工隔膜生长的能力。

4. 生长增殖

肿瘤细胞在体内具有不受控增殖性，在体外培养中仍如此。癌细胞在低血清（2%～5%）中仍能生长，而正常二倍体细胞在体外培养中如不加含有促进细胞增殖生长因子的血清就不能增殖，因为肿瘤细胞有产生促增殖因子的能力。正常细胞发生转化后，出现能在低血清培养基中生长的现象，这已成为检测细胞恶变的一个指标。正常细胞在体外汇合时，细胞间会发生接触抑制。而癌细胞或培养中发生恶性转化后的细胞能消除接触抑制，能相互重叠向三维空间发展，形成堆积物，因而肿瘤细胞在软琼脂（半固体琼脂）中形成集落的能力比正常细胞强。

肿瘤细胞的软琼脂集落实验

5. 细胞遗传

大多数肿瘤细胞的遗传学性质发生改变，如失去二倍体核型、呈一倍体或多倍体等。

6. 异质性

所有肿瘤都是由具有不同的增殖能力、遗传性、起源、周期状态等性状的细胞组成，即肿瘤的异质性。异质性使同一肿瘤内的细胞活力有差别：处于瘤体周边区的细胞获得血液供应多，增殖旺盛；中心区则有的细胞衰老退化，有的处于周期阻滞状态。

7. 成瘤性

将培养的肿瘤细胞移植到动物体内可形成肿瘤。

（二）肿瘤细胞的培养要点

肿瘤细胞的培养方法与正常组织细胞培养基本相同，但成功率比正常细胞高。肿瘤细胞培养成功的关键在于取材、成纤维细胞的排除、选用适宜的培养液和培养底物等几个方面。

1. 取材

体外培养的肿瘤细胞主要取材于外科手术或活检瘤组织。癌性转移淋巴结或胸腹水是较好的培养材料。采取瘤组织时，要尽量避免混入纤维结缔组织（组织呈白色，质较韧）或坏死的瘤组织（呈灰黄色，豆渣样），还要注意避免细菌和真菌的污染。取材后宜尽快进行培养，如因故不能立即培养，可贮存于4℃中，但不宜超过24h。

2. 培养基

肿瘤细胞对营养成分的要求不如正常细胞严格，一般常用的RPMI 1640、DMEM等培养基皆可用于肿瘤细胞培养。肿瘤细胞对血清的需求也比正常细胞低，其在低血清培养基中也能生长，但添加血清培养才更易获得成功。目前最为常用的培养液是由RPMI 1640培养基加上10%～20%血清和0.03%的谷氨酰胺组成。肿瘤细胞有自泌性产生促生长物质的能力，因此肿瘤细胞对培养环境适应性较强，但大多数肿瘤细胞培养基中仍需添加生长因子、激素和某些蛋白质如表皮生长因子、胰岛素和转铁蛋白，有的还需加入特异性生长因子（如乳腺癌细胞等）。

3. 成纤维细胞的排除

成纤维细胞常与肿瘤细胞同时混杂生长，这给纯化肿瘤细胞带来很大困难。而且成纤维细胞常比肿瘤细胞生长得更快，并最终能压制肿瘤细胞的生长，因此排除成纤维细胞成为肿瘤细胞培养中的关键。常用的排除成纤维细胞的方法有机械刮除法、反复贴壁法以及消化排除法等。

（1）机械刮除法

①制备无菌刮头　主要有三种方法：a. 将胶塞剪成三角形并插到不锈钢丝末端；b. 裹少许脱脂棉于不锈钢丝末端制成刮头，将a和b中得到的刮头装入试管中高压灭菌后备用；

c. 特制电热烧灼器刮头。

② 标记 镜下观察，用记号笔在培养瓶皿的背面圈下生长肿瘤细胞的部位。

③ 刮除 弃掉培养液，把无菌刮头伸入瓶皿中，肉眼或显微镜窥视下，刮除无标记区域。

④ 洗涤 用 Hank's 液冲洗一两次，洗除被刮掉的细胞。

⑤ 培养 注入培养液继续培养，如发现仍有成纤维细胞残留，可重复刮除至完全除掉为止。

（2）反复贴壁法 此法的原理是肿瘤细胞比成纤维细胞贴壁速度慢。培养时结合使用不加血清的营养液，把含有两类细胞的细胞悬液反复贴壁，使两类细胞相互分离，操作方法与传代相同。具体操作步骤为：

① 细胞生长达一定数量后，倒出原瓶内培养液，用胰酶消化后，Hank's 液冲洗 2 次，加入不含血清的培养液，反复吹打制成细胞悬液。

② 取三个培养瓶，分别编号为 a、b、c。首先把悬液接种入 a 培养瓶中，然后置温箱中静置培养 5～20min，取出并轻轻倾斜培养瓶，让液体集中在培养瓶的一个角后，慢慢吸出全部培养液，再转接到 b 培养瓶中；向 a 瓶中补充少许完全培养液置温箱中继续培养。

③ b 培养瓶中的细胞培养 5～20min 后，按 a 瓶的处理方法，把培养液注入 c 培养瓶中置温箱中培养；再向 b 瓶中补加完全培养基置温箱中继续培养。

如操作成功，次日观察可见 a 瓶主要为成纤维细胞，b 瓶两类细胞相混杂，c 瓶可能主要为肿瘤细胞。如必要可反复处理多次，直至肿瘤细胞完全纯化为止。

（3）消化排除法

① 胰蛋白酶消化排除法 胰蛋白酶消化排除法曾用于乳癌细胞的培养，具体程序是：

a. 先用 0.5%胰蛋白酶和 0.02%EDTA（1∶1）混合液漂洗培养细胞一次，然后换成新的混合液继续消化，不时摇动培养瓶，直至在倒置显微镜下观察到有半数细胞脱落下来，立即停止消化。

b. 把消化液吸入离心管中，离心去上清液，将沉淀吹悬起来吸入另一瓶中，加培养液置温箱中培养；向原瓶内也补加新的培养液继续培养。用此法处理后，成纤维细胞比肿瘤细胞易先脱落。经过几次反复处理，可能把成纤维细胞除净。

② 胶原酶消化排除法

a. 本法是利用成纤维细胞对胶原酶较为敏感的特点，通过消化进行选择肿瘤细胞。

b. 用 0.5mg/mL 的胶原酶消化处理细胞，边消化边在倒置显微镜下观察，当发现成纤维细胞被消化掉后，即终止消化。

c. 用 Hank's 液洗涤一次后，更换新培养液，继续培养，即可获得纯净肿瘤细胞。如成纤维细胞未被除净，可再次重复以上操作。

4. 提高肿瘤细胞培养存活率和生长率的措施

一般说来，肿瘤细胞在体外不易培养，建立能传代的肿瘤细胞系就更为困难。当肿瘤组织或细胞原代接种培养后，常出现以下几种情况：①完全无细胞游出或移动；②有细胞移动和游出，但无细胞增殖，细胞长时间处于停滞状态导致难以传代；③有细胞增殖，但传若干代后细胞停止生长或衰退死亡；④传数代后细胞增殖缓慢，需经过一段停滞期后，才又呈旺盛生长状态，并形成稳定生长的肿瘤传代细胞系。以上现象说明在体外培养肿瘤细胞时，其对生存条件有较高的要求，并需经过对新环境条件的适应才能生长，因此欲获得好的培养效果，不能仅限于一般培养方法，还必须采用一些特殊的措施。为了提高肿瘤细胞培养的存活率和生长率，常采用如下几种措施。

（1）适宜底物　把经过纯化的细胞接种在不同的底物上，如鼠尾胶原底层、鼠腹腔饲养细胞层等。

（2）添加生长因子　在培养液中增加一种或几种促细胞生长因子，常用的有胰岛素、氢化可的松、雌激素以及其他生长因子，应根据细胞种类不同选用不同的促生长物。

（3）动物体媒介接种培养　为提高肿瘤细胞对体外培养环境的适应能力和增加有活力癌细胞的数量，可采用动物体转嫁接种成瘤后，再从动物体内取出瘤组织进行培养。受体动物以裸鼠最好，具体步骤为：

① 取新鲜瘤组织，用 Hank's 液洗净血污，切成 1～3mm^3 小块，用穿刺针头吸一小瘤块，用酒精棉球擦拭动物腹部后，直接刺入皮下，将瘤块注入。

② 饲养观察，待肿瘤长到较大体积后，取出瘤组织。

③ 将瘤组织在体外进行培养。

④ 为防止失败，仍取部分瘤组织继续在裸鼠体内传代。通过裸鼠媒介接种，有活力的肿瘤细胞数量增多，细胞培养易于成功。

【项目难点自测】

一、名词解释

原代培养、组织块培养法、消化培养法

二、填空题

1. 组织块的分离方法有________、________、________。

2. 目前，较常用的消化试剂有________、________、________。

3. 为了促进上皮细胞的生长，需要从表皮分离、培养液和基质选择、增减适当的生长因子等方面抑制________生长。

4. 上皮细胞培养器皿的表面需包被生长基质如________等。

5. 在上皮细胞的实际培养中，常将________和________培养基按一定比例混合使用。

6. 用于内皮细胞培养的标本多为________、________、牛肾上腺皮质毛细血管、人脐静脉以及人皮肤和脂肪的毛细血管。

7. 神经元细胞的培养底物需要经过________或________的特殊处理。

8. ________可以防止非神经元细胞的生长，用于神经元细胞的纯化。

9. 肿瘤细胞培养过程中常用的促细胞生长因子有________、________、________。

10. 神经胶质细胞主要取材部位为________。

11. 神经组织的体外培养主要包括________和________的培养。

12. ________也称不死性，即在体外培养中细胞表现为可无限传代而不凋亡。

13. ________是肿瘤细胞的扩张性增殖行为，体外培养的癌细胞仍持有这种性状。

三、判断题

1. 一般来说，成熟个体较胚胎组织容易培养，正常组织较肿瘤组织容易培养。（　　）

2. 分离液体性原代细胞悬液时，可采用长时间高速离心。（　　）

3. 消化过程中使用的液体应不含 Ca^{2+} 和 Mg^{2+}。（　　）

4. 培养液变黄、浑浊，一般是由细菌污染引起。（　　）

5. 消化传代法一般用于悬浮细胞的传代。（　　）

6. 上皮细胞培养中使用的各种液体包括细胞冻存液、分离液以及培养液都需添加比其

他组织培养浓度更高的抗生素。（ ）

7. 神经元细胞培养需要极高的营养条件，一般以 RPMI 1640 与 HamF12 混合培养基（1∶1，体积之比）作为基础培养基。（ ）

8. 人肿瘤细胞主要来自外科手术或活检瘤组织。（ ）

9. 制备肿瘤细胞时应尽量选用退变组织。（ ）

10. 干细胞才是支持肿瘤生长的成分。（ ）

11. 饲养层细胞培养法是目前表皮细胞体外培养的较为成熟的技术。（ ）

四、简答题

1. 原代取材培养时有哪些基本要求？
2. 如何分离原代组织材料？
3. 在组织块培养时，怎样做才能使组织块粘贴牢固？
4. 组织块培养 3～5 天后换液的目的是什么？
5. 体外培养肿瘤细胞的生物学特性有哪些？
6. 应用体外培养技术进行肿瘤研究具有哪些优点？
7. 常用的排除成纤维细胞的方法有哪些？简述其操作过程。

项目三　CHO 细胞的大规模培养

【项目介绍】

一、项目背景

由于人类对生长激素、干扰素、单克隆抗体、疫苗及白细胞介素等生物制品的需求猛增，以传统的生物化学技术从动物组织获取生物制品或采用培养板、培养皿或各种培养瓶的实验室小规模动物细胞培养方法，已远远不能满足这一需求。运用大规模体外培养技术培养哺乳类动物细胞是生产生物制品的有效方法。20 世纪 60～70 年代，就已创立了可用于大规模培养动物细胞的微载体培养系统和中空纤维细胞培养技术。随着细胞培养的原理与方法日臻完善，动物细胞大规模培养方法和生物反应器趋于成熟。

中国仓鼠细胞（Chinese hamster ovary cell，CHO）是目前包括工程抗体和重组蛋白在内的生物技术药物生产的最为重要的表达系统。目前已有越来越多的药用蛋白在 CHO 细胞中获得了高效表达，其中部分药物已投放市场，例如 EPO（促红细胞生成素）、GCSF（细胞集落刺激因子）等。与其他表达系统相比，CHO 表达系统具有以下的优点：表达的蛋白质在分子结构、理化特性和生物学功能等方面最接近于天然蛋白分子；细胞既可贴壁生长，又可以悬浮生长，且有较高地耐受剪切力和渗透压能力；具有重组基因的高效扩增和表达能力，外源蛋白的整合稳定；具有产物胞外分泌功能，便于下游产物分离纯化，并且很少分泌自身的内源蛋白。

你是××生物制药公司细胞车间细胞发酵岗的操作人员，你的部门领导分配给你所在的工作小组一项任务：利用转瓶、细胞发酵罐大规模培养 CHO 细胞，用于促红细胞生成素的生产。该操作岗位要求操作人员尽快掌握 CHO 细胞大规模培养的操作流程、熟悉动物细胞生物反应器的相关知识，制订工作计划并有计划地实施，认真填写工作记录，按时将质量合格的 CHO 细胞发酵液交给分离纯化岗的工作人员，最后将对每一位操作人员进行考核。

二、学习目标

1. 能力目标

① 能利用转瓶完成动物细胞种子的扩大培养。

② 能正确使用细胞发酵罐完成动物细胞的大量培养。

2. 知识目标

① 理解动物细胞大规模培养技术的概念和一般工艺流程。

② 掌握动物细胞大规模培养的常用方法。

③ 掌握动物细胞大规模培养常用生物反应器的基本原理和特点。

④ 了解植物细胞大规模培养的方法和生物反应器。

【思政案例】

3. 素质目标

① 能正确应用数理统计方法，对实验数据进行分析和处理。

② 具有社会责任感，树立药品质量意识、安全生产意识和环保意识。

三、项目任务

CHO 细胞的发酵罐培养。

【项目实施】

• 必备知识

一、动物细胞大规模培养技术概述

(一) 动物细胞大规模培养技术的概念

动物细胞大规模培养技术是指在人工条件（除满足培养过程必需的营养要求外，还要进行 pH 和溶解氧的最佳控制）下，在细胞生物反应器中高密度大量培养动物细胞用于生产生物制品的技术。

目前可大规模培养的动物细胞有鸡胚、猪肾、猴肾、地鼠肾等多种原代细胞及人二倍体细胞、CHO（中华仓鼠卵巢）细胞、BHK-21（仓鼠肾细胞）、VERO 细胞（非洲绿猴肾传代细胞，是贴壁依赖的成纤维细胞）等。

(二) 动物细胞大规模培养的一般工艺流程

动物细胞大规模培养的工艺流程如图 3-1 所示。工艺过程中，先将组织切成碎片，然后用溶解蛋白质的酶消化处理组织块碎片而得到单个细胞，再用离心法收集细胞。将细胞植入营养培养基，使细胞在培养基中增殖到覆盖瓶壁表面，用酶把细胞从瓶壁上消化下来，再接种到若干培养瓶中进行扩大培养，将培养所得的细胞“种子”冷藏于液氮中，从液氮中取出一部分细胞“种子”进行解冻、复活培养，进行扩大培养以获得足够的细胞量，将细胞接种于大规模生物反应器中进行大规模培养，按照产物的不同形式进行产物分离纯化。对于积累在细胞内的产物，可通过收集细胞后进行破胞，再经过分离纯化获得产物；对于由细胞分泌到培养液中的产物，可以通

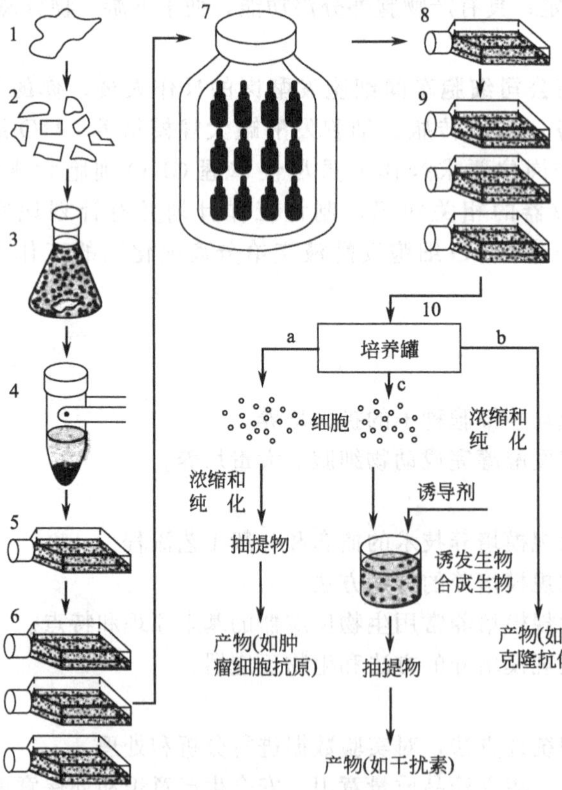

图 3-1 动物细胞大规模培养流程

1—组织块；2—组织块碎片；3—消化；4—离心；5—原代培养；6—传代培养；7—液氮罐保存细胞；8—复苏培养；9—扩大培养；10—大规模生物反应器培养

过浓缩、纯化培养液来获得产品；而对于那些必须加入诱导剂进行培养或病毒感染培养才能得到的产物的细胞，可加入诱导剂诱导或病毒感染后，收集细胞，再经分离纯化得到产物。

（三）动物细胞大规模培养技术的应用

现在，动物细胞大规模培养已成功用于生产疫苗、蛋白质因子、免疫调节剂及单克隆抗体等产品。同时动物细胞大规模培养也是生物工业中大量增殖新型有用细胞不可缺少的技术，一些培养细胞甚至还可用于治疗等。

1. 生产疫苗

目前，通过动物细胞大规模培养已实现商业化的疫苗产品有：口蹄疫疫苗、狂犬病疫苗、牛白血病病毒疫苗、脊髓灰质炎病毒疫苗、乙型肝炎疫苗、疱疹病毒疫苗、巨细胞病毒疫苗等。1983年，英国Wellcome公司就已能够利用动物细胞进行大规模培养生产口蹄疫疫苗。美国Genentech公司应用SV40病毒为载体，将乙型肝炎病毒表面抗原基因插入哺乳动物细胞内进行高效表达，生产出乙型肝炎疫苗。

2. 生产多肽和蛋白质类药物

许多人用和兽用的重要蛋白质药物，尤其是对于那些相对较大、较复杂或糖基化的蛋白质来说，动物细胞培养是首选的生产方式。现在，通过动物细胞大规模培养生产的多肽和蛋白质类药物有：凝血因子Ⅷ和Ⅸ、促红细胞生成素、生长激素、IL-2、神经生长因子等。

3. 生产免疫调节剂及单克隆抗体

利用动物细胞大规模培养生产的免疫调节剂主要有：α-干扰素、β-干扰素、γ-干扰素和免疫球蛋白G、A、M。20世纪80年代以来，人们逐渐开始以生物反应器大规模培养杂交瘤细胞代替抽取鼠腹水的方法获得单克隆抗体。

二、动物细胞大规模培养的方法

体外培养的动物细胞有的可在悬浮状态下生长，称为非贴壁依赖型细胞；有的必须贴附在某些基质上才能生长，称为贴壁依赖型细胞；有的则在两种条件下都能生长，称为兼性贴壁细胞。根据动物细胞的培养特性不同，可采用贴壁培养、悬浮培养和固定化培养三种方法进行大规模培养。

（一）贴壁培养

贴壁培养是指细胞贴附在一定的固相表面进行的培养。在动物细胞大规模培养中，能为细胞提供贴附表面的培养基质目前主要有转瓶、微载体、中空纤维和细胞工厂等。其中微载体培养兼具悬浮培养和贴壁培养的优点，是目前公认的最有发展前途的一种动物细胞大规模培养技术。

与悬浮培养法相比，贴壁培养的优点有：容易更换培养液，细胞紧密黏附于固相表面，可直接倾去旧培养液，清洗后直接加入新培养液；容易采用灌注培养，从而达到提高细胞密度的目的；因细胞固定表面，提取产物时不需过滤系统去除细胞；适用于所有类型的细胞。贴壁培养的缺点主要是扩大培养比较困难，投资大，占地面积大等。

1. 转瓶培养

传统的动物细胞规模化培养技术以转瓶培养为主，主要用于贴壁依赖型细胞的单层贴壁培养。转瓶培养一般用于小量培养到大规模培养的过渡阶段，或作为生物反应器接种细胞准备的一条途径。转瓶培养时，细胞接种在圆筒形培养器——转瓶中，然后将转瓶放在转瓶机的旋转架上缓慢转动（见图3-2）。培养过程中转瓶不断旋转，使细胞交替接触培养液和空气，从而提供较好的传质和传热条件。

（1）转瓶的发明和演化历程　早在1870年，Wells就申请了转瓶的相关专利，最初转瓶以圆形培养瓶为原型，并能在转轴上以一定的速度旋转，加大了细胞贴壁生长面积。随着

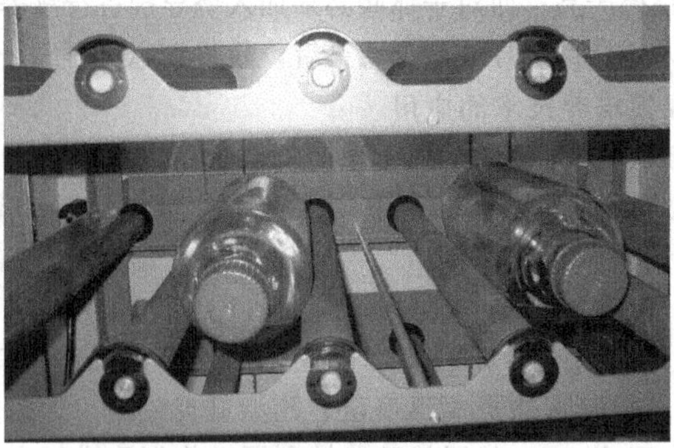

图 3-2 放在支架上的旋转培养瓶

转瓶内部结构和工艺的改进，以转瓶为载体大规模培养细胞越来越广泛地应用到大生产中。1976 年，Noteboom 提出了在转瓶中加入塑料卷轴的设计；1982 年，Johnson 申请了转瓶中空环形小室的设计；1990 年，Mussi 提出泡沫型多孔填充物的概念；1991 年，Serkes 构想出波浪形内壁；1999 年，Meder 改变传统的圆形转瓶设计变为多角型转瓶；2004 年，Berson 发明了螺旋型转瓶，提高了培养基交换速率。所有这些改进的目的都是为了最大限度地增加转瓶的内表面积，以进一步扩大生产量。

(2) 转瓶培养的特点　转瓶培养具有结构简单，投资少，技术成熟，重复性好，放大只需简单地增加转瓶数量等优点，因此深受广大生产企业喜爱。但随着国家对生物产品的产量和质量标准的不断提高，转瓶培养技术的缺点也突显出来，主要表现在供细胞生长的表面积小，细胞生长密度低；培养时监测和控制环境条件（pH、温度、溶解氧）受到限制；以及劳动强度大，占有空间大等方面。

(3) 细胞转瓶培养在生产上的应用　纵观细胞培养历史，转瓶培养在细胞大规模生产生物制品方面已卓有成效。

目前，应用转瓶大规模培养杂交瘤细胞生产 ABO 血型单克隆抗体，已取得了比较理想的效果。在适当的 pH、转速和起始密度的条件下，转瓶悬浮培养杂交瘤细胞生产 ABO 血型抗原单位时，细胞的生长密度和抗原效价均超过静态培养水平。

用转瓶培养细胞生产兽用疫苗仍是国内生物药厂采用的主要方式。利用 MDCK 细胞在转瓶上大规模繁殖禽流感病毒能加速疫苗的生产量，并且可以有效防止病毒在天然宿主鸡胚中变异以及鸡胚数量限制和污染外源病毒的问题。利用 BHK-21 细胞生产口蹄疫疫苗的转瓶技术已相当成熟，为猪病的防控提供了坚实的后盾。VERO 细胞也被广泛应用于转瓶技术以生产狂犬病毒和乙型脑炎疫苗，对人畜共患病的防治起到了积极的作用。有些原代细胞也能成功地在转瓶中大规模培养。早在 1971 年，转瓶培养已实现用鸡胚原代细胞培养麻疹病毒。鸡痘细胞活疫苗也在鸡全胚成纤维细胞中得以生产应用。

2. 微载体培养

微载体培养是在培养容器内加入培养液及对细胞无害的颗粒——微载体，作为载体，使细胞在微载体表面附着并呈单层生长繁殖，通过低速持续搅动使微载体始终保持悬浮状态的培养方法。这种细胞培养方法由 Van Wezel 于 1967 年首先创立，它是一种适用于培养贴壁依赖型细胞的大规模培养方法。经过多年的发展，该技术目前已渐趋完善和成熟，并成为公认的最有发展前途的一种动物细胞大规模培养技术。现在，微载体培养已广泛用于培养各种类型细胞，生产疫苗、蛋白质产品，如 293 细胞、成肌细胞、VERO 细胞、CHO 细胞等。

（1）微载体　微载体是指直径在60～250μm，能适用于贴壁细胞生长的微珠，一般是由天然葡聚糖或者各种合成的聚合物组成。

微载体的具体要求为：①微载体表面性质要适于细胞附着、伸展和增殖，如使其表面带少量正电荷；②微载体材料没有毒性，且不会与培养基成分发生化学反应，也不会吸收培养基中的营养成分；③微载体的密度一般为1.03～1.05g/mL，以便于换液和收获；④微载体直径尽可能小，最好控制在60～250μm之间，要尽可能均一，这样可以增大单位体积内表面积，对细胞的生长非常有利；⑤要具有良好的光学透明性，以利于观察；⑥能承受120℃高温，以便于高压蒸汽灭菌；⑦制作原料充分，价格便宜，制作简便，且经适当处理后能反复使用。

（2）微载体的类型　自Van Wezel用离子交换剂DEAE-Sephadex A-50研制的第一种微载体问世以来，国际市场上出售的微载体商品的类型已经有很多种。就制造材料而言，微载体可分为葡聚糖微载体、聚苯乙烯微载体、中空玻璃微载体、交联明胶微载体、纤维素微载体、壳聚糖微载体等；根据物理学特性主要分为固体微载体和液体微载体两类，以前者为常见，又分为实心微载体和大孔/多孔微载体。

① 实心微载体　实心微载体易于细胞在微球表面贴壁、铺展和病毒生产时的细胞感染。因此在大规模细胞培养中，一般采用实心微载体作为培养介质。Cytodex系列是当前应用较为广泛的一种实心微载体，其常用的商品名称及特征见表3-1。

表3-1　常用的微载体及特征

商品名称	基质材料	直径大小/μm	形状	比表面积/(cm^2/g)
Cytodex1	交联葡聚糖	131～220	球形	6000
Cytodex2	交联葡聚糖	114～198	球形	5500
Cytodex3	交联葡聚糖	133～215	球形	4600

② 大孔/多孔微载体　实心微载体比表面积和可获得的细胞浓度均较小，细胞易受搅拌、球间碰撞、流动剪切力等动力学因素破坏。为克服传统的实心微载体的不足，1985年Verax公司开发出了大孔微载体。大孔微载体内部具有网状结构的小孔，因而能使细胞在其内部生长，保证了细胞充分的生长空间，使细胞免受机械损伤，增加了细胞贴壁的稳定性。自从Verax系列大孔微载体开发成功以来，已不断涌现出一些新的大孔微载体产品，具有逐步取代传统的实心微载体的趋势。

（3）微载体培养的操作过程　微载体培养的操作过程大致可以分为五个阶段：培养初期阶段、黏附贴壁阶段、维持培养阶段、细胞收获阶段、微载体培养的放大阶段。

培养初期阶段要保证培养基与微载体处于稳定的pH和温度，对数生长期接种细胞至终体积1/3的培养液中，以增加细胞与微载体接触的机会。不同的微载体所用浓度及接种细胞密度不同，常使用2～3g/L的微载体含量。在培养3～8天左右为黏附贴壁阶段，此时缓慢加入培养液至工作体积，并且增加搅拌速度保证完全均质混合。其后进入维持培养阶段，在这一阶段可以进行细胞计数、葡萄糖测定及细胞形态镜检。随着细胞增殖，微球变得越来越重，需增加搅拌速率。经过3天左右，培养液开始呈酸性，需换液，停止搅拌，让微珠沉淀5min，弃掉适宜体积的培养液，缓慢加入新鲜培养液（37℃），重新开始搅拌。第四阶段为细胞收获阶段，在这一阶段首先排干培养液，至少用缓冲液漂洗一遍，然后加入相应的酶，快速搅拌（75～125r/min）20～30min，然后解离收集细胞及其产品。最后为微载体培养的放大阶段，可以通过增加微载体的含量或培养体积进行放大，使用异倍体或原代细胞培养生产疫苗、干扰素，已被放大至4000L以上。

(4) 微载体培养的优缺点　微载体培养的主要优点有：表面积/体积（S/V）大，因此单位体积培养液的细胞产率高；把悬浮培养和贴壁培养融合在一起，兼有两者的优点；可用简单的显微镜观察细胞在微珠表面的生长情况；简化了细胞生长各种环境因素的检测和控制，重现性好；培养基利用率较高；放大容易；细胞收获过程不复杂；劳动强度小；培养系统占地面积和空间小。

微载体培养的缺点是细胞生长在微载体表面，在培养过程中的连续搅拌会损伤微载体表面的细胞，而且培养后期细胞容易从微载体上脱落下来。

3. 中空纤维培养

在传统的动物细胞培养方法中，能够给培养物提供的生长空间只有培养瓶皿的表面，这是一种二维的生长空间。在这种条件下，培养细胞一般只能沿着培养瓶皿的表面呈单层生长，细胞生长密度低。而动物细胞在活体内的生存空间是一种立体的三维空间，广泛存在于细胞周围的毛细血管为体内细胞的高密度生长提供了营养保证。

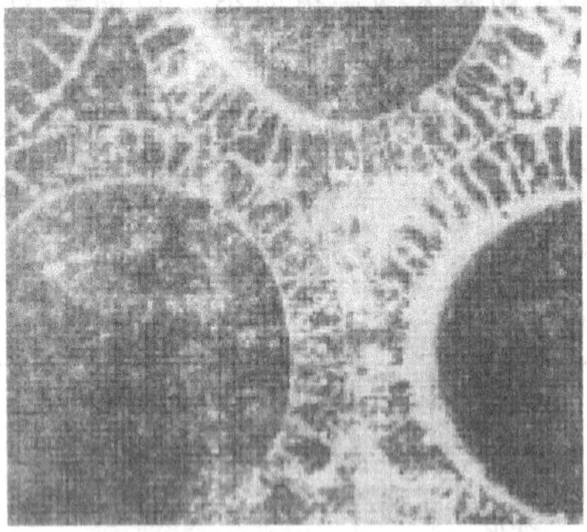

图 3-3　中空纤维结构图

中空纤维培养技术就是模拟细胞在体内生长的三维状态，利用一种人工的“毛细血管”即中空纤维来给培养的细胞提供物质代谢条件而建立的一种大规模培养方法。这种培养动物细胞的方法最先由 R. A. Knazek 等于 1972 年首先创立，这一技术的创立标志着动物细胞培养技术从过去的二维生长条件跨越到三维生长条件的新阶段。

中空纤维是一种细微的管状结构（见图 3-3），外径一般在 100～500μm 不等，管壁厚度为 50～75μm，其构造类似于动物组织的毛细血管，一般是用乙酸纤维素、聚氯乙烯-丙烯复合聚合物、多聚碳酸硅或者聚砜等材料制成。中空纤维的管壁为极薄的半透膜，能截留分子量为 10000、50000、100000 的物质，但水分子、小分子营养物质和气体可通过。中空纤维的管壁表面有许多海绵状多孔结构，细胞能在上面贴壁生长。

中空纤维大规模培养细胞时，细胞接种到中空纤维的外表面，而充氧的培养液则灌流到中空纤维的内腔。贴附在中空纤维外表面的细胞吸取从中空纤维的内腔渗出的营养，迅速生长繁殖。一段时间后细胞可占据中空纤维外壁所有空间，并在纤维表面堆积。此时细胞分裂停止，但其代谢和分化仍可持续数月之久，并且细胞依然保持较高的存活性以及健康的形态。

图 3-4　NUNC 细胞工厂

中空纤维培养为体外培养的细胞提供了一个近似生理条件的三维生长基质和生存空间。在这种培养条件下，细胞可以不断增生和生长，形成类似活体组织的多层细胞培养物。如今，中空纤维培养技术已经成熟，已经有商品化产品供应。

4. 细胞工厂培养

细胞工厂是一种设计精巧的细胞培养装置，如图 3-4 所示。它由一组长方形培养皿样的培养小室组成，这些培养小室通过两条垂直的管道（供应管）分别在两个相邻角处互相连接。由于供应管在各培养小室开口位置的原因，只有将细胞工厂如图 3-5(a) 放置，培养液才能在各培养小室之间流动。将细胞工厂转动 90°，沿短轴放平，且供应管处在顶部时，每个培养小室的液体将被分隔开，但气相仍可通过供应管到达各个培养小室，如图 3-5(b) 所示。

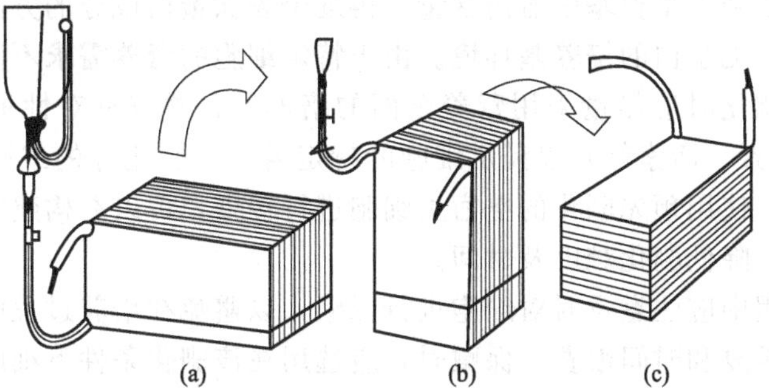

图 3-5 NUNC 细胞工厂工作原理

(a) 向培养室内灌注培养液；(b) 将系统转至短轴在上，远离入口；(c) 将系统向下放平，封闭入口，或者将入口连到 5%CO_2 通气管上

细胞工厂由组织培养级聚苯乙烯制成，使用很方便，可产生类似塑料培养瓶的效果。使用后可随意处理。可用于如疫苗、单克隆抗体或生物制药等工业规模生产，特别适合于贴壁细胞，在从实验室规模进行放大时不会改变细胞生长的动力学条件，可提供 1 盘、2 盘、10 盘和 40 盘的规格使放大变得简单易行，低污染风险，节省空间。但细胞工厂最大的缺点是：经胰蛋白酶消化后，很难将细胞完全洗出。

丹麦 NUNC 公司生产的 NUNC 细胞工厂是目前应用较多的细胞工厂系统。同时，与 NUNC 的细胞工厂操作仪结合使用，可全面实现细胞培养的自动化，从而大大降低劳动强度。

(二) 悬浮培养

悬浮培养技术是在生物反应器中、人工条件下高密度大规模培养动物细胞用于生物制品生产的技术，根据细胞是否贴壁，分为悬浮细胞培养和贴壁细胞微载体悬浮培养。

1. 悬浮培养技术的发展

1962 年，Capstick 等对 BHK-21 细胞驯化实现悬浮培养，并用于兽用疫苗生产。1967 年，VanWezel 开发了微载体并实现在生物反应器中大规模悬浮培养贴壁细胞。20 世纪 80 年代后，CHO 细胞实现悬浮培养，治疗性抗体生产技术的发展极大地推动着生物反应器在生物制药行业中的应用，到 20 世纪末已进入万升级规模。2000 年以后，随着流加培养、灌注培养、个性化细胞培养基等技术的发展，作为大规模培养主要设备的生物反应器规模也趋向大型化和简单化。现在，全球 10000L 及以上体积的反应器达一百多台，最大已达 25000L，且几乎都是可以放大的机械搅拌式反应器。当前生物制药的主流技术是在大型机械搅拌式反应器中，用无血清培养基和流加培养工艺悬浮培养细胞进行生产。

2. 悬浮培养工艺中的核心技术

悬浮培养工艺中的核心技术主要包括细胞的筛选驯化、个性化培养基的研发、动物细胞反应器的完善等三个方面。动物细胞反应器将在随后的内容中进行介绍。

(1) 细胞的筛选驯化 目前普遍认为，大多数导入目的基因的原细胞株一般还只能适应在含血清的培养基中贴壁生长，且细胞密度小、蛋白质表达水平低。如果要建立符合规模化药物生产需要的工程细胞株，一方面要构建和筛选生长性能好、蛋白质表达水平高的优质单克隆细胞株；另一方面还要进行工程细胞株的无血清驯化，使之能很好地适应无血清贴壁生长或悬浮培养。细胞驯化的通用方法是逐步改变条件，待细胞适应后再继续改变条件，直至细胞能在特定的条件中稳定生长为止。普遍采用的是血清-无血清无蛋白培养的驯化。即可采用倍比方式，逐步降低培养基中血清含量，再逐个去除蛋白成分的方法来驯化细胞，使细胞逐渐适应无血清、无蛋白的培养基环境。由于特定细胞的营养需求不同，实现其驯化的难易程度也不同，在驯化时应尽量采用营养全面的培养基，并有针对性地补充某些营养成分（如生长因子、维生素、激素等）以满足细胞的特定需求。驯化好的细胞可以保持其悬浮和无血清生长的特性，使用预先驯化的空宿主细胞进行转染，可以在构建完成后迅速适应无血清悬浮培养的环境，降低驯化难度及时间。

在筛选驯化过程中应注意及时对细胞进行保藏，以避免在培养过程中出现异常情况导致筛选驯化工作量的重复和时间浪费。保藏时，应选用在该驯化条件下细胞状态良好的细胞。

（2）细胞培养基的个性化　在大规模培养技术中，维持细胞高密度甚至无血清生长，细胞培养基的营养含量对细胞的增殖、维持至关重要。在悬浮培养技术中，细胞营养代谢的特异性不同，细胞培养工艺不同，需要抗剪切力、满足放大功能，还需要提高目标生物制品的稳定性、表达量，这些均需要个性化培养基的支持。

个性化细胞培养基在国外生物制品生产中被普遍采用，生物制药公司往往与细胞培养基企业建立合同服务关系，研制最适合的个性化细胞培养基用于生产。为用户定制细胞培养基是世界几大细胞培养基制造商业务的主要部分，而公开的细胞培养基产品仅占其业务的10%～30%。但是我国销售的细胞培养基却多为20世纪50年代发明的MEM、DMEM、199、RPMI 1640细胞培养基等，这些产品难以满足生物反应器大规模培养动物细胞的技术要求，直接影响了生物制药行业技术升级。细胞培养基经过天然培养基、合成培养基，发展到无血清培养基、无蛋白培养基、限定化学成分培养基，近百年的发展，已发生质的飞跃。无血清培养基杜绝了血清的外源性污染和对细胞的毒性作用，使产品易于纯化、回收率高；其成分明确，有利于研究细胞的生理调节机制；还可根据不同的细胞株设计和优化适合其高密度生长或高水平表达的培养基。从对人类和动物安全性的长远考虑，生物制品生产越来越倾向采用无血清无动物组分培养基，国际上生物制药生产中，已经有50%以上采用无血清细胞培养基。

（三）固定化培养

固定化培养是将动物细胞与水不溶性载体结合起来，再进行培养的方法，对非贴壁依赖型细胞和贴壁依赖型细胞都适用。固定化培养具有细胞生长密度高、抗剪切力和抗污染能力强等优点，细胞易于和产物分开，有利于产物分离纯化。制备固定化细胞的方法很多，在动物细胞培养中要考虑使用较温和的固定化方法，如吸附法、包埋法和微囊法。

1. 吸附培养

吸附培养即将细胞吸附在各种固体吸附剂表面后再进行培养的方法。这种方法操作简便，条件温和，但载体的负荷能力低，细胞容易脱落。微载体培养和中空纤维培养是吸附培养的特例。另外，多孔陶瓷也是一种常用于吸附培养的固体吸附剂。

2. 包埋培养

将动物细胞包埋在各种多聚物多孔载体中后再进行培养的方法称为包埋培养法，一般适用于非贴壁依赖型细胞。此法步骤简便，条件温和，负荷量大，细胞泄漏少。因细胞嵌入在高聚物网格中而受到保护，细胞能抗机械剪切。但该法也有一定缺点，如扩散限制，并非所有细胞都处于最佳营养物浓度。多孔凝胶是包埋培养最常用的载体，用于动物细胞固定化的凝胶主要有海藻酸钙凝胶、琼脂糖凝胶等。

(1) 海藻酸钙凝胶包埋培养 将动物细胞与一定量的海藻酸钠溶液混合均匀，然后滴到一定浓度的氯化钙溶液中形成直径约1mm内含动物细胞的海藻酸钙胶珠，分离洗涤后即可用于培养。此法操作时条件温和，对活细胞损伤小。但固定后机械强度不高。为了大量制备海藻酸钙凝胶包埋的固定化细胞，国外已有专门的振动喷嘴设备可供使用。

(2) 琼脂糖凝胶包埋培养 将含有细胞的琼脂糖溶液分散到一个水不溶相中（如石蜡油），形成直径为0.2mm的凝胶珠，移去石蜡油后，细胞即可进行培养。同海藻酸钙一样，琼脂糖更适于培养悬浮细胞。尽管凝胶珠形成过程很复杂，目前放大体积不超过20L。但琼脂糖凝胶无毒性，具有较大的空隙，可以允许大分子物质自由扩散，因此该法特别适用于蛋白质产物的连续生产。有人曾用琼脂糖包埋杂交瘤细胞和淋巴细胞生产单克隆抗体和白细胞介素。

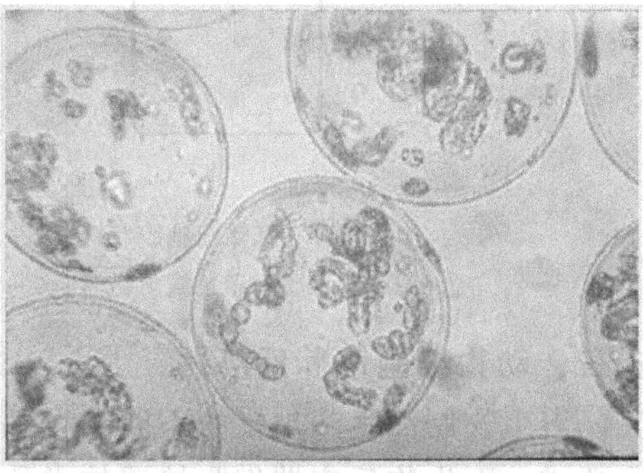

图3-6 微囊化培养的神经细胞

（引自：中国科学院大连化学物理所，2007）

(3) 微囊化培养

① 微囊化培养的概念和优缺点 微囊化培养是指在无菌条件下将拟培养的细胞、生物活性物质以及生长介质共同包裹在薄的半透膜中形成微囊，再将微囊放入培养系统内进行培养的方法。生长介质为1.4%海藻酸钠溶液，半透膜由多聚赖氨酸形成。动物细胞包围在珠状的微囊里（见图3-6），细胞不能逸出，但小分子物质和培养基的营养物质可自由出入半透膜，囊内是一种微小培养环境，与液体培养相似，能保护细胞少受损伤，故细胞生长好、密度高。微囊直径控制在200～400μm为宜。这种方法是在包埋培养上衍生而来的，1979年被Lim和Moss首先应用于培养哺乳动物细胞。

微囊化培养的优点是：可防止细胞在培养过程中受到物理损伤；活性蛋白不能从囊中自由出入半透膜，从而提高细胞密度和产物含量，并方便分离纯化处理；抗体活性、纯度好。缺点是：微囊制作复杂，培养液用量大，并且成功率不高；微囊内死亡的细胞会污染正常产物；收集产物必须破壁，不能实现生产连续化。

② 微囊化培养的操作过程

a. 将拟培养的细胞制备成细胞悬液。

b. 在无菌条件下，将待培养细胞及生物活性物质悬浮在1.4%的海藻酸钠溶液中，成为胶状液。通过特制的成滴器，将含有细胞的胶状液形成一定大小的液滴，滴入$CaCl_2$溶液中，使之成为内含细胞的凝胶小珠。然后，将凝胶小珠用多聚赖氨酸包裹，形成微囊。最后，重新液化微囊内的凝胶小珠，使成胶的物质从多聚赖氨酸外膜流出。微囊内仅留下待培养的细胞及生物活性物质。微囊化的过程如图3-7所示。

c. 将内有细胞及生物活性物质的微囊放入搅拌式或气升式反应器培养系统中进行培养。

d. 培养一定时间后，待细胞分泌的产物含量达到一定程度，终止培养。收集培养后的微囊。离心、沉淀，并用平衡盐溶液洗涤微囊。然后，以物理方法破坏微囊。再通过离心去除细胞及微囊碎片。收获上清液，分离纯化细胞产物。

在微囊制备中应注意：温和、快速、不损伤细胞，尽量在液体和生理条件下操作；所用试剂和膜材料对细胞无毒害；膜的孔径可控制，必须使营养物和代谢物自由通过；膜应有足够的机械强度抵抗培养中的搅拌。

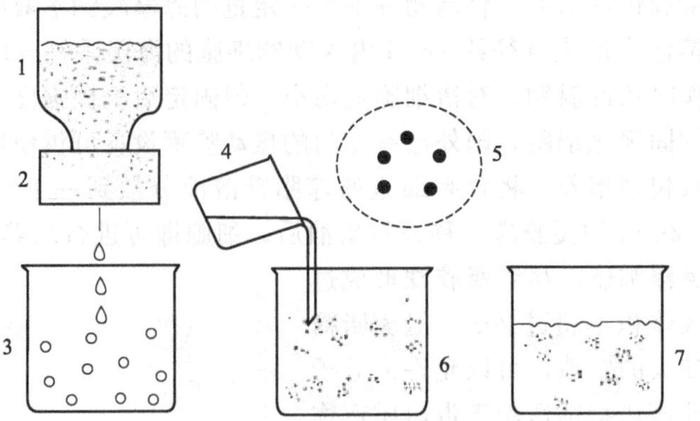

图 3-7 细胞微囊化过程

1—悬浮细胞胶状液；2—成滴器；3—胶化小珠；4—包被溶液；
5—显微镜下微囊；6—多孔微囊膜；7—完成操作后的微囊

三、动物细胞培养反应器

随着生物制品生产规模的不断扩大和工艺水平的不断提高，传统的转瓶培养模式已不能满足要求，而生物反应器细胞培养技术的应用正适应了工业化大规模细胞培养的客观需要。最早应用生物反应器进行大规模细胞培养的是 Doel 等。1965 年，他们成功地在不锈钢发酵罐中悬浮培养 BHK-21 细胞生产口蹄疫疫苗。经过半个世纪的发展与完善，细胞生物反应器技术在设备制造和应用方面均达到了相当的水平。

用于动物细胞培养的生物反应器主要有机械搅拌式生物反应器、气升式生物反应器、中空纤维生物反应器和旋转壁式生物反应器。

(一) 机械搅拌式生物反应器

机械搅拌式生物反应器是开发较早、应用较广的一类生物反应器，培养物的混匀由电动机带动的不锈钢搅拌系统来实现。此类反应器与传统的微生物生物反应器类似，但针对动物细胞培养的特点，采用了不同的搅拌器及通气方式。动物细胞培养过程中，要求搅拌器转动时产生的剪切力小，混合性能好，同时通气应尽量减小对细胞的损伤程度而又能达到充分供氧的目的。围绕这个目的现已开发出不少类型的搅拌罐式生物反应器，主要有笼式通气搅拌反应器、双层笼式通气搅拌反应器等。

1. 笼式通气搅拌反应器的结构和原理

笼式通气搅拌反应器的结构如图 3-8 所示，其主体结构为笼式通气搅拌器。笼式通气搅拌器的具体结构如图 3-9 所示，它主要由中空的搅拌轴、消泡腔、中心管、三个导流筒、通气腔及单层丝网等部分构成。当三个导流筒随搅拌同步转动（30～60r/min）时，由于离心力的作用，使搅拌器中心管内产生负压，迫使搅拌器外培养基流入中心管，沿管螺旋上升，再从三导流筒口排出，绕搅拌器外缘螺旋下降，使培养基反复循环，达到混合均匀的目的。气体经环形分布器进入通气腔内，培养液则经过 200 目的丝网截留住细胞后与通入的空气进行气液交换，而细胞不进入通气腔内，杜绝了气泡引起的细胞损伤现象，交换后培养液又经丝网排出进入培养液主体供细胞培养用。通气过程所产生的泡沫则经管道进入液面上部的由 200 目不锈钢丝网制成的笼式消泡腔内，泡沫经丝网破碎，达到深层通气而不产生泡沫的目的。

2. 搅拌式反应器的特点和应用

机械搅拌式生物反应器的最大优点是能培养各种类型的动物细胞，培养工艺容易放大，

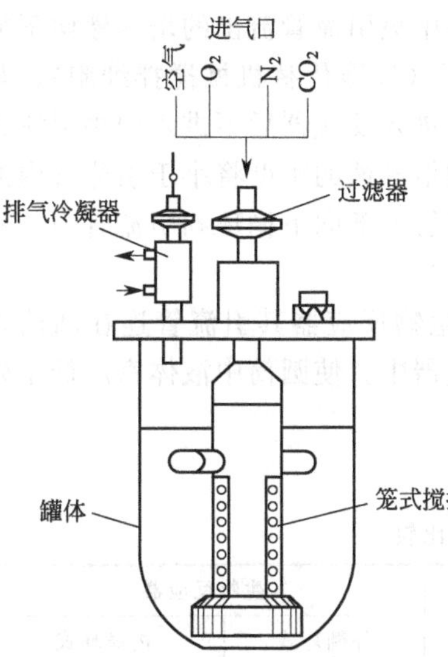

图 3-8 笼式通气搅拌反应器

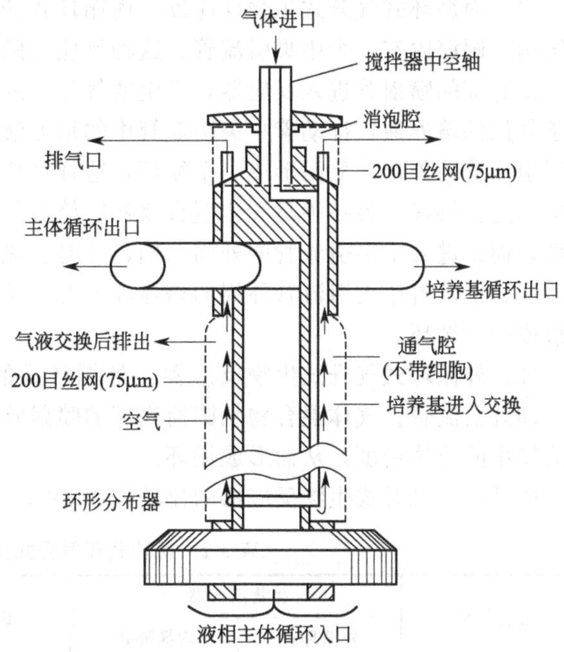

图 3-9 笼式通气搅拌器结构示意图

产品质量稳定，非常适合工厂化生产，但不足之处是机械搅拌所产生的剪切力对细胞有一定的损伤，适用于培养悬浮生长细胞或进行微载体细胞培养。尽管如此，搅拌式生物反应器目前在生物制品大规模生产中的应用水平是其他同类产品无可比拟的。现在，全球 10000L 及以上体积的反应器达一百多台，最大的为 25000L，这些反应器几乎都是机械搅拌式反应器，主要为 Genetech、Amgen、Boehringer Ingelheim 和 Lonza 等制药公司所拥有。

（二）气升式生物反应器

1979 年，Katinger 等首次报道采用气升式生物反应器进行动物细胞悬浮培养获得了成功。此后，气升式生物反应器在动物细胞大规模培养中的应用一直是生物工程学家关注和热衷研究的焦点。

1. 气升式生物反应器的结构和原理

气升式生物反应器有两种类型，即内循环式和外循环式。动物细胞培养一般采用内循环式，但也有个别采用外循环式的。这两种气升式生物反应器的基本结构和原理如图 3-10 所示。

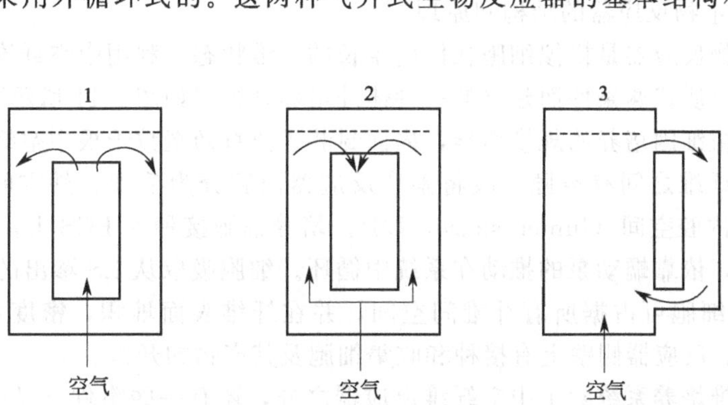

图 3-10 气升式生物反应器原理

1，2—内循环式；3—外循环式

（1）内循环式气升式生物反应器 内循环式的气升式生物反应器是一个高径比较大的圆筒结构，圆筒内有一个中央引流管。这种反应器的气体循环方式有两种。一种是气体混合物从圆筒底部的喷射管进入反应器，产生的气泡进入中央引流管，此时管内的培养液的密度将小于外周的培养液，推动着中央引流管中的培养液上升，从中央引流管流出的培养液向下循环到引流管的外侧，从而形成一个循环，这样产生混匀作用（气泡代替机械搅拌细胞），与此同时进行供氧。另一种是气体混合物从圆筒底部的喷射管进入反应器后不进入中央引流管内部，而是进入中央引流管的外周两侧，此时引流管外周的培养液的密度将小于引流管内的培养液，推动着中央引流管外周的培养液上升，从中央引流管上部向下循环到引流管内，从而形成一个循环。

（2）外循环式气升式生物反应器 外循环式的气升式生物反应器其引流管连在圆筒外部，即外引流管。气体混合物从圆筒底部的喷射管进入反应器中，使圆筒中液体密度低于外引流管中的液体密度，从而形成循环。

两种类型气升式生物反应器的比较见表 3-2。

表 3-2 两种循环气升式生物反应器比较

比较内容	生物反应器		比较内容	生物反应器	
	外循环式	内循环式		外循环式	内循环式
传质系数	较低	较高	降液管持气量	较低	较高
传热系数	较高	较低	液体湍动	较高	较低
总持气量	较低	较高	循环时间	较低	较高
升液管持气量	较低	较高			

2. 气升式生物反应器的特点和应用

气升式生物反应器采用完全密封式设计，便于无菌操作，不易污染；直接喷射空气供氧，氧的传递效率高。这些条件很好地满足了细胞在生长时所需的要求。但这种反应器虽没有机械搅拌产生的剪切力，却会在运行中产生大量的气泡，气泡的聚集和在液体表面的破裂等过程产生的剪切力对动物细胞有极大的伤害作用，因此使得其在工业化生产中的应用受到了一定的限制。目前，瑞士的 Lonza 公司有 2 台 5000L 气升式生物反应器，而其他公司则很少采用这种反应器。

（三）中空纤维生物反应器

1. 中空纤维生物反应器的结构和原理

中空纤维生物反应器是模拟细胞在体内生长的三维状态，利用中空纤维给培养的细胞提供所需要的各种物质代谢条件而建立的一种体外培养系统（如图 3-11 所示）。它是一个圆柱体结构，长短与粗细因培养的规模而异，内面封装了数百乃至数千根中空纤维，由于中空纤维内部是空的，纤维之间有空隙，故将整个反应器内腔分为毛细管外空间（extracapillary space，ECS）和内腔空间（lumen space，LS）。培养细胞接种到 ECS 上，培养液和氧气灌注到内腔空间中，依靠蠕动泵的推动在系统中循环。细胞吸取从 LS 渗出的营养，迅速生长繁殖。1～3 周后细胞可占据所有纤维间空间，并在纤维表面堆积，密度可达 10^8 个/mL，甚至 10^9 个/mL。反应器侧壁上有接种和收集细胞及其产物的开口。

整个中空纤维培养系统除了中空纤维反应器之外，还有一些附件（见图 3-12），主要包括装盛培养液的容器（贮液器）、混合气体供应装置（供氧器）、蠕动泵以及连接各个附件的硅胶管。混合气体供应装置用于给培养液通入空气和 5%CO_2 的混合气体，蠕动泵用于推动

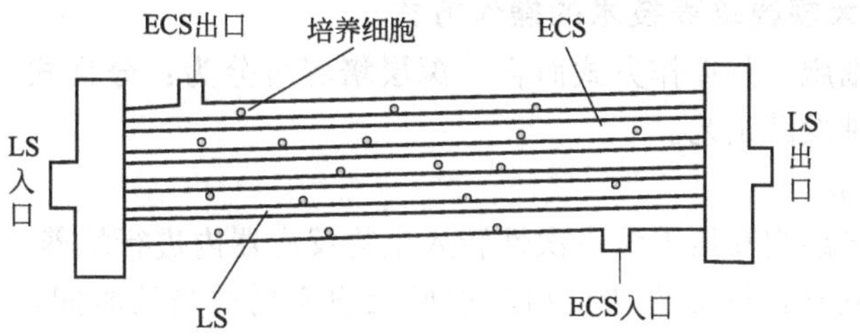

图 3-11 中空纤维生物反应器结构示意图

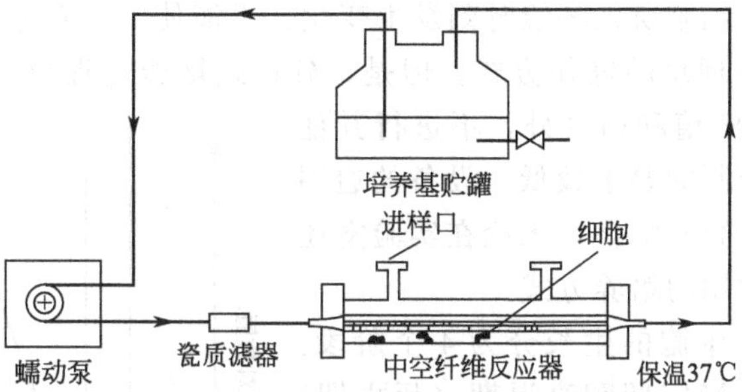

图 3-12 典型的封闭中空纤维反应器循环系统示意图

培养液流过中空纤维反应器并进行循环利用。整个系统连接好后，开启蠕动泵，培养液就会源源不断地流过中空纤维反应器并在各个附件之间循环，给所培养的细胞运送营养物质和带走代谢产物。

2. 中空纤维生物反应器的特点和应用

中空纤维生物反应器的优点主要有：占用体积小，培养面积大，且细胞密度高，最高可达 10^9 个/mL；培养过程不产生气泡，有利于细胞生长；无搅拌，不产生剪切力，不会对培养细胞产生损伤；适用对象广泛，既可以培养悬浮生长的细胞，又可以培养贴壁依赖型细胞；放大较为容易，有利于开展大规模培养；产物、细胞及培养液易于分离，且不易发生污染。因此，这种生物反应器用途较为广泛。自 1974 年美国 Amicon 公司研制设计了第一台中空纤维生物反应器（即 Vitafiber Ⅰ）以来，这类生物反应器的研制和更新已得到了迅速发展。

但中空纤维生物反应器也具有一些难以克服的缺点，主要有：细胞生长速度较慢；细胞代谢物质容易堵塞中空纤维壁上的孔径，造成营养传递困难；中空纤维不易清洗和维护；有些制造中空纤维的材料会对细胞的生长产生影响甚至是抑制作用。

中空纤维生物反应器的发展趋势是让细胞在管束外空间生长，以达到更高的细胞培养密度。目前中空纤维反应器已进入工业化生产，主要用于培养杂交瘤细胞来生产单克隆抗体。

（四）其他动物细胞培养反应器

一些中小型细胞培养生物反应器，如回转式生物反应器、填充床式生物反应器、流化床式生物反应器、摇床式生物反应器等，在科研和生产应用中也取得了很好的效果。还有一些厂家，如 Wave、NBS、Applikon 等在原有的技术基础上，推出了各种类型的一次性生物反应器，既简化了操作过程，方便了用户，也取得了较好的应用效果。尽管这些反应器应用并不普遍，生产规模也较小，但它们却能很好地满足一些新产品新型工艺的需要，在产品前期开发和工艺研究上发挥着不可替代的作用。

四、动物细胞大规模培养技术的操作方式

无论培养何种细胞，就操作方式而言，深层培养可分为：分批式、流加式、半连续式、连续式和灌注式5种发酵工艺。

（一）分批式培养

分批式培养是将细胞和培养液一次性转入生物反应器内进行培养，在培养过程中其体积不变，不添加其他成分，待细胞增长和产物形成积累到适当的时间，一次性收获细胞、产物、培养基的操作方式。它是细胞规模培养发展进程中较早期采用的方式，也是其他操作方式的基础。

对于分批式培养，细胞所处环境时刻发生变化，不能使细胞自始至终处于最优条件下，因而这种操作不是一种理想的操作方式。但是，分批式培养过程中与外部环境没有物料交换，除了控制温度、pH值和通气外，不进行其他任何控制，对设备和控制的要求较低，设备的通用性强，因此操作简单，容易掌握，无论在实验室还是在大型罐中都是最常用的培养方式。

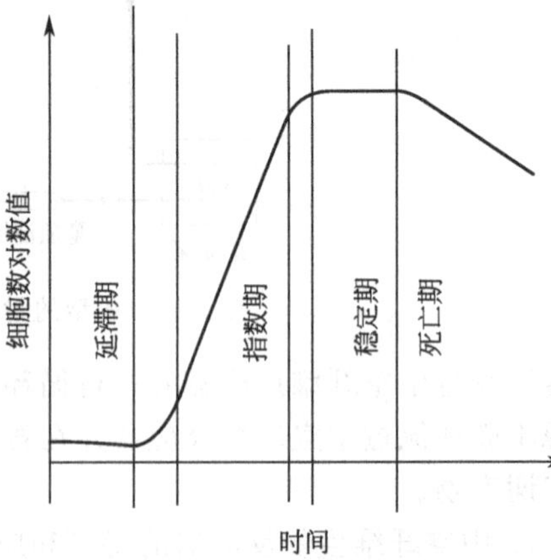

图3-13 分批式培养动物细胞生长曲线

分批培养过程中，细胞的生长分为4个阶段：延滞期、指数生长期、稳定期和衰退期（死亡期）（见图3-13）。分批培养的周期多在3～5天，细胞生长动力学表现为细胞先经历一段细胞的重量有所增加，但细胞的数量没有增加的延滞期。当细胞在延滞期完成一系列适应性变化后，细胞便迅速繁殖，进入指数生长期。经过指数生长期（48～72h），细胞密度达到最高值后，由于营养物质消耗或代谢毒副产物的累积，细胞生长进入稳定期。在稳定期内，细胞增加速度和细胞死亡速度达到平衡。稳定期以后，由于培养条件的恶化，细胞进入衰退期进而死亡。收获产物通常是在细胞快要死亡前或已经死亡后进行。

（二）流加式培养

流加式培养是指先将终体积1/3～1/2的培养液装入反应器中，在适宜的条件下接种细胞，在培养过程中根据细胞对营养物质的不断消耗和需求，流加浓缩的营养物或培养液，从而使细胞持续生长至较高的密度，目标产品达到较高的水平的培养方式。通常在细胞进入衰亡期或衰亡期后，进行终止，回收整个反应体系，分离细胞和细胞碎片，浓缩、纯化目标蛋白。

流加式培养的特点是能够调节培养环境中营养物质的浓度：一方面，它可避免某种营养成分的初始浓度过高而出现底物抑制现象；另一方面，它又能防止某些营养成分在培养过程中被耗尽而影响细胞的生长和产物形成。另外，流加式培养过程由于新鲜培养液的加入，整个培养体系的体积不断变化。

流加式培养是当前动物细胞培养中占有主流优势的培养工艺，也是近年来动物细胞大规模培养研究的热点。流加培养中的关键技术是流加基础培养基和浓缩的营养培养基，通常进行流加的时间多在指数生长后期，细胞在进入衰退期之前，添加高浓度的营养物质。可以添加一次，也可添加多次，为了追求更高的细胞密度往往需要添加一次以上，直至细胞密度不再提高。添加的成分比较多，凡是促细胞生长的物质均可以进行添加，最常见的流加物质是葡萄糖、谷氨酰胺、氨基酸和维生素等。

（三）半连续式培养

半连续式培养又称为重复分批式培养或换液培养，是在细胞增长和产物形成过程中，每间隔一段时间，从中取出部分培养物，再用新的培养液补足到原有体积，使反应器内的总体积不变的一种操作方式。

该操作方式的优点是操作简便，生产效率高，可长时期进行生产，反复收获产品，可使细胞密度和产品产量一直保持在较高的水平。在动物细胞培养和药品生产中被广泛应用。

（四）连续式培养

连续式培养是将细胞接种于一定体积的培养基后，为了防止衰退期的出现，在细胞达最大密度之前，以一定速度向生物反应器连续添加新鲜培养基，同时含有细胞的培养物以相同的速度连续从反应器流出，以保持培养体积的恒定的操作方式。理论上讲，该过程可无限延续下去。

连续式培养的优点是反应器的培养状态可以达到恒定，细胞在稳定状态下生长。稳定状态可有效地延长细胞的对数生长期。在稳定状态下细胞所处的环境条件如营养物质浓度、产物浓度、pH值可保持恒定，细胞浓度以及细胞比生长速率可维持不变。细胞很少受到培养环境变化带来的生理影响，特别是生物反应器的主要营养物质葡萄糖和谷氨酰胺，维持在一个较低的水平，从而使它们的利用效率提高，有害产物积累有所减少。但是连续式培养由于是开放式操作，加上培养周期较长，因此容易造成污染，细胞的生长特性以及分泌产物容易变异，对设备、仪器的控制技术要求也相应提高。

（五）灌流式培养

灌流式培养是把细胞和培养基一起加入反应器后，在细胞增长和产物形成过程中，不断地将部分条件培养基取出，同时又连续不断地灌注新的培养基。它与连续式操作的不同之处在于取出部分条件培养基时，绝大部分细胞通过细胞截流装置或其他方式保留在反应器内，而连续式培养在取培养物时同时也取出了部分细胞。

灌流式培养的优点是：细胞截流系统可使细胞或酶保留在反应器内，维持较高的细胞密度，一般可达10^7～10^9个/mL，从而较大地提高了产品的产量；连续灌流系统，使细胞稳定地处在较好的营养环境中，有害代谢废物浓度积累较低；反应速率容易控制，培养周期较长，可提高生产率，目标产品回收率高；产品在罐内停留时间短，可及时回收到低温下保存，有利于保持产品的活性。

连续灌流培养是近年用于动物细胞培养生产分泌型重组治疗性药物和嵌合抗体及人源化抗体等基因工程抗体较为推崇的一种方式。应用连续灌流工艺的公司有Genzyme、Genetic Institute、Bayer公司等。这种方法最大的缺点是污染概率较高，长期培养中细胞分泌产品的稳定性，以及规模放大过程中的工程问题等。

• 操作规程

（一）操作用品

（1）器材 BF310发酵罐（NBS公司）、DO电极、pH电极、冷却水循环机、CO_2培养箱、液氮罐、转瓶机、超纯水仪、倒置显微镜、高压灭菌锅、局部A级操作台、细胞培养瓶、聚酯片、酒精棉、10mL玻璃吸管等。

（2）试剂 胰酶溶液、血清培养基、75%酒精、PBS溶液、无血清培养基、Hank's溶液等。

（二）操作流程

通过血清-无血清培养驯化的方法，采用发酵罐大规模培养技术对CHO细胞进行培养，培养流程如图3-14所示。

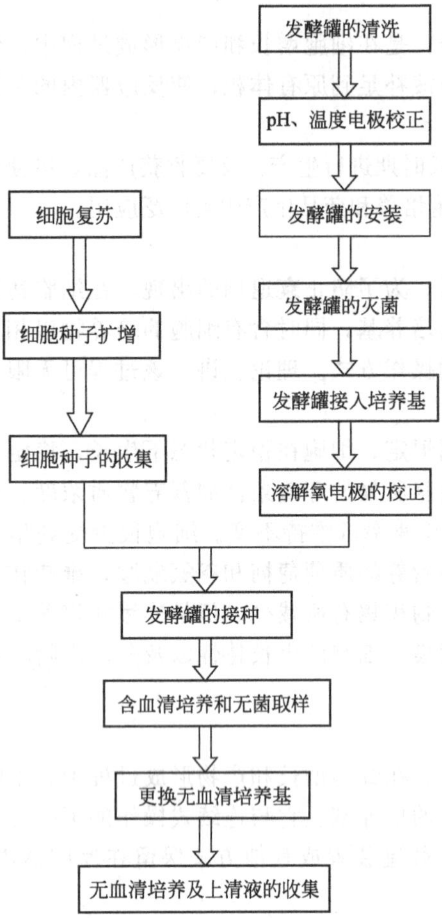

图 3-14 发酵罐大规模培养 CHO 细胞

（三）操作步骤

1. 细胞复苏

细胞复苏

(1) 将种子培养基从冷库中取出，置于室温下，使温度和室温接近后，用酒精对瓶外部进行消毒，然后放至局部 A 级操作台待用。

(2) 从液氮罐中取出一支细胞种子，迅速传至洁净车间，在 37℃进行水浴并轻轻摇动，使种子快速融化。

(3) 融化的种子放入离心机内，1000r/min，离心 10min，倒掉上清液。

(4) 点燃酒精灯，对种子管外壁进行酒精消毒后，放入局部 A 级操作台内。

(5) 在火焰旁用 10mL 吸管吸出种子培养基加入无菌方瓶中。

(6) 用 1mL 吸管分次吸出细胞悬液，逐滴加入细胞培养瓶，拧紧瓶盖，让方瓶贴着桌面轻轻摇动，使细胞分配均匀，给方瓶编号。

(7) 放入 CO_2 培养箱中进行培养，培养温度 36.5℃，二氧化碳浓度 5%，培养时间 2～4 天（视细胞生长情况及状态定）。

2. 细胞种子扩增培养

细胞种子扩增

(1) 方瓶传转瓶

① 在倒置显微镜下，仔细观察方瓶内的细胞生长状况，待方瓶中的细胞达到贴壁面 80% 以上时，即可进行传代操作。

② 在局部 A 级操作台内，向无菌转瓶中加入 200mL 种子培养基。

③ 从 CO_2 培养箱中拿出方瓶，对方瓶表面进行酒精消毒后，放入局部 A 级操作台内。

④ 打开瓶盖，倒掉方瓶内的培养基。

⑤ 用 10mL 玻璃吸管向方瓶中加入胰酶溶液 3～5mL，拧紧瓶盖。

⑥ 先用手摇动方瓶，使胰酶溶液湿过全部细胞，盖上瓶盖。再置 CO_2 培养箱内 1min。

⑦ 将方瓶转移至局部 A 级操作台内，用手轻轻拍打瓶壁，使细胞脱落并分散成单个细胞。

⑧ 加入 10mL 种子培养基终止消化，用 10mL 玻璃吸管从方瓶中吸出细胞悬液接入一个转瓶中，拧紧瓶盖。置转瓶机上，转速 17r/min，培养温度 36.5℃，培养 2～4 天。

(2) 转瓶扩大培养

① 在倒置显微镜下，仔细观察转瓶内的细胞生长状况，待转瓶中的细胞达到贴壁面 80%以上时，即可进行传代操作。

② 在局部 A 级操作台内，向无菌转瓶中加入 200mL 种子培养基。

③ 从转瓶机上拿出贴壁达到 80% 的转瓶，对转瓶表面进行酒精消毒后，放入局部 A 级操作台内。

④ 打开瓶盖，倒掉转瓶内的培养基。

⑤ 用10mL玻璃吸管向转瓶中加入胰酶溶液7～10mL，拧紧瓶盖。

⑥ 先用手摇动转瓶，使胰酶溶液湿过全部细胞，盖上瓶盖。再置于转瓶机上，转速17r/min，培养温度36.5℃，消化3min。

⑦ 将转瓶转移至局部A级操作台内，用手轻轻拍打瓶壁，使细胞脱落并分散成单个细胞。

⑧ 加入30mL种子培养基终止消化，用10mL玻璃吸管从转瓶中吸出细胞悬液，平均接入4个事先接好种子培养基的转瓶中，拧紧瓶盖。置转瓶机上，转速17r/min，培养温度36.5℃，培养2～4天。

⑨ 以此类推，直到扩大到30～40个转瓶，足够上一个细胞罐为止。

3. 细胞收集

(1) 在倒置显微镜下，仔细观察转瓶内的细胞生长状况，待转瓶中的细胞达到贴壁面80%以上时，即可进行传代操作。

(2) 在局部A级操作台内，点燃酒精灯。

(3) 从转瓶机上拿出长满80%的细胞瓶，用75%酒精棉球对转瓶颈部及瓶盖进行擦拭消毒后，放入局部A级操作台内。

细胞种子收集

(4) 拧下瓶盖，在酒精灯火焰旁，倒掉转瓶内的培养基。

(5) 用10mL玻璃吸管加入胰酶溶液6～10mL，先用手转动转瓶，使胰酶溶液湿过全部细胞，在酒精灯火焰保护下拧上瓶盖。

(6) 将拧上盖的转瓶从局部A级操作台内移至转瓶机上，转速17r/min，培养温度36.5℃，消化3min。

(7) 将转瓶转移至局部A级操作台内，用手轻轻拍打瓶壁，使细胞脱落并分散成单个细胞。

(8) 向转瓶内加入30mL种子培养基终止消化，轻轻摇动转瓶，使细胞全部悬浮于培养基中，并在酒精灯火焰旁盖上瓶盖。置于局部A级操作台面备用。

(9) 所有待收集的细胞，均按照上述(1)～(7)的步骤操作。

(10) 将已消化下来的细胞，在酒精灯火焰旁拧下转瓶瓶盖，将细胞悬液逐一用蠕动泵吸入无菌接种瓶中，用止血钳夹紧接种瓶各管路出口，再移交至发酵间，进行接种工作。

4. 发酵罐的清洗和安装

(1) 清洗　将发酵罐清洗干净，将DISK聚酯片清洗干净后，再用纯化水冲洗两遍。

(2) 安装

① O型圈涂抹硅油后，安装到罐体上端盖；将篮式搅拌桨底座滑入玻璃容器，直至容器底部。

发酵罐的安装

② 用铝箔纸盖住中心管，然后装入400～500g聚酯片介质填充成床，堆积完成后移走盖片，盖上聚酯片上盖板。

③ 安装罐体顶盖，并确保叶轮穿过筛网床的中央管，确保罐体顶盖上各个管路位置的正确。

④ 依照对角线原则拧紧管顶盖螺丝，并确保顶盖的每个螺丝拧紧的程度保持一致(确保罐体和罐顶盖密封良好，受力均匀)。

⑤ 安装补料、收获、取样、碱液、接种、排气等外部管路。然后在补料、收获、碱液、接种管路上接上空气滤器及接头，用铝箔纸保护接头，取样管路末端用铝箔纸包裹。

⑥ 向罐体内加入10L PBS溶液。

⑦ 安装 DO 电极和 pH 电极：小心地将电极插入孔中，在插入的过程中要慢慢旋转；当安装到位后，用手指拧紧螺母。pH 电极插入顶盖之前应校正好，高压时盖上盖，用时取掉。DO 电极插入顶盖之前应检查膜的完整和加入电极液。

⑧ 温度电极不能高压灭菌。发酵罐高压灭菌完毕待完全冷却后，将温度电极插入特定位置。

发酵罐的灭菌

5. 发酵罐灭菌

将安装好的发酵罐连同管道，一并搬入灭菌器内进行高压灭菌。

6. 罐培养前的检查与准备

(1) 将已灭菌的罐体搬至主机旁，安装在特定的位置。

(2) 检查各管道是否完好；检查主机的水源连接：先连接出水管，后连接进水管，然后打开冷却水循环机（水压不得超过 10 磅）。水源连接正常后检查主机排水管的连接。最后连接罐体夹套的进出水管。

罐培养前的检查与设定

(3) 在温度探头套管中加入 5mL 甘油，插入温度探头。

(4) 确保搅拌电动机处于连接状态。

(5) 摘除 pH 电极的顶端盖帽，连接 pH 电极电缆。摘去 DO 电极保护帽，连接 DO 电极电缆。参照说明书对 DO 电极进行校正。

(6) 将温度控制回路设为 AUTO。在温度的 SP 处输入一个数值，这个数值至少要小于目前数值 10℃，控制器将会自动打开电磁阀，进入冷却程序，向夹套里面加水。

(7) 检查罐体夹套进水情况和底座密封圈处是否漏水。

(8) 对泵流量进行标定。

(9) 将搅拌转速设定到 80r/min，之后将其控制模式设为 AUTO。

(10) 将温度设定到 25℃，之后将其工作模式设为 AUTO。搅拌到温度稳定后进行下一步操作。

发酵罐接入培养基

7. 发酵罐接入培养基

(1) 移除罐体内的 PBS 溶液　将罐体的排液导管和收获容器导管在火焰保护下对接，将罐内的 PBS 溶液抽完，在火焰保护下，无菌断开罐体收获导管和收获容器导管的连接，将玻璃接头套上橡皮筋并包上铝箔纸。

(2) 向罐内加入含血清培养基　在火焰保护下，将罐体进液管与含血清培养基、碱液连接向罐内加入含血清培养基，以培养基液面触到搅拌桨下沿为宜。将温度设定到 30℃。

发酵罐的接种

8. 发酵罐的接种

(1) 在无菌条件下，用玻璃接头连接进料口导管和接种瓶。

(2) 打开进料口导管夹，将种子悬液从接种瓶移至发酵罐内。

(3) 待所有细胞悬液移至罐内，用止血钳夹紧接种瓶的管路，在无菌条件下，断开进料口导管和接种瓶的连接。

(4) 用含血清培养基将罐内液体补足至 10L。

含血清培养和无菌取样

9. 含血清培养和无菌取样

(1) 设定参数，将 DO 设定为 60、pH 设定为 7.1～7.4。

(2) 在 4-Gas 界面，设置为 4-Gas 模式，并设定循环时间。设定气流速度为 0.2L/min。在主机能够控制 pH 和 DO 的情况下，最好将气流速度设置在较低的水平。如果在该气流速度下，主机不能控制 pH 和 DO，则可增加气流速度，一般设定为 0.5～2.0L/min。检查气流是否稳定及所有气体是否正确连接。

（3）慢慢把温度升至工作温度 36～37℃。设定碱液泵为 base 状态。在无菌条件下，用玻璃接头连接收获容器导管。设定收获泵泵速为 2L/d。

（4）接种结束 1h 后可以将搅拌速度设定至 70r/min，再逐渐过渡到 90r/min，因为此时的细胞已完成贴壁。

（5）定期取样测定培养基中的残余糖值，当糖值低于规定值时，开始补充新鲜的含血清培养基，同时开启收获泵，进入 6～8 天的连续灌流培养。

更换无血清培养基

10. 更换无血清培养基

（1）将罐内的含血清培养基全部排干净。

（2）用 Hank's 溶液清洗罐内及 DISK 片两遍。

（3）待罐内的 Hank's 溶液排干净后，向罐内加入新鲜的无血清培养基，再清洗一遍后，罐内加入新鲜的无血清培养基，进入无血清培养阶段。

无血清培养和上清液的收集

11. 无血清培养和上清液的收集

（1）无血清培养阶段参数的设定与血清培养阶段相同。

（2）将上清收获容器和发酵罐连接，通过蠕动泵实现上清的收集。

（3）培养 6～8h 后，开始灌流，同时开启上清液收获泵，开始收集上清液，灌流速度依照罐内糖值确定，罐内糖值控制在 1g/L 为宜。

【项目拓展知识】

一、植物细胞大规模培养技术的概念

植物细胞大规模培养技术是指在人工控制的条件下，高密度地大量培养有用的植物细胞，以工厂化生产植物性药物和生物制品的技术。自 1956 年 Nickell 和 Routin 第一次申请用植物组织细胞培养生产化学物质的专利以来，应用植物细胞大规模培养生产有用的次生代谢产物（或称次级代谢产物）的研究取得了很大的进展。随着生物技术的发展，大量培养植物细胞的技术日趋完善，并接近或达到工业生产的规模。目前可大规模培养的植物细胞有红豆杉细胞、长春花细胞、紫草细胞、毛地黄细胞、烟草细胞、银杏细胞、冬青细胞、黑麦草细胞、蔷薇细胞等。其中世界最大批量工业化培养细胞——烟草细胞已达 2×10^4L（20t）。大规模培养方法，主要有悬浮培养和固定化培养等。另外，还有与各种大规模培养方法相匹配的植物细胞生物反应器，常见的有搅拌式生物反应器、气升式生物反应器、鼓泡塔式生物反应器、填充床式生物反应器、流化床式生物反应器和膜式生物反应器等。

二、植物细胞大规模培养的应用和工业前景

（一）植物细胞大规模培养的应用

大规模培养植物细胞主要用于生产次级代谢产物（见表 3-3）。有些产物通过化学方法合成很不经济，有些产物其唯一来源只能是植物，而许多有价值的植物必须生长在热带或亚热带地区，还要受到其他自然条件（如干旱、疾病）和人为条件（如政策）的影响。最不能克服的是，有些植物从种植到收获要花几年时间，又很难选出高产植株，不能满足需要。因此，可以通过采用大规模植物细胞培养技术直接进行生产。目前，通过植物细胞大规模培养技术生产的植物次生代谢产物包括药用成分、香料、色素等，已经成功地培养出了紫草宁、人参皂苷、紫杉醇等一系列的天然植物次生代谢物质。

1. 植物药物

（1）抗癌药物——紫杉醇　紫杉醇是用于治疗卵巢癌、乳腺癌、肺癌的高效、低毒、广

谱而且作用机理独特的抗癌药物，被誉为20世纪90年代国际上抗肿瘤药三大成就之一。紫杉醇传统的生产方法是从红豆杉的树皮中提取。红豆杉生长缓慢，提取1kg的紫杉醇需要1000棵生长了100年的红豆杉。如果延续这种传统的做法红豆杉很快就会从地球上消失，而利用植物细胞培养的方法直接进行紫杉醇的生产就可以解决这个问题。1991年，有人用75000L生物反应器生产紫杉醇获得成功。

表3-3 工业化生产的植物细胞培养产物

名称	价格/(USD/kg)	用途	名称	价格/(USD/kg)	用途
长春新碱	≤1000000	抗肿瘤药物	紫草宁	4000	消炎、抗菌、染料
长春花碱	≤3500000	抗肿瘤药物	苦橙花油	1125	香料
保加利亚玫瑰油	2000～3000	香料、调味品	吗啡	600	麻醉剂、镇痛药
毛地黄毒苷	3000	心肌功能障碍	当归根油	800	香料、中药
辅酶Q_{10}	600	强心剂	春黄菊油	500	香料、药物
可待因	650	麻醉剂、镇痛药	茉莉	500～2000	香料

（2）疗伤药物——紫草宁　紫草宁可用作创伤、烧伤以及痔疮的治疗药物。紫草宁是典型的通过大规模培养植物细胞生产的产品，既可入药又可作为染料，每千克价值高达4500美元。紫草需要生长2～3年，其紫草宁浓度才达到干重的1%～2%，远不能满足需要。而通过大规模培养紫草细胞可在短时间内（3周左右）大量生产紫草宁（干重的14%左右）。1984年，日本三井石油化学公司将大规模培养紫草细胞生产的紫草宁色素投入市场，成为药用植物细胞工程的第一个产品化和商业化的例证。

（3）保健药物——人参皂苷　人参皂苷是名贵中药人参和西洋参的主要成分。1964年，罗士伟首先成功地进行了人参组织培养。随后日本、前苏联、德国、美国等地的研究人员都先后发表了关于人参组织培养的研究报告。这一研究之所以成为热门，原因就在于人参天然资源极少，价格昂贵，而且人工栽培周期很长。为此日本于1986年开始用13L培养罐悬浮培养人参细胞从中提取人参皂苷。古谷于1970年、Theng于1974年先后从人参根、茎、叶的愈伤组织中的人参皂苷分离出人参苷Rb1和Rb2，并证明这些成分的药理与生药人参相同，含量相当于人参根的50%，占鲜重的1.3%。

2. 食用香料——香兰素

香兰素是重要的食用香料之一，具有香荚兰豆香气及浓郁的奶香，是食品添加剂行业中不可缺少的重要原料，它广泛应用于食品、巧克力、冰淇淋、饮料以及日用化妆品中，起增香和定香作用，世界年消费量约为平均每人20g。由于种植香子兰的过程需要对花朵进行人工授粉，劳动强度高，难以大规模栽种，因此，每年实际从香荚兰豆中提取的香兰素只有20t。目前，美国已开始采用植物细胞培养法生产香兰素，生产成本为每千克2000美元，比化学合成法的生产成本减少20美元。

3. 天然色素——花青素

现在各种合成色素的不合理使用，越来越危害人类的健康，寻求无毒、安全的天然色素就显得无比重要。花青素广泛存在于各种植物物种中，用作食品添加剂可呈现出诱人的自然红色。

1987年和1989年Iiker和Francis建议用植物细胞培养的方法来生产花青素。在此之后，有许多研究单位和工厂进行深入细致的研究。目前已报道的能产生花青素的植物有：翠菊属、甜生豆、矢车菊属、玫瑰花、紫菊属、苹果、葡萄、胡萝卜、野生胡萝卜、葡萄藤、土当归、商陆、筋骨草属、靶苔属等。

近年来，植物细胞大规模培养还用在了生物转化方面，例如在烟草细胞培养中能使蒂巴因去甲基而成为吗啡，但由于在植物细胞的生物转化大规模培养方面遇到传代细胞变异的问题，难于实现大规模的工业化生产，因此发展缓慢。

(二) 植物细胞大规模培养的工业化前景

利用植物细胞大规模培养生产药物、食品添加剂、调料、香精和颜料等日用化工产品(见表 3-4)，成为植物生物技术的一个重要组成部分，并在日益发展成为一个新兴的产业。植物次生代谢产品具有广阔的市场前景。据预测，全美国治疗白血病的长春花碱的年销售额达到 18 亿～20 亿美元，治疗疟疾的奎宁年销售额达到 5 亿～10 亿美元，治疗心脏病的毛地黄年销售额达到 20 亿～55 亿美元。治疗循环系统障碍的阿吗灵全世界的年销售额达到 5 亿～25 亿美元，杀虫药物致热素全世界的年销售额达到 20 亿美元。

表 3-4　利用组织及细胞培养技术生产的植物次级生产物

产品类别	产品实例	用途
酶制剂	木瓜蛋白酶、菠萝蛋白酶、麦芽糖酶等	食品和皮革加工
生物碱类	莨菪烷(颠茄根愈伤组织中提取)，莨菪碱(茎愈伤组织中提取)	麻醉药品
	利血平(鸭脚树种子愈伤组织中提取)	降压药
甾体类	性激素，可的松中的核柯皂苷元和地奥皂苷元(薯蓣愈伤组织中提取)	激素类药品
	强行配糖体(紫花毛地黄愈伤组织中提取)	心脏病药品
萜类	人参皂苷、人参二醇、人参三醇、油烷酸(均从人参根愈伤组织中提取)	健身药品
天然色素类	类胡萝卜素(从胡萝卜、单冠毛菊、薄荷、蔷薇、万寿菊等植物的愈伤组织中提取)	食品加工、饲料添加剂
	叶黄素(从胡萝卜、薄荷、蔷薇、万寿菊中提取)	

三、植物细胞大规模培养流程

植物细胞大规模培养的流程如图 3-15 所示，首先在无菌条件下，切出其内部组织薄片，获得初代培养植物材料的组织片块；其次将组织片块移植于合适的培养基。组织的细胞便恢复其分裂机能，通过反复分裂终于形成无定形的细胞群，即愈伤组织；再次，将愈伤组织或其他易分散的组织置于液体培养基中，进行振荡培养，使组织分散成游离的悬浮细胞，通过继代培养使细胞增殖，获得大量的细胞群体；最后，小规模的悬浮培养在培养瓶中进行，大规模者可利用发酵罐。

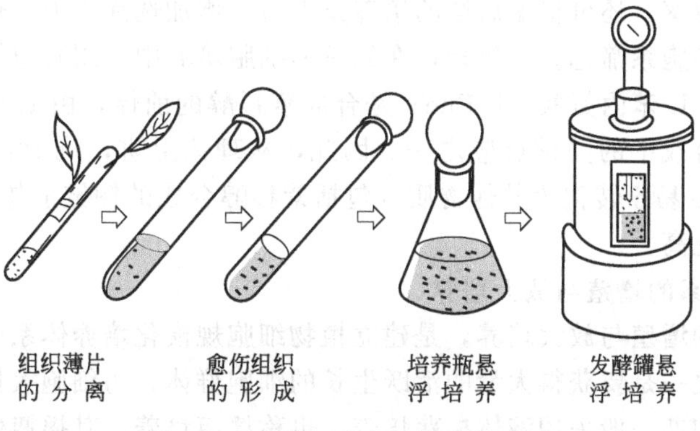

图 3-15　植物细胞大规模培养流程

四、植物细胞的规模化培养体系的建立

植物细胞规模化培养的目的是生产天然产物。要达到提高天然产物产量的目的，必须从

培养初始就选择具有较高生产潜力的细胞系，然后通过一系列技术控制，最终达到尽可能高的天然产物产量。下面介绍植物细胞大规模培养体系建立的主要技术环节。

(一) 种子细胞的选择

不同植物产生的天然产物是不同的（表 3-5)，这是因为它们具有不同的遗传基础。因此，在确定生产某一种化合物以后，首先必须准确选择那些能够产生目的产物的植物种类及其单株。由于天然产物一般为次生代谢产物，而植物次生代谢产物的积累具有组织器官特异性，因此，在起始细胞培养时应尽量选择自然状态下产生天然产物的器官、组织为外植体。在起始材料选择好后，一般经过前述的细胞培养过程，首先建立培养细胞系，由起始材料建立的细胞系如果目的产物符合要求，即可进入下一个环节的生产。

表 3-5 部分代表性植物次生产物及其植物资源

次生产物	植物资源
可待因(植物碱)	罂粟(*Papaver somniferum*)
薯蓣皂碱配基	三角叶薯蓣(*Dioscorea deltoidea*)
奎宁	金鸡纳树(*Cinchona ledgeriana*)
地高辛(异羟基洋地黄毒苷元)	狭叶毛地黄(*Digitalis lanata* Ehrh.)
莨菪胺	曼陀罗(*Datura stramonium*)
长春花碱	长春花(*Catharanthus roseus*)
除虫菊酯	除虫菊(*Chrysanthemum cinerariifolium*)
茉莉油	茉莉花属(*Jasminum*)

注：引自 Ramawat 和 Merillon，1999。

在大多数情况下，来自起始材料的细胞系通常是一个异质细胞群体，细胞间在次生产物积累能力上有很大差异。李志勇等（2002）直接利用起始培养细胞，挑选不同细胞团建立了10 个大蒜细胞悬浮系。

另外，研究表明单细胞克隆结合诱变和压力筛选，是获得高产种子细胞常用的方法。

高产种子细胞克隆的方法是采用前述的单细胞培养方法，将每个单细胞扩增形成的愈伤组织取一半进行成分含量分析，另一半保留培养。当选择出高产细胞系后，即对相应的组织进行增殖培养，再进入悬浮培养过程，为进一步规模化培养提供种子细胞。在高产细胞筛选中，为了提高筛选效率，还可根据后续的培养条件适当增加选择压力，也可采用一些突变的方法进行高产突变细胞系筛选。近年来，在红豆杉细胞培养中采用胁迫筛选，已获得一批高产紫杉醇的细胞系。L-苯丙氨酸（L-Phe）是合成紫杉醇的前体，由 L-Phe 参与的侧链酪化反应是紫杉醇生物合成中的关键反应之一。因此，从理论上讲，抗 Phe 的红豆杉细胞可大量合成 Phe 或者 Phe 易于转化为其他物质（包括紫杉醇合成的侧链前体物质），从而可能有利于紫杉醇含量的提高。

(二) 种子细胞系的增殖与放大培养

种子细胞体系的增殖与放大培养，是建立植物细胞规模化培养体系的中间环节。在这一环节中，主要目的之一是要获得大量的活跃生长的细胞群体，为细胞大批量生产准备基础材料。种子细胞增殖初期一般采用液体振荡培养，也称摇瓶培养。其摇瓶体积一般从几百毫升到几升逐级放大。在此过程中，应不断检测细胞放大培养中因培养体积的增加所引起的细胞生长特性和目的产物含量的变化情况。当细胞数量增加到一定程度时，应转移至体积较小的生物反应器培养，模拟大规模培养控制条件，为大体积反应器培养提供技术参数。

(三) 大规模培养体系的建立

植物细胞大规模培养体系的建立主要采用以下两种方法。

(1) 一步法逐级放大　对于细胞生长与目的产物合成同步的类型，一般采用此方法建立大规模培养系统。

(2) 两步法　用于目的产物合成在细胞生长发育到一定时期进行，细胞生长和产物合成需要不同的培养基的类型。先在细胞生长培养基中培养大批量细胞，当细胞生长至合成产物的阶段后，再将其转入到产物合成培养基中培养。如果采用固相培养方式生产次生产物，一般均需采用两步法建立体系。

五、植物细胞的大规模培养方法

目前用于植物细胞大规模培养的方法主要有植物细胞的大规模悬浮培养和植物细胞或原生质体的固定化培养。

(一) 植物细胞的大规模悬浮培养

自从20世纪50年代Muir、Steward以及Nickell等分别采用一些植物的愈伤组织实现液体悬浮培养以来，植物细胞悬浮培养技术至今已得到不断的发展和完善。培养方式也已从分批培养到连续培养。培养方式上的改进为细胞悬浮培养的应用开辟了更加广阔的前景。在应用上多采用连续培养方式，进行某些植物有效成分的工业化生产。

植物细胞大规模悬浮培养的基本原理与实验室悬浮培养方法一致。但进行大规模植物细胞悬浮培养时，由于植物细胞的自身特点，会使得植物细胞培养液的特性发生变化，因此在气体的调节、泡沫的控制、剪切力的影响等方面比实验室小规模悬浮培养要复杂得多。

1. 悬浮培养中的植物细胞的特性

与微生物细胞相比，植物细胞具有以下特性：

① 植物细胞要比微生物细胞大得多，其平均直径为微生物细胞的30～100倍。

② 植物细胞有纤维素细胞壁，细胞耐拉不耐扭，抵抗剪切力差。

③ 植物细胞很少以单细胞形式悬浮存在，通常是以细胞数在2～200之间的细胞团的方式存在。在相同的浓度下，大细胞团的培养液的表观黏度明显大于小细胞团的培养液的表观黏度。另外，不少细胞在培养过程中容易产生黏多糖等物质，因此植物细胞培养液黏度大。培养液黏度大使氧传递速率降低，影响了细胞的生长。

④ 植物细胞的生长速度慢，即使间歇操作也要2～3周，半连续或连续操作更是长达2～3个月。另外，植物细胞培养培养基的营养成分丰富而复杂，很适合真菌的生长。因此，在植物细胞培养过程中，保持无菌的任务更艰巨。

由于植物细胞有其自身的特性，尽管人们已经在各种微生物反应器中成功地进行了植物细胞的培养，但是植物细胞培养过程的操作条件与微生物培养是不同的。

2. 植物细胞大规模悬浮培养过程中的O_2和CO_2调节

所有的植物细胞都是好气性的，需要连续不断地供氧。与微生物培养过程相反，植物细胞培养过程并不需要高的气液传质速率，而是要控制供氧量，以保持较低的溶解氧水平。如长春花细胞培养时，当通气量从0.25L/(L·min) 上升至0.38L/(L·min) 时，细胞的相对生长速率可从$0.34d^{-1}$上升至$0.41d^{-1}$；而当通气量再增加时，细胞的生长速率反而会下降。这就说明过高的通气量对植物细胞的生长是不利的，会导致生物量的减少。这一现象很可能是在高通气量条件下，由气泡带来的扰动使细胞处于更强的剪切环境下。其次，高通气量下CO_2和其他对细胞生长、代谢有利的气体从培养液中挥发，导致细胞生长减慢，因此植物细胞应生长在各种气体成分相协调的环境中。另外，通气、搅拌及细胞外蛋白质的分泌能导致反应器中产生大量泡沫，而这有时能对植物细胞的培养产生不利影响。

CO_2 的含量水平对细胞的生长同样相当重要。研究发现，植物细胞能非光合地固定一定浓度的 CO_2，如在空气中混以 2%～4% 的 CO_2 能够消除高通气量对长春花细胞生长和次级代谢物产率的影响。因此，对植物细胞培养来说，在要求培养液充分混合的同时，CO_2 和氧气的浓度只有达到某一平衡时，才会很好地生长，所以植物细胞培养有时需要通入一定量的 CO_2 气体。

3. 植物细胞大规模悬浮培养过程中泡沫的控制

植物细胞大规模培养中易产生大量的泡沫，且覆盖有蛋白质和黏多糖，因而黏性大，细胞极易被包埋在泡沫中，形成非均相培养。尽管泡沫对于植物细胞来说，其危害性没有微生物细胞那么严重，但如果不加以控制，随着泡沫和细胞的积累，也影响培养系统的稳定性和生产率。目前通常采用化学和机械两种方式控制泡沫。

化学法通常采用一些表面活性剂以消除泡沫。用于植物细胞培养泡沫控制的化学消泡剂需满足以下条件：具有较低的表面张力和一定的亲水性，以使消泡剂对气/液界面的分散系数足够大，消泡作用迅速有效；化学性质稳定，在水中溶解度小，不与次生产物起任何化学反应，对植物细胞无毒害；不影响气体在营养液中的传递和溶解；来源方便，价格便宜。常用的化学消泡剂包括天然油脂类、高级醇类、聚醚类和硅酮类，实际应用中必须根据所培养的植物种类、次生产物特性等具体选择。

机械消泡不同于化学消泡，它是靠机械装置实现的。机械消泡的优点是不需在培养液中加入其他物质，从而减少了由于消泡剂所引起的污染和对后续分离工艺的影响。但机械消泡效果常不如化学消泡迅速彻底，同时机械消泡也会增加培养装置的复杂性。

4. 植物细胞大规模悬浮培养过程中剪切力的影响和控制

在大规模培养中，植物细胞对剪切力的敏感性一直是力求解决的主要技术问题之一。流体剪切力对植物细胞的影响包括正负两个方面。适当的剪切力可以增加培养系统的通气性，保持良好的混合状态和分散性，从而提高细胞的生物量和增加次生产物的积累。剪切力对植物细胞的伤害，主要表现在机械损伤，表现为细胞团变小、细胞破损等。由于这些损伤，造成了细胞内含物释放到培养基中，从而改变培养系统的物理特性如 pH、流变特性等，进而影响整个培养系统的细胞生长和产物积累。影响植物细胞的剪切力主要来自搅拌力。在机械搅拌式反应器中，搅拌力取决于搅拌桨的形式和搅拌速度，气升式反应器的剪切力则主要取决于通气速率。不同细胞对剪切力的忍耐度是不同的，在选择反应器时对脆弱的细胞宜选用低剪切环境的反应器。

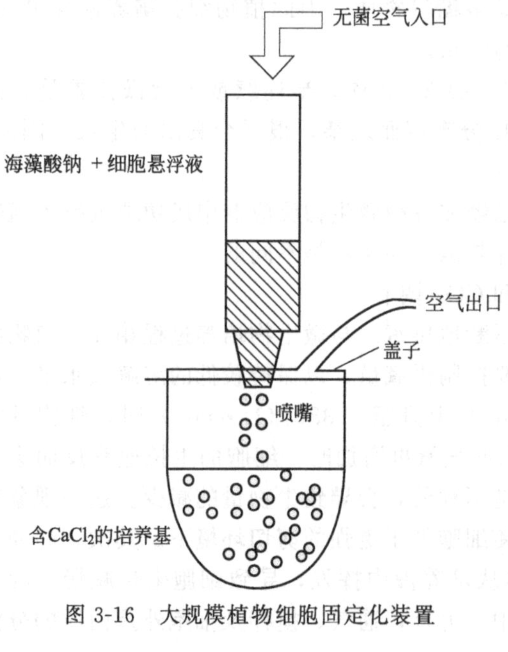

图 3-16 大规模植物细胞固定化装置

（二）植物细胞或原生质体的固定化培养

经过多年的研究发现，与悬浮培养相比，固定化培养具有很多优点，如提高了次生物质的合成和积累、能长时间保持细胞活力、抗剪切能力强、耐受有毒前体的浓度高、遗传性状较稳定、换液方便等。这些优越性使固定化细胞培养具有很大的吸引力。现在植物细胞的固定化培养在植物细胞的大规模培养中得到不断的发展，逐步显示其优势。

大规模植物细胞的固定化，原则上可根据实验室的植物细胞固定化方法进行，但其固定化装置需要进行改进。如用海藻酸钙凝胶包埋法固定植物细胞时，小规模的植物细胞固定化可用无菌的塑料注射器进行；大规模的细胞固定化不能再用塑料注射器，而需要采用如图 3-16所示的大规模细胞固定化装置进行细胞的固定化。

原生质体比完整的细胞更脆弱，因此，只能采用最温和的固定化方法进行固定化，通常是用海藻酸盐、卡拉胶和琼脂糖进行固定化。

六、植物细胞生物反应器

植物细胞培养反应器最初大多采用微生物反应器。但植物细胞较微生物细胞大，对剪切力耐受性差，而且对氧的要求相对微生物要低得多，因此微生物反应器并不完全适合于植物细胞生长与生产。目前，出现了许多有别于传统微生物反应器的植物细胞培养反应器并在不断完善，已应用的部分植物细胞培养生物反应器种类见表 3-6。

表 3-6 植物细胞培养生物反应器

反应器类型	体积/L	培养植物种类
搅拌式	7,15	胡萝卜(*D. carota*)
搅拌式	20,15500	烟草(*N. tabacum*)
搅拌式	5000	长春花(*C. roseus*)
螺旋搅拌式	20	五彩苏(*C. buimei*)
提升搅拌式	2.5	爱氏马先蒿(*P. elliotii*)
膜通气搅拌式	20	唐松草(*Trugosun*)
鼓泡式	20,30,130	银杏(*Ginkgo*)
鼓泡式	65,1500	烟草(*N. tabacum*)
倾斜鼓泡式	1,10	花菱草(*E. californica*)
外循环气升式	10,30,85	长春花(*C. roseus*)
导筒气升式	20,210	狭叶毛地黄(*D. lanata*)
转鼓式	1～4	长春花(*C. roseus*)

注：引自黄艳等，2001。

从表 3-6 可看出，目前用于植物细胞培养的反应器主要有搅拌式、非搅拌式（鼓泡式、气升式），另外还有植物细胞固定化反应器等。

（一）搅拌式生物反应器

搅拌式生物反应器由一个两头封闭的圆柱形筒和中心具有叶轮的搅拌轴组成，有自动调节 O_2、CO_2 和 pH 的装置，搅拌轴转动即可搅拌细胞。机械搅拌式生物反应器有很多优点，如混合性能好、传氧效率高、操作弹性大、可用于细胞高密度培养等，因此搅拌式生物反应器在细胞悬浮培养中广泛使用，已成为植物细胞培养的首选反应器。然而，由于植物细胞对搅拌时所产生的剪切力的忍耐性较差，传统的搅拌式反应器通常易对植物细胞产生伤害。为了适应植物细胞培养的要求，植物细胞生物反应器在微生物发酵罐的基础上做了如下改进：①改变叶轮结构与类型，一般改叶轮式为

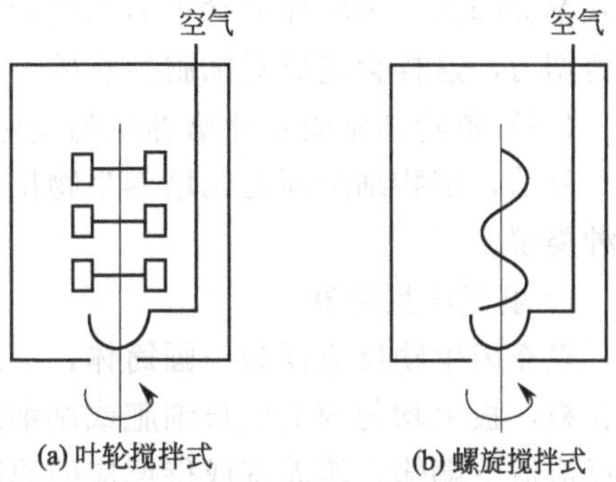

图 3-17 叶轮结构与类型

螺旋式（见图 3-17）。②改变搅拌形式，在较低的搅拌速度下变换搅拌的方向可以降低剪切力，搅拌器的搅拌方向每 10s 变换 1 次时，30r/min 的搅拌速度就可以有较好的混合性能。

（二）非搅拌式生物反应器

相对于传统的搅拌式反应器，非搅拌式反应器所产生的剪切力较小，结构简单，因此被认为适合植物细胞培养，其主要类型有鼓泡式反应器、气升式反应器等。

1. 气升式生物反应器

植物细胞生长较慢，所用的生物反应器应具有极好地防止杂菌污染的能力。搅拌式生物反应器搅拌轴和罐体间的轴缝往往容易因泄漏而造成染菌源，气升式生物反应器在这方面有比较大的优越性，它由一个两头封闭的圆柱形筒和小内筒组成。它依靠大量通气造成上升液体和下降液体的静压差来实现气流循环，以保证反应器内培养液良好的传热、传质，具有结构简单、没有泄漏点、剪切力小、氧传递速率较高、在长期的植物细胞培养过程中容易保持更好的无菌状态，且运行成本和造价低等优点。因而自 20 世纪 70 年代后期开始，较多采用气升式生物反应器进行植物细胞培养。气升式生物反应器的缺点是操作弹性小，低气速在高密度培养时，其混合效果较差，植物细胞生长较慢。通气量的提高会导致产生泡沫和较高的溶解氧，且泡沫会夹带一些有用的挥发性物质（如 CO_2 等），这会严重影响植物细胞的生长。为加强气升式反应器的混合效果，带有低搅拌速度的气升式反应器在培养某些植物时已获得了较好的效果，另外，利用分段的气升管，也有利于氧的利用和混合。

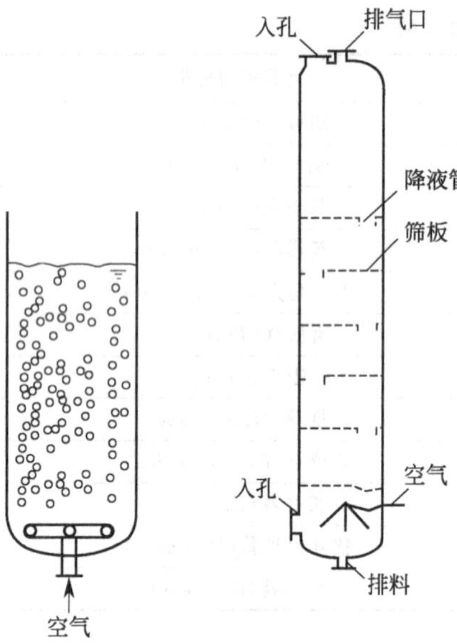

图 3-18 鼓泡式反应器

2. 鼓泡式生物反应器

鼓泡式生物反应器，又称鼓泡柱生物反应器，是最简单的气流搅拌生物反应器。鼓泡式生物反应器的罐体为一个较高的柱形容器，气体作为分散相由反应器底部的气体分布器进入，以气流的动力实现反应体系的混合（见图 3-18）。

鼓泡式生物反应器没有活动的搅拌装置，整个系统密闭，容易长期保持无菌操作，气体从底部通过喷嘴或孔盘穿过液池实现气体的传递和物质的交换，培养过程中无需机械能的消耗，适合于培养对剪切力敏感的细胞。但鼓泡式生物反应器混合性能差，对氧的利用率较低，对于高密度及黏度较大的培养体系，反应器的培养效率会降低。为增加氧含量需采用较大通气量，而增加通气量所产生的湍流会提高反应器的剪切力，这样会造成对细胞生长的不利影响。因此鼓泡式生物反应器的应用不尽理想。

（三）植物细胞固定化培养生物反应器

目前，植物细胞固定化培养生物反应器主要有填充床反应器、流化床反应器和膜反应器三种类型。

1. 填充床反应器

填充床生物反应器为一圆筒体，一般内部无换热构件，下部装有一块支撑细胞或载体的多孔板，板上均匀铺上生长细胞或供细胞在上面生长的载体，床层可以是单层或几层。一般从反应器下端输入培养基或待反应的原料液，上端流出含较高浓度产品的发酵液或反应液。填充床反应器如图 3-19(a) 所示。填充床生物反应器已被用于植物细胞的培养。此法的优点在于单位体积固定细胞量大，反应速率较大。但填充床反应器存在混合不均匀、床内氧传递速率低等主要缺点。

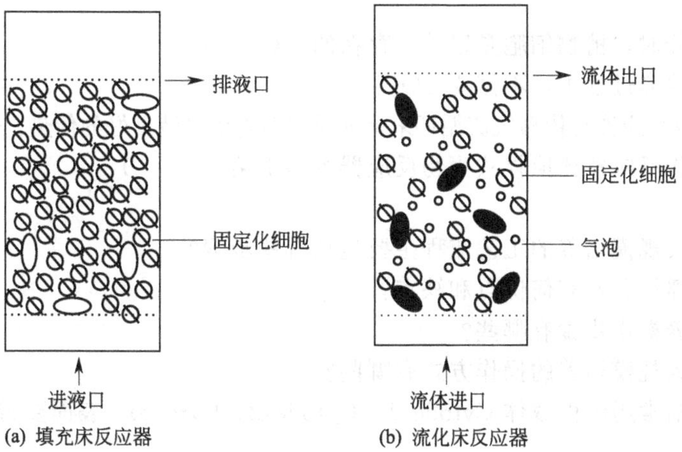

图 3-19　填充床反应器和流化床反应器

2. 流化床反应器

流化床反应器一般由壳体、气体分布器（液体分布器）、内部构件（挡板、挡网）、内部换热器等以及固体颗粒加入和卸出装置所组成，是通过流体的上升运动使固体颗粒流态化[如图 3-19(b) 所示]，因此通常采用小固定化颗粒。反应器中利用流质的能量使支持物颗粒处于悬浮状态，混合效果较好。但流体的切变力和颗粒的碰撞常造成颗粒破损使细胞外流，同时流体力学的复杂性也使其放大困难。

3. 膜反应器

膜反应器采用的是具有一定孔径和选择性透性的膜来固定植物细胞，营养物质可通过膜渗透到细胞中，细胞生产的目的产物通过膜释放到培养基中。相对于其他两种固定化反应器，膜反应器具有容易控制、易于放大、产物易分离以及简化了下游工艺等特点。但由于膜材料的限制，构建膜反应器的成本较高。

【项目难点自测】

一、名词解释

动物细胞大规模培养技术、微载体、中空纤维、动物细胞培养反应器、植物细胞大规模培养技术

二、填空题

1. 在动物细胞大规模培养技术中，能为细胞提供贴附表面的培养基质目前主要有________、________、________和________。

2. 无论何种细胞培养，就操作方式来讲，深层培养可分为：分批式、________、半连续式、连续式和________。

3. 针对动物生长特性开发的搅拌式生物反应器，主要有________、双层笼式通气搅拌反应器等。

4. 植物细胞规模化培养的目的是________。

5. ________是获得高产种子细胞常用的方法。

6. 目前用于植物细胞大规模培养的方法主要有________和植物细胞或原生质体的固定

化培养。

7. 植物细胞固定化生物反应器有三种类型，即：________、________和________。

三、判断题

1. 在悬浮培养时，植物细胞是以单一存在的。(　　)

2. 植物细胞培养过程中，不需要 CO_2。(　　)

3. 气升式生物反应器是依靠气流循环来保证反应器内培养液良好的传热、传质的。(　　)

4. 气升式生物反应器比搅拌式生物反应器容易染菌。(　　)

四、简答题

1. 动物细胞大规模培养的工艺流程主要包括哪些步骤？

2. 什么是悬浮培养？有何优点和缺点？

3. 微载体培养操作步骤有哪些？

4. 动物细胞大规模培养的操作方式有哪些？

5. 为什么目前常用的微载体 Cytodex1、Cytodex2、Cytodex3 表面要带正电荷或者包裹胶原？

6. 不同动物细胞生物反应器各自有何特点，又有哪些不足？能否在现有基础上提出些改进的方法？

7. 植物细胞大规模培养有哪几方面的应用？

8. 植物细胞大规模培养体系的建立主要包括哪些技术环节？

9. 说说过高的通气速率对植物细胞生长不利的原因？

10. 植物细胞悬浮培养时产生的泡沫有何特点？

11. 常见的植物细胞生物反应器有哪些？各有何优缺点？

项目四　抗人血白蛋白杂交瘤细胞系的制备

【项目介绍】

一、项目背景

糖尿病病人一般伴有多种并发症，其中肾病是糖尿病患者的重要死亡原因。早期糖尿病肾病最重要的现象是尿中出现微量白蛋白，即尿中人血白蛋白排出量为 30～300mg/24h。所以糖尿病患者应定期检测尿中微量白蛋白，以做到早发现早治疗。我国糖尿病患者目前已达 9200 多万，因此迫切需要开发一种操作简单、判读方便、结果准确的尿白蛋白检测方法。

针对上述情况，北京某生物制药公司打算开发一种患者能自行使用的、快速准确的尿微量白蛋白检测试剂盒。在开发过程需要一种重要的原料，那就是抗人血白蛋白单克隆抗体。假设你是该公司研发部门的实验员，你所在的工作小组承担的任务是：制备抗人血白蛋白单克隆抗体杂交瘤细胞，以用于抗人血白蛋白单克隆抗体的生产。你们需要研究杂交瘤技术的方法原理、准备仪器药品、摸索实验条件和操作要点、撰写研究报告。任务完成后将对你们组的每一位成员进行考核。

二、学习目标

1. 能力目标

① 会采用正确的方法和操作，完成细胞融合及细胞克隆工作。

② 会综合利用相关文献资料设计制备杂交瘤细胞的实验方案，并利用此方案制备杂交瘤细胞。

2. 知识目标

① 掌握单克隆抗体的概念和杂交瘤技术的基本原理。

② 掌握杂交瘤技术制备单克隆抗体的主要过程。

③ 了解细胞的基因转染技术。

3. 素质目标

① 能通过文字、口述或实物展示自己的学习成果。

【思政案例】

② 具备良好的社会责任感，进一步树立生物产品质量意识、安全生产意识和环保意识。

三、项目任务

① 人血白蛋白免疫小鼠的准备。

② 骨髓瘤细胞和脾细胞的融合。

③ 抗人血白蛋白杂交瘤细胞的筛选。

④ 抗人血白蛋白杂交瘤细胞的克隆培养。

【项目实施】

任务一　人血白蛋白免疫小鼠的准备

• 必备知识

一、单克隆抗体的概念

抗原上可以引起机体产生抗体的分子结构，叫做抗原决定簇。一个抗原上可以有好几个不同的抗原决定簇，进入机体后会刺激好几种 B 细胞增殖，因而使机体产生好几种不同的抗体（见图 4-1），称为多克隆抗体。因此，用同一抗原免疫动物所产生的抗体实为多种抗体的混合物。用这种传统方法制备的抗体纯度较低、特异性较差、易引起交叉反应和过敏反应，且产量有限。

单克隆抗体是由一种 B 细胞克隆所产生的只针对某一特定抗原决定簇的抗体分子。因此单克隆抗体性质纯、效价高、特异性强，可以避免交叉反应，提高了抗原抗体反应的敏感性和特异性。

二、杂交瘤技术制备单克隆抗体的基本原理

杂交瘤技术制备单克隆抗体的基本原理如图 4-2 所示。

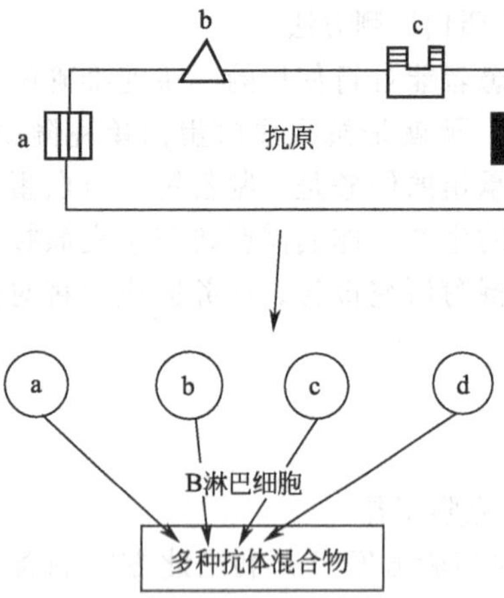

图 4-1 同一抗原刺激机体产生多种抗体的过程

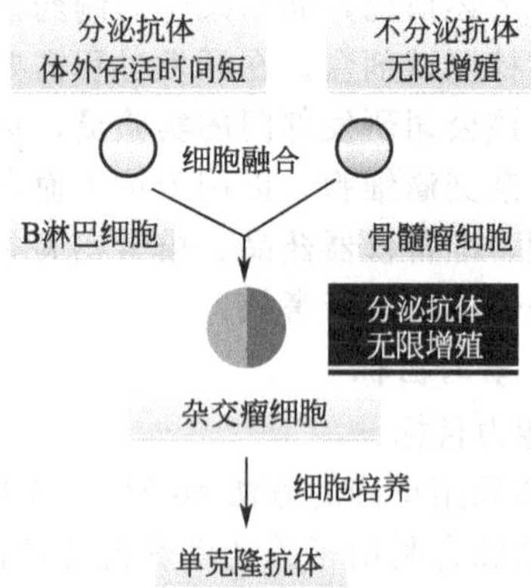

图 4-2 杂交瘤技术制备单克隆抗体的基本原理

小鼠骨髓瘤细胞能在体内外无限增殖和分泌无抗体活性的免疫球蛋白，而免疫小鼠脾细胞具有产生抗体的能力，但不能无限增殖。采用融合剂聚乙二醇（PEG）等将这两种细胞融合成杂交瘤细胞，这种杂交瘤细胞具有亲代细胞的主要特征：既能在人工培养基上无限增殖，又能产生特异性的抗体。由于每一个被免疫的淋巴细胞只能对某个单一的抗原决定簇产生特异性抗体，因而在将其克隆化后产生的单克隆细胞系就能产生大量单一的高纯度抗体，即“单克隆抗体”。

三、杂交瘤技术制备单克隆抗体的主要过程

用 B 细胞杂交瘤技术制备单克隆抗体要经过几个月的一系列实验，其基本程序如图 4-3 所示，主要过程包括：动物免疫，脾细胞、骨髓瘤细胞及饲养细胞的制备，细胞融合和杂交瘤细胞的筛选，阳性杂交瘤细胞的筛选，阳性杂交瘤细胞的克隆及其检测，杂交瘤细胞株的冻存和单克隆抗体的大量制备。

四、动物免疫

动物免疫的目的是使 B 淋巴细胞在抗原刺激下分化、增殖，有利于细胞融合形成杂交瘤细胞，并增加获得分泌特异性抗体的杂交瘤细胞的频率。

（一）免疫动物的选择

采用什么品系的动物进行免疫，主要取决于融合时使用的骨髓瘤细胞系。一般应采用与骨髓瘤供体同一品系的动物，否则融合后产生的杂交瘤不稳定。目前常用的骨髓瘤细胞系普遍来自 Balb/c，因此制备单克隆抗体时选择与所用骨髓瘤细胞同源的 Balb/c 健康小鼠，鼠龄以 8～12 周为宜，雌雄不限，雌性为佳。为避免小鼠免疫过程中死亡或反应不佳，可同时免疫 3～4 只小鼠。

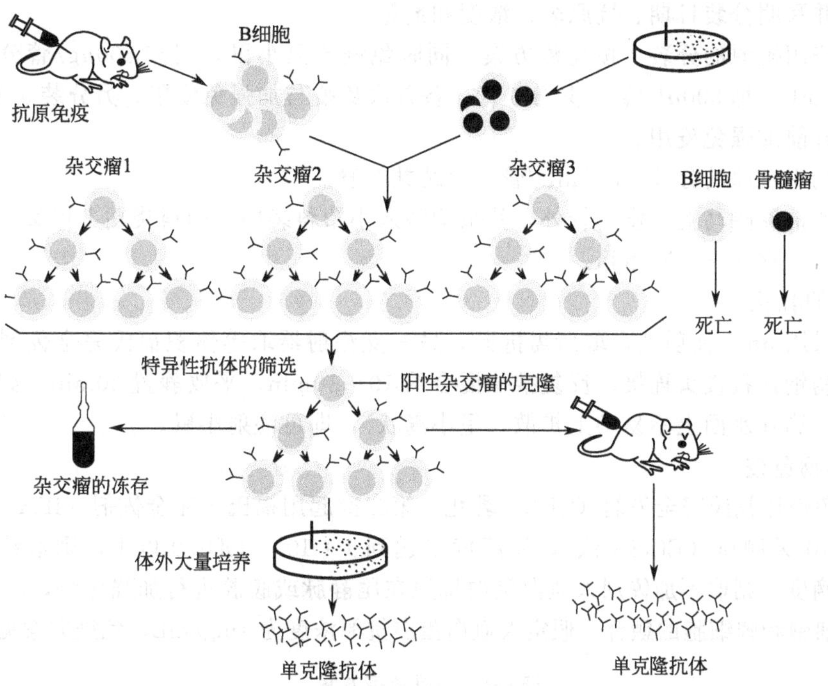

图 4-3 B细胞杂交瘤技术制备单克隆抗体的基本程序

（二）免疫方案

目前还没有哪一种免疫方案是通用的，所用的方法多是以经验为主，以制备多克隆抗体的免疫方案为参考。动物免疫方案应根据抗原的特性不同而定。如为细胞抗原，可取 1×10^7 个细胞做腹腔免疫；如为聚丙烯酰胺电泳纯化的抗原，可将含有抗原的电泳条带切下，研磨后直接用于动物免疫；如为可溶性抗原，则操作相对麻烦些。可溶性抗原免疫原性弱，一般要加佐剂，常用佐剂为福氏佐剂（第一次免疫用完全佐剂，以后用不完全佐剂），其免疫程序一般如下：

① 将可溶性抗原（如纯化重组蛋白）与等体积的福氏完全佐剂混合在一起，研磨成油包水的乳糜状，放一滴在水面上不易马上扩散、呈小滴状表明已达到油包水的状态。商品化福氏完全佐剂在使用前需振摇，使沉淀的分枝杆菌充分混匀。

② 于 Balb/c 小鼠腹腔注射上述乳化完全的佐剂抗原。

③ 20 天后，取抗原与等体积福氏不完全佐剂充分乳化后用上法再免疫一次。

④ 两周后腹腔注射不加佐剂的抗原以加强免疫，3 天后即可取小鼠脾细胞供细胞融合。

• 操作规程

一、操作用品

（1）器材 5mL 注射器、不锈钢连接接头。

（2）试剂 福氏完全佐剂、福氏不完全佐剂、人血白蛋白。

（3）材料 Balb/c 小鼠。

二、操作步骤

（一）抗原——人血白蛋白的准备

1. 抗原的分装

收到人血白蛋白后，应及时按免疫需要分装，避免反复冻融。分装管应用不黏附蛋白质的样品管，并写明分装日期、抗原名、浓度和剂量。

(1) 免疫用抗原的分装 按免疫方案，同时免疫 5 只小鼠，则按 500μg/管分装，抗原浓度为 1mg/mL，即 500μL/管，共分 5 管，备首次免疫与加强免疫用。另分装 5 个 0.5mL/管，备做融合前加强免疫用。

(2) 检测用抗原的分装 0.5mL/管，分装共 3 管。

分装好的抗原除马上免疫用管外，其余均装入小塑料袋中，塑料袋贴上标签，注明抗原名称、浓度等，存入－70℃冰箱。

2. 抗原的乳化

乳化可采用 5mL 注射器，取所需抗原，另一支注射器取等体积福氏完全佐剂或不完全佐剂，用不锈钢连接接头连接，反复推拉混合约 10～30min，平放静置 30min，如水乳相不再分离（放一滴在水面上不易马上扩散，呈小滴状），即可注射小鼠。

（二）动物免疫

第一次免疫用福氏完全佐剂（CFA）乳化。第二次起用福氏不完全佐剂（IFA）乳化。第三次注射后 10 天测血（ELISA 法），如滴度未达到 1∶10^4、OD1.0 以上，则继续免疫；如 ELISA 已达滴度，则取不加佐剂人血白蛋白抗原在尾静脉或腹腔进行加强免疫，3 天后取脾，进行骨髓瘤细胞和脾细胞的融合。假定人血白蛋白抗原浓度为 1mg/mL，免疫方案见表 4-1。

表 4-1 小鼠免疫方案

免疫时间	第 0 天	第 21 天	第 31 天	第 41 天
免疫剂量	100μg/只	100μg/只	100μg/只	ELISA 法检测滴度
抗原体积	100μL/只	100μL/只	100μL/只	
0.9%无菌氯化钠	50μL/只	50μL/只	50μL/只	
佐剂及剂量	CFA 150μL/只	IFA 150μL/只	IFA 150μL/只	
计划免疫体积	0.3mL/只	0.3mL/只	0.3mL/只	
免疫部位	腹腔	腹腔	腹腔	

（三）记录

动物免疫工作完成后，应及时真实填写相应的记录表格，具体见学生工作手册 4-1-1～4-1-5。

任务二 骨髓瘤细胞和脾细胞的融合

• 必备知识

一、脾细胞、骨髓瘤细胞及饲养细胞的制备

（一）脾细胞的制备

用于杂交瘤实验的脾细胞指的是处于免疫状态脾脏中 B 淋巴母细胞浆母细胞。一般取最后一次加强免疫 3 天以后的脾脏，制备成细胞悬液，由于此时 B 淋巴母细胞比例较大，融合的成功率较高。

脾细胞的具体制备方法为：取免疫的 Balb/c 小鼠，眼球摘除放血，分离血清供阳性抗体用。将小鼠颈椎脱臼处死，浸泡于 75%酒精消毒，移入超净工作台内，无菌取出脾脏，剥离被膜上的结缔组织，用针头将脾脏一端刺孔，用一次性无菌注射器吸取基础培养液，从

脾脏一端缓慢注入，使液体从脾脏另一端针孔流出，流出液体即为脾细胞悬液。另外一种制备脾细胞的方法为：剥离脾脏的结缔组织后将脾脏置于灭菌铜网上，用无菌注射器内芯挤压研磨脾脏，并用不完全培养液轻轻冲洗铜网，使脾细胞全部通过网孔压挤到溶液中。

（二）骨髓瘤细胞的制备

选择骨髓瘤细胞株最重要的一点是应与制备脾细胞小鼠为同一品系，这样杂交融合率高，也便于接种杂交瘤细胞在同一品系小鼠腹腔内产生大量的单克隆抗体。用于单抗生产的骨髓瘤细胞株是由降植烷等油类制剂反复注入小鼠腹腔诱发所产生的，并经毒性药物8-氮鸟嘌呤（8-AG）选育出的$HGPRT^-$（缺乏次黄嘌呤鸟嘌呤磷酸核糖转移酶）骨髓瘤细胞或经5-溴脱氧尿嘧啶选育出的TK^-（缺乏胸腺嘧啶激酶）骨髓瘤细胞。现常用的骨髓瘤细胞系有NS1、SP2/0、P3X63Ag8.653等。

骨髓瘤细胞的培养适合于一般的培养液，如RPMI1640、DMEM培养基。小牛血清的浓度一般在10%～20%，细胞的最大密度不得超过10^6个/mL，一般扩大培养以1：10稀释传代，每3～5天传代一次。细胞的倍增时间为16～20h，上述三株骨髓瘤细胞系均为悬浮或轻微贴壁生长，只用弯头滴管轻轻吹打即可悬起细胞。

融合前两周从液氮中取出骨髓瘤SP2/0细胞进行培养，待细胞处于对数生长期、细胞形态和活性（活性应大于95%）良好时即可用于融合。骨髓瘤细胞株在融合前可先用含8-氮鸟嘌呤的培养基做适应培养，避免出现返祖现象而对HAT选择性培养基（H为次黄嘌呤、A为氨基蝶呤、T为胸腺嘧啶核苷，具体参见本项目任务二必备知识“HAT筛选杂交瘤细胞”）不再敏感。融合开始前要确保骨髓瘤细胞健康（活细胞数超过90%，无污染），并有足够的数量。

（三）饲养细胞的制备

1. 饲养细胞

在体外的细胞培养中，单个的或数量很少的细胞不易生存与繁殖，必须加入其他活的细胞才能使其生长繁殖，加入的细胞称之为饲养细胞。在细胞融合、杂交瘤细胞筛选及克隆和扩大培养等过程中，就是在少量的或单个细胞的基础上使其生长繁殖成群体，因此在这些过程中均需加入饲养细胞。

2. 饲养细胞的制备方法

许多种类的动物细胞都可以作饲养细胞，如正常的脾细胞、胸腺细胞、腹腔渗出细胞等，常选用腹腔渗出细胞，其中主要是巨噬细胞和淋巴细胞。应用腹腔渗出细胞的好处是：一方面作饲养细胞，另一方面巨噬细胞可以吞噬死亡的细胞和细胞碎片，为融合细胞的生长造成良好的环境。腹腔细胞的来源可以是与骨髓瘤细胞的同系鼠，也可以是其他种类的小鼠，如C57鼠、昆明小白鼠等。制备饲养细胞时，用HAT完全培养液或RPMI 1640不完全培养液等注入小鼠腹腔，轻揉腹部数次，吸出后的液体中即含小鼠腹腔细胞，包括巨噬细胞和其他细胞。在操作时，切忌针头刺破动物的消化器官，否则所获细胞会有严重污染。饲养细胞密度为1×10^5个/mL，提前一天或当天制备后置培养板孔中培养。亦有用小鼠的脾细胞、小鼠胸腺细胞、大鼠或豚鼠的腹腔细胞作为饲养细胞的。

二、细胞融合和杂交瘤细胞的筛选

（一）细胞融合

简单地说，细胞融合就是两个或两个以上的细胞合并成一个细胞的过程。细胞融合是杂交瘤技术的中心环节，基本步骤是将脾细胞和骨髓瘤细胞混合后加入聚乙二醇（PEG）使细胞彼此融合。然后用培养液稀释 PEG，消除 PEG 的作用。再将融合后的细胞适当稀释，置培养板孔中培养。

脾细胞和骨髓瘤细胞融合过程中应特别注意以下几个问题。

1. 细胞比例

骨髓瘤细胞与脾细胞的比值可从 1∶2～1∶10 不等，常用 1∶5～1∶10 之间的比例。另外，两种细胞在融合前都应具有较高活性。

2. 反应时间

首先预热 PEG 0.6mL 要在 60s 内缓慢滴入，边滴边转动离心管，然后在 30s 内将细胞悬液全部吸入吸管静置 30s，再在 30s 内缓慢将其吹入离心管内，立即在 5min 内加入 15mL 37℃预热的 RPMI 1640 培养液使 PEG 稀释而失去促融作用，在第 1 分钟加 1mL、第 2 分钟加 4mL，随后 3min 内加完剩余液体。

3. 反应温度

整个融合过程都要在 37℃的水浴中进行，所需试剂要在 37℃预热。

4. PEG 的选择

分子量为 1000～6000 的 PEG 均可使用，分子量愈大，毒性愈强，但分子量过小，又影响融合效果。PEG 的工作浓度范围为 30%～50%，低于 30%融合率低，高于 50%时有毒性。

融合后的细胞每 3 天更换培养液一次，采用半换液方式。所用的培养液按培养时间的不同而有所不同，在融合后第 3 天、第 6 天内用 HAT 培养液；第 9 天、第 12 天用 HT（H 为次黄嘌呤、T 为胸腺嘧啶）培养液，第 15 天后用普通的完全培养液。

（二）HAT 筛选杂交瘤细胞

细胞融合培养时加入 HAT（H 为次黄嘌呤、A 为氨基蝶呤、T 为胸腺嘧啶核苷）选择系统，目的是保证只有杂交瘤细胞的生长。HAT 培养基是含次黄嘌呤（H）、胸腺嘧啶核苷（T）及氨基蝶呤（A）的一种选择性培养基，这三种成分与细胞 DNA 合成有关。A 可阻断细胞利用正常途径合成 DNA，细胞在含有氨基蝶呤的培养基中不能通过正常途径合成 DNA。这时正常细胞可以通过“补救途径”，由胸腺嘧啶激酶（TK）和次黄嘌呤鸟嘌呤磷酸核糖转移酶（HGPRT）利用 T 和 H 合成核酸而繁殖。见图 4-4。

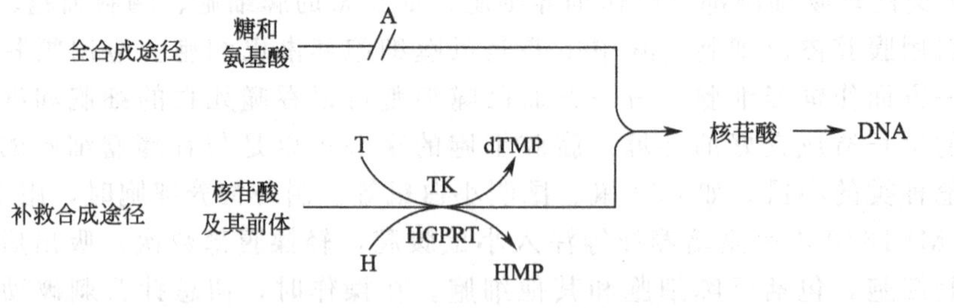

图 4-4 次黄嘌呤（H）、氨基蝶呤（A）、胸腺嘧啶核苷（T）与 DNA 合成的关系

瘤细胞是 HGPRT 酶阴性细胞，自身不能通过补救合成途径合成 DNA 而繁殖。B 细胞虽含有 HGPRT，但在体外培养只存活 5～7 天。融合细胞（杂交瘤细胞）含有 B 细胞和瘤细胞，其中瘤细胞能利用 B 细胞的 HGPRT 酶通过补救合成途径合成 DNA 而繁殖。因此在 HAT 培养基中，$HGPRT^-$ 或 TK^- 瘤细胞死亡，淋巴细胞亦逐渐死亡，只有融合成功的杂交瘤细胞存活。

• 操作规程

一、操作用品

(1) 器材　无菌超净工作台、离心机、倒置显微镜、细胞计数板、水浴锅、恒温培养箱、毛细管、吸管、离心管。

(2) 试剂

① RPMI 1640 或 DMEM 基础培养液　细胞培养基杂交瘤技术中使用的细胞培养基主要有 RPMI 1640 或 DMEM 两种基础培养基，具体配制方法按厂家规定的程序，配好后过滤除菌 (0.22μm)，分装，2～8℃保存。

RPMI 1640 或 DMEM 干粉	1 袋 (1000mL 量)
L-谷氨酰胺	0.29g
青霉素	8×10^4 U
链霉素	100000μg
$NaHCO_3$	2.2g
HEPES	2.39g
三蒸水	1000mL
pH	7.2～7.4

② 20%完全培养液

RPMI 1640 或 DMEM 基础培养液	80mL
小牛血清	20mL

③ 50×HAT 贮存液　商品化试剂。

④ 50×HT 贮存液　商品化试剂。

⑤ HAT 培养液

20%完全培养液	98mL
HAT 贮存液	2mL

⑥ HT 培养液

20%完全培养液	98mL
HT 贮存液	2mL

⑦ 50%的 PEG　称取 PEG1000 或 40002g 于青霉素小瓶中，盖紧橡皮塞，塞上插一 9 号针头（排气用），8 磅高压蒸汽灭菌 15min，待冷至 50～60℃，放气后，打开锅盖，拔出针头，在超净工作台内加入预热至 37℃的等量的 RPMI 1640 基础培养液，盖紧瓶盖，2～8℃保存。用前置 37℃加温助溶。

细胞融合实验

(3) 材料　免疫过的 Balb/c 小鼠、骨髓瘤细胞 SP2/0。

二、操作步骤

(一) 饲养细胞的制备

① 在融合前 1 天，选择健康 Balb/c 雄性小鼠 2 只颈椎脱臼致死。

② 75%酒精浸泡消毒 5min，固定于解剖板上，移入超净工作台，用镊子提起小鼠腹部皮肤，用剪刀剪一小口（注意不可损伤腹膜），经钝性剥离使腹膜充分暴露。用酒精擦拭消毒，用一次性无菌注射器吸取基础培养液 5～6mL 注入小鼠腹腔，右手固定注射器保持不动，左手用镊子夹取酒精棉球轻轻揉动小鼠腹部 1～2min，再用注射器吸出腹腔内的培养液（内含巨噬细胞），转移到 50mL 无菌离心管中。

③ 取 50μL 细胞悬液加等体积 0.4%台盼蓝染液计数，96 孔细胞培养板 2 万～3 万个/孔，根据需要在离心管中留取适量细胞，1200r/min 7min（计算细胞数目的公式为：每毫升细胞数=4 个大方格细胞数×10^5/4)。

④ 弃上清液，根据计数结果加入适量 37℃温育的 HAT 培养液，加入 96 孔细胞培养板每孔 0.1mL，37℃、饱和湿度、5% CO_2 培养箱中培养。

⑤ 18～24h 后观察细胞无污染，细胞呈多形性，贴壁紧密，折光性好时可用。

（二）骨髓瘤细胞的准备

① 于融合前 48～36h，将骨髓细胞扩大培养（一般按一块 96 孔板的融合试验需2～3瓶 100mL 培养瓶培养的细胞进行准备)。

② 融合当天，用弯头滴管将细胞从瓶壁轻轻吹下，收集于 50mL 离心管或融合管内。

③ 1200r/min 离心 7min，弃去上清液。

④ 加入 30mL 基础培养液，同法离心洗涤一次。然后将细胞重悬于 10mL 基础培养液，混匀。

⑤ 取骨髓瘤细胞悬液，加 0.4%台盼蓝染液做活细胞计数后备用。细胞计数时，取细胞悬液 0.5mL 加入 0.5mL 台盼蓝染液中，混匀，用血细胞计数板计数。

（三）免疫脾细胞的准备

① 通过颈脱位致死小鼠，浸泡于 75%酒精中 5min，于解剖台板上固定后掀开左侧腹部皮肤，可看到脾脏，换眼科剪，在超净台中用无菌手术剪剪开腹膜，取出脾脏置于已盛有 10mL 基础培养液的平皿中，轻轻洗涤，并细心剥去周围的结缔组织。

② 将脾脏移入另一盛有 10mL 基础培养液的平皿中，用弯头镊子或装在 1mL 注射器上的弯针头轻轻挤压脾脏，也可用注射器内芯挤压脾脏，使脾细胞进入平皿中的基础培养液。若有组织匀浆器，可将脾脏移入已灭菌含 5mL 基础培养液的组织匀浆器内，小心研磨，勿用力过猛。最后用吸管吹打数次，制成单细胞悬液。

③ 为了除去脾细胞悬液中的大团块，用 200 目铜网过滤。收获脾细胞悬液，1200r/min 离心 7min，用基础培养液离心洗涤 1～2 次，然后将细胞重悬于 10mL 基础培养液中混匀。

④ 取上述悬液，加台盼蓝染液做活细胞计数后备用。通常每只小鼠可得 1×10^8～2.5×10^8 个脾细胞。

（四）细胞融合与杂交瘤细胞的选择性培养

① 取免疫鼠脾细胞与骨髓瘤细胞 SP2/0 按细胞数量 8∶1［免疫鼠脾细胞与骨髓瘤细胞之比（5～10）∶1］混合，加入 50mL 的离心管内，1200 离心 7min，弃上清液。

② 用手指轻击管底，使两种细胞充分混匀。

③ 将离心管置于 37℃水的烧杯中，吸取 37℃预热的 50% PEG 溶液 0.6mL 在 60s 内缓慢滴入，边滴边转动离心管，然后在 30s 内将细胞悬液全部吸入吸管静置 30s，再在 30s 内缓慢将其吹入离心管内。

④ 立即在 5min 内加入 15mL 37℃预热的不含血清的 RPMI 1640 培养液使 PEG 稀释而失去促融作用。在第 1 分钟加 1mL、第 2 分钟加 4mL，随后 3min 内加完剩余液体。

⑤ 1000r/min 离心 7min，弃上清液，加入培养液，再洗一次，以除去剩余 PEG。

⑥ 弃上清液，根据骨髓瘤细胞和脾细胞总数，加入合适的 HAT 培养液，使细胞密度不大于 30 万/孔，并混合均匀，加入到已加有饲养细胞的 96 孔细胞培养板中，每孔 100μL，将培养板移至 37℃、5% CO_2 饱和湿度温箱中培养，每天观察细胞的融合情况。细胞融合后 3～5 天显微镜观察，计数 96 孔细胞培养板中出现明显细胞克隆的培养孔，计算融合率。

如两块板中出现细胞克隆的数量分别为 64 和 57，其融合率为（64＋57）/96×2＝61.7％。细胞的融合情况如图 4-5 所示。

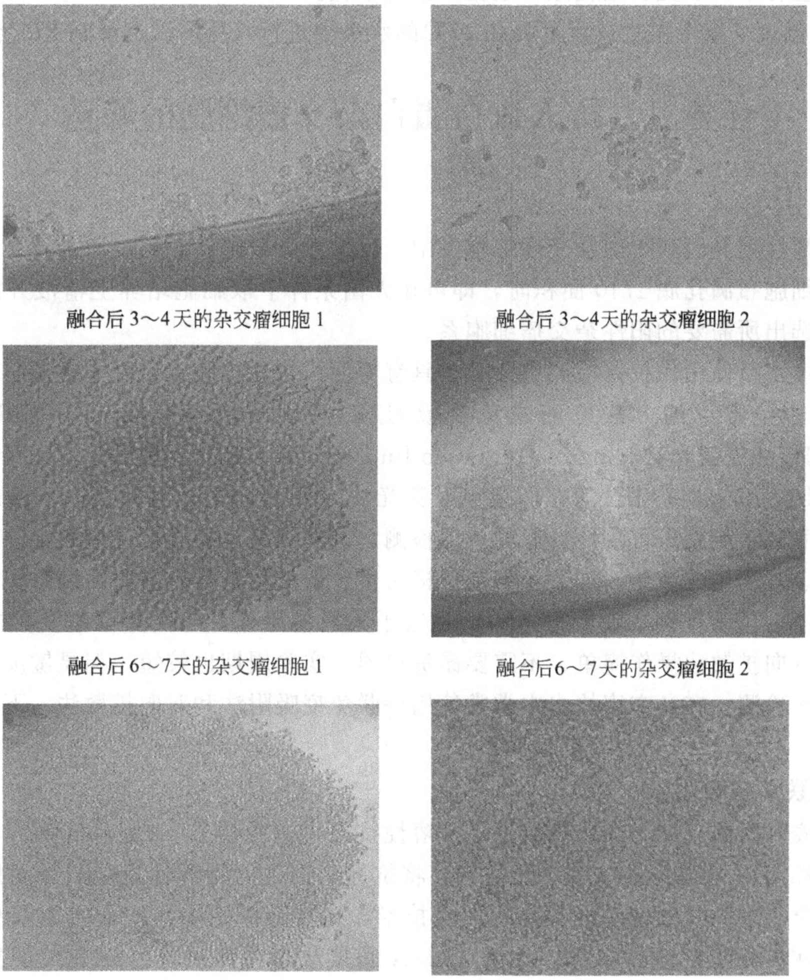

融合后 3～4 天的杂交瘤细胞 1　融合后 3～4 天的杂交瘤细胞 2

融合后 6～7 天的杂交瘤细胞 1　融合后 6～7 天的杂交瘤细胞 2

融合后 8～9 天的杂交瘤细胞 1　融合后 8～9 天的杂交瘤细胞 2

图 4-5　融合后的细胞情况

⑦ 3 天后用 HAT 培养液换出 96 孔培养板 1/2 培养液。

⑧ 7～10 天后用 HT 培养液换出 HAT 培养液；第 14 天后可用普通完全培养液。经常观察杂交瘤细胞生长情况，待其长至孔底面积 1/10 以上时吸出上清液供抗体检测。

（五）记录

骨髓瘤细胞和脾细胞的融合工作完成后，操作人员应及时真实填写相应的记录表格，具体见学生工作手册 4-2-1～4-2-5。

注意事项：

① 本实验应严格无菌操作，避免细菌、霉菌，特别是支原体的污染。

② SP2/0 细胞的生长状态直接影响到融合的效果，因此融合时细胞的生长状态一定要好，不要使用培养时间过长的 SP2/0 细胞。

③ 质量差的 PEG 含有有毒的化学物质，能抑制杂交瘤细胞的生长，使用前应做细胞毒实验。由于 PEG 能引起蛋白质的沉淀，故细胞融合前的准备及融合过程中均应使用不含血

清的培养液。

④ 加 PEG 时除时间掌握准确外，还应注意手法要均匀、轻柔；在 PEG 作用后的一系列操作中也应轻柔，以免在细胞融合过程中损伤细胞。

⑤ 反应温度：整个融合过程都要在 37℃的水浴中进行，所需试剂要在 37℃预热。

任务三 抗人血白蛋白杂交瘤细胞的筛选

• 必备知识

通过选择性培养而获得的杂交瘤细胞系中，仅少数能分泌针对免疫原的特异性抗体。一般在杂交瘤细胞布满孔底 1/10 面积时，即可在无菌条件下取细胞培养上清液开始检测特异性抗体，筛选出所需要的阳性杂交瘤细胞系。

杂交瘤技术所使用的抗体检测方法必须具有简便、快速、敏感而且能在短时间内检测大量样品的特点。常用的方法有酶联免疫吸附法（enzyme linked immunosorbent assay，ELISA）、间接免疫荧光法（indirect immuno fluorescence，IIF）、放射免疫法（radioimmunoassay，RIA）和双向扩散法等。间接免疫荧光法需要使用荧光显微镜，价格昂贵，灵敏度也较低，而且不能用于可溶性抗原的抗体检测，但其优点是能进行反应的定位。放射免疫法操作较复杂，所用的液体闪烁仪及制剂价格昂贵，但其灵敏度较高。而酶联免疫吸附法则操作简便快速、灵敏度高（0.5ng/mL），且适于大规模操作，它需要酶联免疫检测仪，价格较便宜。双向扩散法操作简单，不需要昂贵仪器，实验周期也较短，但灵敏度一般，可用于抗体的初步检测。在杂交瘤技术中常常使用酶联免疫吸附法和双向扩散法。下面分别进行介绍。

一、酶联免疫吸附法

酶联免疫吸附法（ELISA）主要用于可溶性抗原（蛋白质）、细胞和病毒等单克隆抗体的检测中。ELISA 是以免疫学反应为基础，将抗原、抗体的特异性反应与酶对底物的高效催化作用结合起来的一种敏感性很高的实验技术。在实际应用中，ELISA 的具体方法步骤有多种，而在单克隆抗体的制备中常用 ELISA 间接法来检测抗体。ELISA 间接法的原理（如图 4-6 所示）为利用酶标记的抗抗体来检测已与固相结合的受检抗体，故称为间接法，其操作步骤如下：

① 将特异性抗原与固相载体连接，形成固相抗原，洗涤除去未结合的抗原及杂质。

② 加受检细胞培养上清液，其中的特异抗体与抗原结合，形成固相抗原抗体复合物。经洗涤后，固相载体上只留下特异性抗体。其他培养液中的杂质由于不能与固相抗原结合，在洗涤过程中被洗去。

③ 加酶标抗抗体，与固相复合物中的抗体结合，从而使该抗体间接地标记上酶。洗涤后，固相载体上的酶量就代表特异性抗体的量。

④ 加底物显色，颜色深度代表标本中受检抗体的量。

二、双向扩散法

双向扩散法（double diffusion），最早由 Ouchterlony 创立，故又称 Ouchterlony 法，它是利用琼脂凝胶为介质的一种沉淀反应。即可溶性抗原（如小牛血清）与相应抗体（如兔抗小牛血清的抗体）在琼脂介质中相互扩散，彼此相遇，在有电解质（如氯化钠、磷酸盐等）存在时，两者在比例适当处形成抗原-抗体复合物，在凝胶中出现可见的沉淀线、沉淀弧或

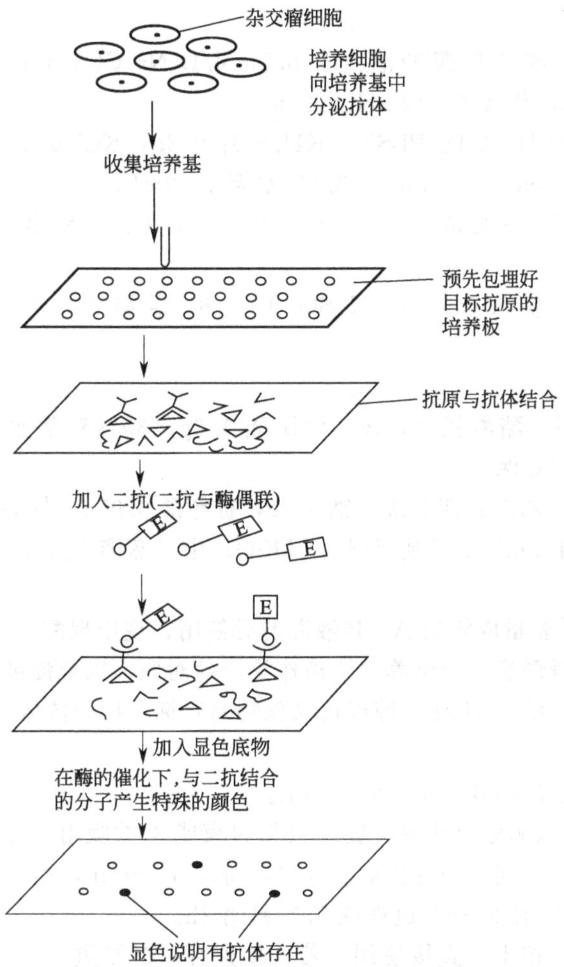

图 4-6　ELISA 间接法原理示意

沉淀峰。根据沉淀出现与否及沉淀量的多寡，可定性、定量地检测出样品中抗原或抗体的存在及含量。其操作步骤如下：

① 用含有 0.01% NaN_3 和 1%琼脂的磷酸盐缓冲液倒平板，每个 9cm 培养皿加 18mL。

② 用打孔器在倒好的琼脂平板上均匀打 7 个孔，中央一孔的孔径为 4mm，周围六孔的孔径为 6mm，中央孔与周围孔的间距为 8～10mm。

③ 中央孔加入待测的杂交瘤培养上清液至孔满，周围孔也分别加入羊（或兔）抗鼠二抗 IgG1、IgG2a、IgG2b、IgG3 和 IgM 的标准抗体制品至孔满。吸干待测孔中的液体后将培养皿倒置。

④ 40℃放置 5～7h 或 37℃过夜。

⑤ 取出琼脂板观察结果，出现沉淀线可初步判定为免疫反应呈阳性，另外还可根据沉淀线的位置来确定所含抗体的类型。

⑥ 有阳性免疫反应的培养上清液原来所在的培养孔即为阳性孔，可进行克隆化实验。

• 操作规程

以可溶性抗原的酶联免疫吸附试验（间接 ELISA）为例。

（一）操作用品

（1）器材　酶标板、50～200μL 移液器、冰箱、CO_2 培养箱、酶标仪、吸管、离心管。

（2）试剂

① 包被缓冲液　碳酸盐缓冲液：取 0.2mol/L Na_2CO_3 8mL、0.2mol/L $NaHCO_3$ 17mL 混合，再加 75mL 蒸馏水，调 pH 至 9.6。

② 洗涤缓冲液（pH7.2 的 PBS）　KH_2PO_4 0.2g，KCl 0.2g，$Na_2HPO_4 \cdot 12H_2O$ 2.9g，NaCl 8.0g，Tween-20 0.5mL，加蒸馏水至 1000mL。

③ 稀释液和封闭液　牛血清白蛋白（BSA）0.1g，加洗涤液至 100mL；或用洗涤液将小牛血清配成 5%使用。

④ 酶反应终止液（2mol/L H_2SO_4）　取蒸馏水 178.3mL，滴加浓硫酸（98%）21.7mL。

⑤ 底物使用液

a. 底物 A 液配制。醋酸钠 13.6g，柠檬酸 1.6g，30%双氧水 0.3mL，蒸馏水加至 500mL，避光密封 2～8℃保存。

b. 底物 B 液配制。乙二胺四乙酸二钠 0.2g，柠檬酸 0.95g，甘油 50mL，取 0.15g 四甲基联苯胺（TMB）溶于 3mL 二甲基亚砜（DMSO）中，蒸馏水加至 500mL，避光密封 2～8℃保存。

使用的时候根据需要量取等量 A、B 液混匀后使用，现用现配。

⑥ 抗体对照　以骨髓瘤细胞培养上清液作为阴性对照，以免疫鼠血清作为阳性血清。

⑦ 酶标抗鼠抗体　购买 HRP（辣根过氧化物酶）标记抗鼠抗体。

（二）操作步骤

① 纯化抗原用包被液稀释至 1～20μg/mL。

② 以 100μL/孔加入酶标板孔中，置 2～8℃过夜或 37℃吸附 2h。

③ 弃去孔内的液体，同时用洗涤液洗 3 次，每次 3～5min，拍干。

④ 加封闭液 150μL/孔 2～8℃过夜或 37℃封闭 2h。

⑤ 洗涤液洗 3 次，拍干，直接使用；若长期保存，37℃烘干 3.5～4h，2～8℃保存备用，加干燥剂密封保存较佳。

⑥ 加待检杂交瘤细胞培养上清液 100μL/孔，同时设立阳性、阴性对照和空白对照；37℃孵育 30min；洗涤 5 次，拍干。

⑦ 加酶标第二抗体，100μL/孔，37℃孵育 30min，洗涤 5 次，拍干。

⑧ 显色：每孔加新鲜配制的底物液 A、B 各 50μL，37℃、20min。

⑨ 终止：加 50μL/孔 2mol/L H_2SO_4 终止反应，选取波长 450nm，可选择 630nm 作参考波长，在酶标仪上读取 A 值。

⑩ 结果判定：计算 P/N 值，P/N=(样本 A 值－空白对照 A 值)/(阴性对照 A 值－空白对照 A 值)，以 P/N=2.1 为阳性。若阴性对照孔无色或接近无色，阳性对照孔明确显色，则可直接用肉眼观察结果。

任务四　抗人血白蛋白杂交瘤细胞的克隆培养

• 必备知识

经过抗体测定为阳性的孔内细胞，可以扩大培养，进行克隆，以得到单个细胞的后代分泌单克隆抗体。因为阳性孔内不能保证只有一个克隆。在实际工作中，可能会有数个甚至更多的克隆，可能包括非抗体分泌细胞、所需要的抗体（特异性抗体）分泌细胞和其他无关抗体分泌细胞。要想将这些细胞彼此分开，就需要克隆化。克隆化的原则是，对于检测抗体阳性的杂交克隆应尽早进行克隆化，否则抗体分泌的细胞会被非抗体分泌的细胞所抑制，因为非抗体分泌细胞的生长速度比抗体分泌的细胞生长速度快，二者竞争的结果会使分泌抗体的细胞丢失。即使克隆化过的杂交瘤细胞也需要定期地再克隆，以防止杂交瘤细胞的突变或染色体丢失，从而丧失产生抗体的能力。克隆化次数的多少由分泌能力强弱和抗原的免疫性强弱决定。一般地说，免疫性强的抗原克隆次数可少一些，但至少要经过3～5次克隆才能稳定。

克隆化的方法很多，包括有限稀释法、显微镜操作法、软琼脂平板法及荧光激活分离法等。

一、有限稀释法

采用有限稀释法进行细胞克隆的具体步骤是：将已检测为分泌阳性的特定孔中的杂交瘤细胞集落吹起混匀，取出至无菌小瓶中准确计数后进行系列稀释到1mL含10个细胞，将稀释好的细胞悬液100μL加入到事先加有饲养细胞的96孔细胞培养板中培养。适时换液并将克隆化剩余细胞进行扩大培养冻存。克隆后10天左右，选取单克隆孔上清液进行检测，从中选取1个阳性孔再进行克隆。

如此克隆几次，最后获得的分泌特定单克隆抗体的杂交瘤细胞株才能稳定地进行传代，其分泌特性也会很稳定。

被检的几次克隆的单克隆集落均为阳性时，表明此株细胞性状已基本稳定，从中选取一孔转至24孔板内培养，然后再转至培养瓶内进行扩大培养，即建立杂交瘤细胞株。

二、软琼脂平板法

在体外培养基中由一个以上祖先细胞增殖形成的细胞团，称之为集落。杂交瘤细胞可在软琼脂培养基中形成集落，这是肿瘤细胞的重要特点，而成熟分化的细胞则不具有这种能力。

将杂交瘤细胞培养在软琼脂平板上，待单个细胞形成集落后，再加以分离培养。这种方法的缺点是琼脂融化温度较难掌握，过高会导致细胞死亡，过低使细胞分布不均匀，操作较复杂，克隆出现率不稳定。

三、显微镜操作法

显微镜操作法是借助显微操作，在显微镜监控下将单个细胞逐个吸出，移入含有饲养层细胞的培养板中进行培养的方法，本法准确性好，如无显微操纵器可用毛细吸管替代。用毛细吸管操作时，可在直径6cm培养皿中，加入1mL 1.0×10^8 细胞悬液，在5% CO_2、饱和湿度、37℃温箱中放置30min以上。随后，在倒置显微镜下，寻找那些与周围相距甚远的单个细胞，在负压作用下，将细胞吸入毛细管中，然后将管中细胞移到预先加有 2.0×10^4～5.0×10^4 饲养细胞的96孔板内，培养后，即可获得单个细胞形成的克隆。

四、荧光激活分离法

这种方法需使用一种荧光激活细胞分类器（fluorescence activated cell sorter，FACS）。其基本原理是：将细胞经荧光抗体染色后，经喷嘴形成单个细胞的线形液滴，在莱塞光激发下，荧光素发射荧光，此信号由光电倍增管接收，再结合细胞形态大小产生光散射信号，经计算机处理，产生信号并与预定的信号对比，根据细胞荧光强度及细胞大小不同，将细胞分成不同级别，在电场中发生偏离，而分别收集于不同容器中。

• 操作规程

以有限稀释法克隆杂交瘤细胞为例。

（一）操作用品

（1）器材 小鼠解剖板、无菌眼科剪刀和镊子、无菌一次性注射器（5～10mL）、毛细管、吸管、无菌塑料离心管、小烧杯、血细胞计数板、离心管、96 孔培养板、可调加样器、加样器头、CO_2 培养箱、倒置显微镜。

（2）试剂 75%的酒精及酒精棉、HAT 培养液、HT 培养液、台盼蓝染液。

（3）材料 Balb/c 小鼠。

（二）操作步骤

以有限稀释法克隆杂交瘤细胞。

① 饲养细胞的制备：在克隆前 1 天进行。具体操作参见项目四任务二“骨髓瘤细胞和脾细胞的融合”的操作规程。

② 取出抗体阳性孔细胞，用 HT 培养液制成细胞悬液，并取样进行台盼蓝染色，计数。

③ 用 HT 培养液将细胞倍比稀释成 10 个/mL 细胞的悬液。

④ 用吸管将细胞悬液种入 96 孔培养板，每孔 100μL，细胞含量为 1 个/孔。

⑤ 5%CO_2、饱和湿度、37℃培养。

⑥ 适时换液，并每天用倒置显微镜观察克隆生长情况，选择只有一个克隆生长的孔，弃掉两个以上和没有细胞生长的孔。

⑦ 当克隆大量繁殖铺满孔底的 1/3～1/2 时，检测培养液上清液是否含有阳性抗体。

⑧ 抗体阳性孔细胞，移到有饲养层的 96 孔板或组织培养瓶中，进行亚克隆或放大培养。

注意事项：

① 本实验应严格无菌操作，避免细菌、霉菌，特别是支原体的污染。

② 每次克隆化得到的阳性亚克隆，在继续进行克隆或扩大培养的同时，应及时冻存几支。

③ 要准确地进行细胞计数。

【项目拓展知识】

一、杂交瘤技术的诞生

淋巴细胞杂交瘤技术的诞生是几十年来免疫学在理论和技术两方面发展的必然结果，抗体生成的克隆选择学说、抗体基因的研究、抗体结构与生物合成以及其多样性产生机制的揭示等，为杂交瘤技术提供了必要的理论基础，同时，骨髓瘤细胞的体外培养、细胞融合与杂交细胞的筛选等提供了技术储备。1975 年 8 月 7 日，Kohler 和 Milstein 在英国《自然》杂志上发表了题为“分泌具有预定特异性抗体的融合细胞的持续培养”的著名论文。他们大胆地把以前不同骨髓瘤细胞之间的融合延伸为将丧失合成次黄嘌呤鸟嘌呤磷酸核糖转移酶（hypoxanthine guanosine phosphoribosyl transferase，HGPRT）的骨髓瘤细胞与经绵羊红细胞免疫的小鼠脾细胞进行融合。融合由仙台病毒介导，杂交细胞通过在含有次黄嘌呤（hypoxanthine，H）、氨基蝶呤（aminopterin，A）和胸腺嘧啶（thymidine，T）的培养基（HAT）中生长进行选择。在融合后的细胞群体里，尽管未融合的正常脾细胞和相互融合的脾细胞是 $HGPRT^+$，但不能连续培养，只能在培养基中存活几天，而未融合的 $HGPRT^-$ 骨髓瘤细胞和相互融合的 $HGPRT^-$ 骨髓瘤细胞不能在 HAT 培养基中存活，只有骨髓瘤细胞与脾细胞形成的杂交瘤细胞因得到分别来自亲本脾细胞的 HGPRT 和亲本骨髓瘤细胞的连续继代特性，而在 HAT 培养基中存活下来。实验的结果完全像起始设计的那样，最终得到了很多分泌抗绵羊红细胞抗体的克隆化杂交瘤细胞系。用这些细胞系注射小鼠后能形成肿瘤，即所谓杂交瘤。生长杂交瘤的小鼠血清和腹水中含有大量同质的抗体，即单克隆抗体。

这一技术建立后不久，在融合剂和所用的骨髓瘤细胞系等方面即得到改进。最早仙台病毒被用做融合剂，后来发现聚乙二醇（PEG）的融合效果更好，且避免了病毒的污染问题，从而得到广泛的应用。随后建立的骨髓瘤细胞系如 SP2/0-Ag14、X63-Ag8.653 和 NSO/1 都是既不合成轻链又不合成重链的变种，所以由它们产生的杂交瘤细胞系，只分泌一种针对预定的抗原的抗体分子，克服了骨髓瘤细胞 MOPC-21 等的不足。再后来又建立了大鼠、人和鸡等用于细胞融合的骨髓瘤细胞系，但其基本原理和方法是一样的。

二、杂交瘤细胞株的冻存和复苏

（一）杂交瘤细胞株的冻存

在建立杂交瘤细胞的过程中，有时一次融合产生很多"阳性"孔，来不及对所有的杂交瘤细胞做一步的工作，需要把其中一部分细胞冻存起来；另一方面，为了防止实验室可能发生的意外事故，如停电、污染、培养箱的温度或 CO_2 控制器失灵等给正在建立中的杂交瘤带来灾难，通常尽可能早地冻存一部分细胞作为种子，以免遭到不测。在杂交瘤细胞建立以后，更需要冻存一大批，以备今后随时取用。非杂交瘤细胞的冻存程序适用于杂交瘤细胞。

（二）杂交瘤细胞株的复苏

杂交瘤的复苏方式一般有常规复苏法和体内复苏法，在一般情况下都采用常规复苏法，该方法操作简便，适于冻存时细胞数量较多、生长状态良好的杂交瘤细胞株。如果常规复苏法难以复苏受支原体、细菌及真菌污染的杂交瘤细胞系或长时间远距离运送的杂交瘤细胞系，则可采用将杂交瘤细胞接种于小鼠的皮下形成实体瘤，或接种于腹腔诱生腹水和实体瘤的方法进行拯救。

杂交瘤细胞的常规复苏，一般采用以下程序：

① 从液氮中取出冻存管，待管内液氮全部逸出后，立即在 37℃水浴融化。

② 用 5～10mL RPMI1640 培养液稀释，1200r/min、7min，弃上清液，再悬浮于适量 HT 培养液中，转入培养瓶或 24 孔板，置 37℃，5% CO_2 培养。如果细胞存活力不高，死细胞太多，可加 10^4～10^5 个/mL 小鼠腹腔细胞进行培养。

三、单克隆抗体的大量制备与纯化

（一）单克隆抗体的大量制备

筛选出的阳性细胞株应及早进行抗体制备，因为融合细胞随培养时间延长，发生污染、染色体丢失和细胞死亡的概率增加。单克隆抗体的大量制备普遍采用的是小鼠腹腔接种法。具体方法为：选用 6～8 周龄的 Balb/c 小鼠或其亲代小鼠，先用降植烷或液体石蜡进行小鼠腹腔注射以使小鼠致敏，一周后将杂交瘤细胞接种到小鼠腹腔中。接种细胞的数量应适当，一般为 (1～5)×10^5 个/鼠，可根据腹水生长情况适当增减。通常在接种一周后可见小鼠腹部明显增大，即有腹水产生，每只小鼠可收集 5～10mL 的腹水，有时甚至超过 40mL。该法制备的腹水抗体含量高，每毫升可达数毫克甚至数十毫克水平。此外，腹水中的杂蛋白也较少，便于抗体的纯化。

（二）单克隆抗体的纯化

单克隆抗体的纯化方法与多克隆抗体的纯化方法一致，腹水特异性抗体浓度比抗血清中的多克隆抗体高，纯化效果好。可按所要求的纯度不同采用相应的纯化方法。一般采用盐析、凝胶过滤和离子交换色谱等步骤达到纯化目的。

(三) **制备单克隆抗体(McAb)可能出现的主要问题**

制备McAb的实验周期长，步骤多，稍不注意就会造成失败。在制备过程中，可能会出现以下问题。

1. 融合后杂交瘤不生长

若融合技术没有问题，杂交瘤不生长可能与下列因素有关：

① 牛血清的质量太差，用前没有进行严格的筛选。

② 骨髓瘤细胞被支原体污染。

③ PEG有毒性或作用时间过长。

④ HAT有问题，主要是A含量过高或HT含量不足。

2. 杂交瘤细胞不分泌抗体或停止分泌抗体

融合后有细胞生长，但无抗体产生，可能是HAT中A失效或骨髓瘤细胞发生突变，变成A抵抗细胞所致，或者免疫原抗原性弱，免疫效果不好。

对于原分泌抗体的杂交瘤细胞变为阴性，可能是细胞支原体污染，或非抗体分泌细胞克隆竞争性生长，从而抑制了抗体分泌细胞的生长。也可能发生染色体丢失。防止抗体停止分泌，可采取以下措施：

(1) 三要　要大量保持和补充液氮冻存的细胞原管；要应用倒置显微镜经常检查细胞的生长状况；要定期进行再克隆。

(2) 三不要　不要让细胞“过度生长”，因为非分泌的杂交瘤细胞将成为优势，压倒分泌抗体的杂交瘤细胞；不要让培养物不加检查地任其连续培养几周或几个月；不要不经克隆化而使杂交瘤在机体内以肿瘤生长形式连续传好几代。

3. 杂交瘤细胞难以克隆化

可能与小牛血清质量、杂交瘤细胞的活性状态有关，或由于细胞有支原体污染，使克隆化难以成功。若是融合后的早期克隆化，应在培养液中加HT。

4. 污染

污染是杂交瘤工作中最棘手的问题，主要包括细菌、霉菌和支原体的污染。一旦发现有霉菌污染就应及早将污染板弃之，以免污染整个培养环境。支原体的污染主要来源于牛血清，此外，其他添加剂、实验室工作人员及环境也可能造成支原体污染。在有条件的实验室，要对每一批小牛血清和长期传代培养的细胞系进行支原体的检查，查出污染源应及时采取措施处理。可将污染支原体的杂交瘤细胞注射于Balb/c小鼠的腹腔，待长出腹水或实体瘤时，无菌取出分离杂交瘤细胞，一般可除去支原体污染。

四、细胞的基因转染技术

在分子生物学技术中，检测基因性状和功能的最好办法就是把它导入到细胞中，观察它在细胞中的表达。这种把将外源性基因采用化学或物理的方法人工导入细胞的技术，叫做细胞的基因转染，又叫基因转移、基因转导。基因转染已成为基因研究尤其是癌基因研究的重要手段。培养细胞是基因转染最适宜的对象。

基因转染的一般程序包括待转染细胞的准备、DNA的纯化、选择转染方法和筛选转染细胞。DNA的纯化和筛选转染细胞在很多分子生物学相关的书籍上都有阐述，本节只就待转染细胞的准备和转染方法两方面加以介绍。

(一) 待转染细胞的准备

不同的受体细胞对导入后基因的表达有很大的影响，同样的目的基因进入不同的受体细胞中表达能力差异较大，有的为高表达，有的呈现低水平表达，有的甚至不能表达。如β-球蛋白基因导入到 HeLa 细胞中不表达，导入到 MEL-14 细胞中，却能促使 MEL-14 细胞发生分化。因此受体细胞的选择应引起关注。

常用的待转染细胞有 HeLa 细胞、CHO 细胞和 HK 细胞等。待转染细胞的原代培养和传代培养与一般的细胞培养操作完全相同。但是，基因转染对细胞的生长状态和密度有特殊要求。例如，在用 Ca^{2+} 转染时，以处于旺盛分裂期、相互间留有少量空隙的细胞转染率最高。

（二）常用的细胞转染方法

动物细胞转染方法有多种，常用的主要有磷酸钙沉淀法、脂质体载体法、DEAE-葡聚糖法、电击法（电穿孔技术）以及细胞显微注射法等。

1. 磷酸钙转染

核酸以磷酸钙-DNA 共沉淀物的形式出现时，可使 DNA 附在细胞表面，使培养细胞摄取 DNA 的能力显著提高。外源 DNA 与氯化钙混合后，加入含磷酸根离子的缓冲液，在特定 pH 下（通常为 pH 7.1），磷酸钙与 DNA 形成结晶颗粒而出现共沉淀，加入受体细胞培养一段时间后，DNA 就可以进入受体细胞。进入方式有两种：通过脂相收缩时裂开的空隙进入细胞或在钙、磷的诱导作用下被细胞吞噬而进入细胞内。此项技术能用于任何 DNA 导入哺乳类动物进行暂时表达或长期转化的研究，另外，此方法对于贴壁细胞转染是最常用并首选的方法。

磷酸钙转染的操作步骤如下。

① 于转染前 2 天，将 1×10^6 个细胞转接在 100mL 培养瓶中，加 4mL 的含 10%小牛血清的培养液，37℃、5%CO_2 培养。待细胞生长至 50%～70%瓶底面积时，用于转染实验。转染前 4h 倒掉培养液，用 2mL PBS（PBS 为在 800mL 纯水中溶解 8g NaCl、0.2g KCl、1.44g Na_2HPO_4 以及 0.24g KH_2PO_4，pH 为 7.4 的溶液）洗 2 次待用。

② 制备磷酸钙沉淀

A 管	10μg	DNA
	500μL	2×HEPES
	440μL	纯水
B 管	60μL	2mmol/L $CaCl_2$

将 B 管溶液缓慢加到 A 管混合液中，轻轻混匀。室温放置 15～20min，待缓慢形成细微的沉淀物。

2× HEPES 为含 Na_2HPO_4 15mmol/L、KCl 10mmol/L、NaCl 280mmol/L、HEPES 50mmol/L 的水溶液。

③ 小心将上述 1mL 沉淀混合物置于 PBS 洗过的 100mL 培养瓶内的细胞表面。

④ 37℃、5%CO_2 培养箱中培养 4～6h 或过夜。然后倒掉沉淀物，加入新培养液，继续在 CO_2 培养箱中培养。

⑤ 培养 1～2 天后，或更换含筛选药物如新霉素 G418 的培养液。

2. 脂质体转染

脂质体（LR）为人工膜泡，可作为体内、体外物质转运载体。将需转移的 DNA 或 RNA 包裹于脂质体，由于脂质体的磷脂双分子层与细胞膜相似，因此可与细胞膜融合，将 DNA 转入宿主细胞。它适用于把 DNA 转染入悬浮或贴壁培养细胞中，是目前最方便的转染方法之一。它的转染率高，比磷酸钙法高 5～100 倍，能把 DNA 和 RNA 转染到各种细胞。

用脂质体进行转染时，首先需优化转染条件，应找出该批脂质体对转染某一特定细胞适合的用量、作用时间等，对每批脂质体都要做。具体方法为：先要固定一个 DNA 的量和 DNA/脂质体混合物与细胞相互作用的时间，DNA 的量可从 1～5μg 开始，孵育时间从 6h 开始，按这两个参数绘出相应脂质体需用量的曲线，再选用脂质体和 DNA 两者最佳的剂量，确定出转染时间（2～24h）。因脂质体对细胞有一定的毒性，转染时间最好不超过 24h 为宜。

脂质体转染操作步骤如下。

① 细胞培养：取 6 孔培养板（或用 35mm 培养皿），向每孔中加入 2mL 含（1～2）×10^5 个细胞的细胞悬液，37℃、5% CO_2 培养箱培养至细胞铺满孔底 40%～60%。

② 转染液制备：在聚苯乙烯管中制备以下两液（为转染每一个孔细胞所用的量）。

A 液：用不含血清培养基稀释 1～10μg DNA，终量 100μL；B 液：用基础培养基稀释 2～50μg 脂质体，终量 100μL。轻轻混合 A、B 液，室温中置 10～15min，稍后会出现微浊现象，但并不妨碍转染（如出现沉淀可能因 LR 或 DNA 浓度过高所致，应酌情减量）。

③ 漂洗细胞：用 2mL 不含血清培养液漂洗细胞两次，再加入 1mL 不含血清培养液。

④ 转染：把 A/B 复合物缓缓加入培养液中，摇匀，37℃温箱培养 6～24h，吸除无血清转染液，换入正常培养液继续培养。

注意：转染时切勿加血清，血清对转染效率有很大影响。

⑤ 用细胞刮或消化法收集细胞，以备分析鉴定。

3. DEAE-葡聚糖转染

DEAE-葡聚糖介导的转染原理还不清楚，可能是通过内吞噬作用而使 DNA 转导进入细胞核，转染效率与 DEAE-葡聚糖浓度以及细胞与 DNA/DEAE-葡聚糖混合液作用的时间长短很有关系，可采用较高浓度的 DEAE-葡聚糖作用较短时间，又可用较低浓度的 DEAE-葡聚糖作用较长时间。

DEAE-葡聚糖转染的操作步骤如下。

① 接种鼠 L9.29 成纤维细胞浓度为 5×10^5 个/(孔·皿) 生长 2～3 天，当达 50%板底面积时可用。

② 乙醇沉淀的 4μg 的 PSV_2-neo 质粒 DNA（或其他供体 DNA），空气干燥后溶于 40μL 的 TE 缓冲液中。

③ 用 1×PBS 10mL、10%血清 DMEM 4mL 洗板（皿）。

④ 在 80μL 热的 10g/L DEAE-葡聚糖中缓慢加入第②步制备的 40μL DNA 溶液，取 120μL DNA/DEAE-葡聚糖加到每孔（皿）细胞中，使其分布均匀，轻轻转动直到显示均匀一致的红色，培养 4h。

⑤ 从孔（皿）中吸出 DNA/DEAE-葡聚糖，加入 5mL 10%DMSO，室温放置 1min，吸出 DMSO，用 5mL 1×PBS 洗一次，然后加入 10mL 培养液（10%血清的 DMEM）。

⑥ 培养细胞，在适当时间分析细胞，若含有抗药基因，可用新霉素 G418 选择培养液培养。

【项目难点自测】

一、名词解释

单克隆抗体、细胞的基因转染

二、填空题

1. 制备单克隆抗体的融合是指将免疫小鼠的________和________融合。

2. 融合过程中使用的促溶剂主要是________。
3. 第一个单克隆抗体是________年制备成功的。
4. 常用的细胞转染方法有________、________和________。
5. 单克隆抗体的大量制备普遍采用的方法是________。
6. 杂交瘤细胞克隆化的方法很多，常用的包括________和________。
7. 在细胞融合过程中瘤细胞株应用最多的是________细胞株。
8. 细胞融合培养时加入________选择系统，目的是保证只有杂交瘤细胞的生长。

三、判断题

1. 脂质体法比磷酸钙法转染的效率高。(　　)
2. 促溶剂 PEG 的最适使用浓度为 60%～80%。(　　)
3. 融合过程中 PEG 作用细胞的时间通常以 1～2min 为宜。(　　)
4. 在单抗制备过程中可以采用任何品系的动物进行免疫。(　　)

四、问答题

1. HAT 培养基筛选杂交瘤细胞的机理是什么?
2. 骨髓瘤细胞和脾细胞融合过程中应特别注意的几个问题是什么?
3. 单克隆抗体和多克隆抗体有何区别?

第二部分　植物细胞培养

植物细胞培养概述

学习目标

1. 掌握植物细胞培养的基本概念和特点。
2. 掌握植物细胞培养的无菌操作技术。
3. 了解植物细胞培养的发展史以及应用。

植物细胞培养的概念是20世纪初产生的，1902年，Haberlandt提出了植物细胞全能性概念，认为植物细胞具有再生成为完整植株的潜在全能性，首次提出分离植物单细胞并将其培养成植株的设想。1943年，White正式提出植物细胞全能性的理论，认为每个植物细胞具有母株植物的全套遗传信息，具有发育成完整植株的能力。1954年，Muir首次成功地进行了植物细胞的悬浮培养，证实了植物细胞的全能性。20世纪80年代以来植物细胞培养技术迅速发展，已经成为生物工程研究开发的新热点，不仅可以通过细胞的再分化生成完整的植株，而且可以通过细胞培养获得人们所需的各种物质如色素、香精、药物等。

植物细胞培养主要包括植物细胞的获取、植物细胞培养、植物细胞的优化改良、植物细胞培养生产次生代谢物、植物细胞培养的生物转化以及植物细胞培养在农业方面的应用等内容。

一、植物组织培养

植物细胞培养是在植物组织培养的基础上发展起来的技术，因此在介绍植物细胞培养之前，应先了解一些植物组织培养方面的背景知识。

（一）植物组织培养的基本概念

植物组织培养是指在无菌条件下，将离体的植物器官、组织、细胞、胚胎、原生质体等培养在人工配制的培养基上，给予适宜的培养条件，诱发产生愈伤组织或长成新的完整植株的过程。在植物组织培养中由活体植物体上提取下来的，接种在培养基上的无菌细胞、组织、器官等，称为外植体。

愈伤组织则指的是在人工培养基上，由外植体的表面形成的一团不定形的、排列疏松的薄壁细胞，愈伤组织一词源自于自然生长的植物受损时，在愈合伤口处长出的一团瘤状突起，瘤状突起内的细胞主要为分化程度不高的薄壁细胞。一般情况下植物组织都能诱发产生愈伤组织。

植物组织培养所使用的材料不多，却可以在较短时间内获得大量的植株，不仅可以节约大量的种子、肥料、农药，而且可以进行工厂化育苗，节约大量的耕地，并且不受地理环境和气候条件的影响。

（二）植物组织培养的类型

依外植体不同，植物组织培养可分为以下几种。

1. 愈伤组织培养

愈伤组织培养就是将外植体接种在人工培养基上，由于植物生长调节剂的存在，使其组织脱分化形成愈伤组织，然后通过再分化形成再生植株。愈伤组织培养是普遍的，因为除茎尖和根尖具备分生组织外，其他部位的外植体，需脱分化形成新的分生组织（即愈伤组织），细胞才能增殖。

愈伤组织培养中，形态发生有器官发生和胚状体发生两种方式。有些物种可以通过这两条途径获得再生植株，而有些物种只能通过一条途径获得再生植株，如甘薯既可获得不定芽又可获得体细胞胚，而棉花仅能获得体细胞胚。

2. 器官培养

器官培养是通过培养器官的类别来分类的。培养的是什么器官，就称为什么培养，如根、茎、叶、花、果实、种子的培养。

3. 胚培养

胚培养是器官培养的一种。选用的外植体是成熟或未成熟的胚进行离体无菌培养，其具体方法是将胚取出放在液体或固体培养基上培养，由于胚包含在胚珠和子房里，因而进行胚胎培养时，常常是将胚珠和子房放在培养基上培养。

胚培养的目的有三个：①拯救胚。我们知道，远缘杂交育种是常用的一种育种方法，但在杂交过程中往往存在着杂种胚败育的现象，通过杂种胚离体培养，则可以有效地解决这一问题。②研究胚的发育和营养。③一些特殊领域的研究。如棉纤维是胚珠表皮组织分化的产物，通过棉花胚珠培养诱导获得棉纤维，研究对纤维分化和发育的影响因素。

4. 细胞培养

细胞培养是指对游离的植物的单细胞或小的细胞聚集体进行的离体无菌培养。对单细胞培养和单细胞无性系繁殖系的研究，在理论和实践上都有重要的意义。它在植物育种遗传工程中为基因的修改和表达提供了可靠的手段。细胞培养在提取大量植物次生代谢物质方面也具有重要的意义，植物细胞培养物已被证明能生产许多有用的次生代谢物，包括生物碱、糖苷、萜类化合物、香精、杀虫剂等。

5. 原生质体培养

以原生质体（植物细胞脱去细胞壁后的球形体）为外植体。

（三）植物组织培养的理论依据

组织培养的理论依据是植物细胞的全能性，即植物体的每个细胞携带着一套完整的基因组，因此具有发育成完整植株的潜在能力。植物组织当中原本已经分化的细胞，一旦脱离原有的机体环境，成为离体状态，在适宜的营养和外界条件下，就会表现出全能性，从已经分化定型的细胞，脱分化成为恢复分裂能力的细胞，并能重新生长发育成完整的植株。

脱分化是指在植物组织细胞培养中，一个成熟细胞或分化细胞转变为未分化状态的过程。例如，外植体在一定条件下的培养基中培养，就可以由分化细胞诱导出脱分化的愈伤组织细胞。而植物的成熟细胞经历了脱分化之后，即形成愈伤组织之后，由愈伤组织能再形成完整的植株的过程，称为再分化。

二、植物细胞培养

（一）植物细胞培养的概念

植物细胞培养是在离体条件下将易分散的植物组织或植物的愈伤组织置于液体培养基中，将组织振荡分散成游离的悬浮细胞，通过继代培养使细胞增殖来获得大量细胞群体的方法。小规模的植物细胞培养可在培养瓶中进行，大规模的需要利用生物反应器生产。

（二）植物细胞培养与植物组织培养的区别与联系

植物细胞培养是在植物组织培养的基础上发展起来的技术。“组织培养”的概念原来是泛指器官、组织和细胞培养，然而随着培养技术的发展，细胞培养本身已经建立起专门技术，形成新的学科体系。因此，1979 年国际组织培养协会专业术语委员会建议将组织培养和细胞培养的概念加以区分。

植物组织培养和植物细胞培养的基础理论与基本技术大体相同，且关系密切，不可能也没有必要进行严格的区分。一般说来，以各种植物的器官和组织，如根、茎、叶、花、未成熟的果实、种子、愈伤组织等为培养对象的培养技术均属于植物组织培养；而以各种形式的植物细胞，如脱分化的薄壁细胞（愈伤组织）、单细胞、单倍体细胞、原生质体、小细胞团、固定化细胞等为培养对象的培养技术属于植物细胞培养。它们之间的主要区别有以下两个方面。

1. 培养对象不同

植物组织培养的对象主要是植物的各种组织、器官，如根、茎、叶、花、未成熟的果实、种子、愈伤组织等；而细胞培养的对象只是各种形式的植物细胞，包括脱分化薄壁细胞（愈伤组织）、单细胞、单倍体细胞、原生质体、小细胞团、固定化细胞等。

在组织培养和细胞培养中都包括愈伤组织。愈伤组织既是一种植物组织又是一种植物细胞，所以愈伤组织培养既属于组织培养又属于细胞培养。愈伤组织是在一定条件下，在植物的伤口或外植体的切口部位长出的薄壁细胞团。愈伤组织既是一种组织，又是一种细胞，它是脱分化的细胞，又具有再分化的能力；既可以用于次级代谢物的生产和生物转化，又可以再生成为植株，所以在植物组织培养与细胞培养中占有重要位置。

2. 培养目的不同

植物组织培养的主要目的是获得所需的植物组织和再生成植株，还可以利用发状根培养生产某些次级代谢物，在名贵花、木、瓜、果种苗（试管苗）的产业化生产、种苗的脱毒、植物的大规模快速繁殖等方面具有重要的意义和应用价值。

而植物细胞培养的主要目的是获得所需的细胞和各种所需的产物，也可以利用植物细胞培养进行生物转化，将外源底物转化为所需的产物，还可以利用植物细胞培养进行种质保存、人工种子的制备和植株的大规模快速繁殖等。

（三）植物细胞培养的特点

植物细胞在培养过程中具有以下特性：

① 细胞个体较大（较微生物细胞大得多），有纤维细胞壁，细胞抗剪切力差。

② 细胞生长速度较慢，容易被微生物污染，培养时需添加抗生素。

③ 细胞培养过程中易聚集成团，较难进行悬浮培养。

④ 培养时需供氧，但培养液黏度较大，不能耐受强力通风搅拌。

⑤ 植物细胞具有群体效应及解除抑制性。

⑥ 细胞培养产物滞留于细胞内，产量低。

⑦ 植物细胞具有结构和功能全能性，即培养的细胞可以分化成完整的植株。

⑧ 悬浮培养中要求有一定的细胞浓度，否则不生长（25000～50000 个/mL）。

三、植物组织细胞培养的发展史

植物组织细胞培养的研究开始于 1902 年德国植物学家 Haberlandt，至今已有 100 多年的历史。它的发展过程大致分为以下三个阶段。

（一）植物组织细胞培养的创立阶段

1838～1839 年，德国科学家 Schwann 和 Schleide 发表了细胞学说，认为细胞是生物体的基本构成单位，并认为在与生物体内相同的生理条件下，每个细胞都能独立生存和发展。这奠定了组织培养的理论基础。

1902 年，德国植物学家 Haberlandt 根据细胞学说，提出单个细胞的植物细胞全能性理论，认为高等植物的器官和组织可以不断分割，直至成单个细胞的观点。预言植物体细胞在适宜条件下，具有发育成完整植株的潜力。

1904 年，Hanning 最先成功地培养了萝卜和辣根菜的胚，使其在离体条件下发育成熟。1909 年，Kuster 将植物原生质体进行融合，但融合产物未能存活下来。1922 年，美国的 Robbins 和德国的 Kotte 分别报道离体培养根尖获得某些成功，这是有关根培养的最早的实验。Laibach（1925，1929）将由亚麻种间杂交形成的幼胚在人工培养基上培养至成熟，从而证明了胚培养在植物远缘杂交中利用的可能性。

1934 年，White 用番茄根尖建立起第一个活跃生长的无性繁殖系，从而使非胚器官的培养首先获得成功。他使用的培养基含有无机盐、酵母提取液和蔗糖。1937 年，他用三种 B 族维生素即吡哆醇、硫胺素和烟酸，来取代酵母提取液获得成功。在这个后来被称为 White 培养基的人工合成培养基上，他将 1934 年建立起来的根培养物一直保存到 1968 年他逝世前不久。与此同时，法国的 Gautheret（1934）在培养山毛柳和黑杨等植物的形成层组织时发现，虽然在含有葡萄糖和盐酸半胱氨酸的 Knop 溶液中，这些组织也可以不断增殖几个月，但只有在培养基中加入 B 族维生素和生长素 IAA 后，山毛柳形成层组织的生长才能显著增加。

1943 年，White 正式提出植物细胞全能性理论，认为每个植物细胞具有母株植物的全套遗传信息，具有发育成完整植株的能力。

（二）植物组织细胞培养的发展阶段

1948 年，Skoog 和 Tsui 发现腺嘌呤/生长素的适当比例能够调控芽/根的分化标志着植物组织细胞培养进入了一个全面发展的新时期。

1954 年，Muir 首次进行了植物细胞的悬浮培养，成功地由经过无菌处理的冠瘿组织的悬浮培养物中分离得到单细胞，并通过看护培养使细胞生长分裂，从而创立了单细胞培养的看护培养技术。

1956 年，Miller 等在鲱鱼精子中发现了具有强力促进植物细胞分裂和出芽作用的腺嘌呤衍生物——激动素（KT）。其后，其他的分裂素，如玉米素（ZT）、6-苄基腺嘌呤（6-BA）等陆续被发现。从此，生长素与分裂素在植物细胞培养中被广泛使用，对植物组织培养和细胞培养的发展起着极大的推动作用。

1958 年，英国科学家 Steward 等用胡萝卜根的愈伤组织细胞进行悬浮培养，成功诱导出胚状体并分化为完整的小植株，不但使细胞全能性理论得到证实，而且为组织细胞培养的技术程序奠定了基础。

1962 年，Murashinge 和 Skoog 在烟草培养中筛选出至今仍被广泛使用的 MS 培养基。1964～1966 年，印度科学家 Guha 和 Maheswari 在曼陀罗花药培养中首次由花粉诱导得到了单倍体植株。这一发现掀起了采用单倍体育种技术来加速常规杂交育种速度的热潮。1967 年，Bourgin 和 Nitsch 通过花药培养获得了烟草的单倍体植株。

1968 年，Gamborg 等为大豆细胞培养而设计了 B_5 培养基。其主要特点是铵的浓度较低，适用于双子叶植物特别是木本植物的组织、细胞培养。

1970 年，Carlson 通过离体培养筛选得到生化突变体。同年，Power 等首次成功实现原生质体融合。

1971 年，Takebe 等首次由烟草原生质体获得再生植株，这一成功促进了体细胞杂交技术的发展，同时也为外源基因导入提供了理想的受体材料。1972 年，Carlson 等通过原生质体融合首次获得了两个烟草物种的体细胞杂种。

1974 年，Kao、Michayluk、Wallin 等建立了原生质体的高 Ca^{2+}、高 pH-PEG 融合法，把植物体细胞杂交技术推向新阶段。

1975 年，Kao 和 Michayluk 开发出专门用于植物原生质体培养的 8P 培养基，被研究者们广泛使用。

1978 年，Mdchers 等将番茄和马铃薯进行体细胞杂交获得成功。

(三) **植物细胞培养的应用研究阶段**

20 世纪 60 年代以后，植物细胞组织培养进入迅速发展时期，研究工作更加深入和扎实，并开始走向大规模的应用阶段。

1953 年，W. H. Muir 发明了摇床振荡的液体培养技术，他把万寿菊和烟草的愈伤组织转移到液体培养基中，放在摇床上振荡，使组织破碎，形成由单个细胞和细胞集聚体组成的细胞悬浮液，然后通过继代培养进行繁殖，即细胞悬浮培养技术，这一技术以后发展成为植物次生代谢产物大规模发酵生产和人工种子的生产。Muir (1953) 同时还设计了看护培养技术，这一技术是利用愈伤组织块的分泌物来滋养隔着滤纸或玻璃纸上的单个细胞，并使细胞发生了分裂，它揭示了实现 Haberlandt 培养单细胞这一设想的可能性。1958～1959 年，Reinert 和 Steward 分别用胡萝卜直根髓的愈伤组织制备单细胞并进行细胞悬浮培养，发现单细胞能通过类似于高等植物的胚胎发生过程，经球形胚、心形胚、鱼雷形胚和子叶形胚的胚状体途径形成再生植株。这一突破性的工作，首次证实了植物细胞的全能性，并为植物组织培养中研究器官建成和胚胎发生开创了一条新途径。

1956 年，Routier 和 Nickell 首次提出一份将植物细胞培养当做一个工业合成天然产物途径的专利报告后，于 1959 年开发出一个较大规模 (20L) 的植物细胞培养系统。1962 年，Byrne 和 Koch 报道了用 New Brunswick 发酵器成功地进行了植物细胞的发酵培养。

1960 年，Morel 通过组织法得到兰花组培苗后，很快将这一技术应用于生产。现已形成了组织培养法繁殖兰花工业。同年，Cocking 用真菌纤维素酶由番茄幼根分离得到大量活性原生质体，开创了植物原生质体培养和体细胞杂交研究工作。

1978 年，Murashige 提出了“人工种子”的概念，之后的几年在世界各国掀起了“人工种子”开发热潮。

1981 年，Larkin 和 Scowcroft 提出了体细胞无性系变异的概念。

1982 年，Zimmermann 开发了原生质体的电融合。20 世纪 80 年代中期，由于水稻 (Fujimura 等，1985；Yamada 等，1985)、大豆 (Wei 和 Xu，1988)、小麦 (Harris 等，1989；Ren 等，1990；Wang 等，1990) 等主要农作物原生质体植株再生的相继成功，将植物原生质体研究推向高潮。实际上，20 世纪七八十年代，原生质体植株再生与体细胞杂交研究一直是植物细胞组织培养研究领域的主旋律。

1983 年，日本三井石油化学工业公司使用 750L 植物细胞反应器进行紫草细胞培养来工业化生产紫草宁，从而使植物细胞培养技术由试验进入生产阶段。此后，黄连细胞培养生产小檗碱、人参细胞培养生产人参皂苷、长春花细胞培养生产长春花碱、银杏细胞培养生产银杏黄酮和银杏内酯、黄花蒿细胞培养生产青蒿素、玫瑰茄细胞培养生产花青素、红豆杉细胞培养生产紫杉醇、大蒜细胞培养生产超氧化物歧化酶以及番木瓜细胞培养生产木瓜凝乳蛋白酶等相继取得成功，迄今为止，已经从 400 多种植物中分离出细胞，并通过细胞培养，获得 600 多种人们所需的各种化合物。

四、植物组织细胞培养的应用

目前，植物细胞培养已经在工农业中广泛应用。植物细胞培养在工业上的应用主要体现在两方面：一是对那些能产生重要次级 (生) 代谢产物 (如生物碱、类黄酮、香豆素、蒽醌、萜类、甾体、蛋白质、多肽等) 的细胞系进行大规模培养，实现这些产物的工业化生产；另一方面是利用植物细胞进行生物转化，即通过植物细胞内生成和积累的各种酶的催化作用，将外源底物转化为药物、食品添加剂等具有较高应用价值的产物。植物细胞培养在农业上主要应用于植物育种、种质保存、植物脱毒和植株的大规模快速繁殖等方面。

（一）在植物育种方面的应用

植物组织细胞培养已广泛应用于植物育种，在单倍体育种、胚培养、体细胞杂交、细胞突变体诱变与筛选以及遗传转化等方面均取得显著成就。

1. 单倍体育种

在常规杂交育种的基础上，通过花药（花粉）培养，进行单倍体育种。自从 Guha 和 Maheshwari（1964）获得世界上第一株花粉单倍体植株以来，目前世界上已有约 300 种植物成功地获得了花粉植株。通过花药（花粉）培养获得单倍体植株，然后通过秋水仙素处理使其染色体加倍，可以迅速使后代基因型纯合，加速育种进程。通过花药培养，1974 年我国科学家育成了世界上第一个作物新品种——烟草品种单育 1 号，之后又育成水稻中花 8 号、小麦京花 1 号等一批优良品种，在生产上大面积推广种植。

2. 胚培养

胚培养早在 20 世纪 40 年代就开始用于克服植物远缘杂交中存在的杂交不亲和性，采用幼胚（或胚胎、胚珠等）离体培养使自然条件下早期的幼胚发育成熟，获得杂种后代。目前已在 50 余个科属中获得成功。

3. 体细胞杂交

体细胞杂交是打破物种间生殖隔离，实现其有益基因的交流，改良植物品种，以致创造植物新类型的有效途径。通过体细胞杂交，目前已育成细胞质雄性不育烟草、细胞质雄性不育水稻、马铃薯栽培种与其野生种的杂种、番茄栽培种与其野生种的杂种、甘薯栽培种与其野生种的杂种、马铃薯与番茄的杂种、甘蓝与白菜的杂种以及柑橘类杂种等一批新品种和育种新材料。

4. 细胞突变体的诱变与筛选

在培养过程中，培养物的细胞处于不断分裂的状态，易受培养条件和外界压力（如射线、化学物质等）的影响而发生变异。大量研究表明，细胞水平的诱变，其突变频率远远高于个体或器官水平的诱变，而且在较小的空间内一次可处理大量材料；如果是通过体细胞胚胎发生途径再生植株，还能克服个体或器官水平诱变所存在的嵌合体现象，获得同质突变体。目前，利用体细胞无性系变异和细胞诱变已获得一批抗病虫、抗除草剂、耐寒、耐盐、优良品质等突变体。例如，在培养基中加入不同浓度的 NaCl，通过胁迫诱变和筛选抗盐突变体。还可以向培养基中加入病原体的毒蛋白，以诱变和筛选抗病突变体。为了改善作物品质，可以进行抗赖氨酸类似物的诱变与筛选，即在培养基中加入不同浓度的赖氨酸类似物，可以获得抗赖氨酸类似物突变体。这种突变体中的赖氨酸、蛋氨酸、亮氨酸和异亮氨酸的水平升高。

5. 遗传转化

遗传转化（即基因工程）通过将外源遗传物质（DNA）导入培养细胞或原生质体，可以获得抗逆、高产及优质的转基因植株，能解决植物育种中用常规杂交方法所不能解决的问题，并能与常规育种方法相结合，建立高效育种技术体系。基因工程是改良植物抗病虫性、抗逆性及品质等新的重要手段。目前通过这种方法已获得抗虫棉等一批新品种，并已在生产上大面积推广应用。

（二）在植物脱毒方面的应用

植物脱毒和离体快繁是目前植物细胞组织培养应用最多、最有效的一个方面。许多植物，特别是无性繁殖植物均受到多种病毒的侵染，造成严重的品种退化，产量降低，品质变劣。早在1943年，White就发现植物生长点附近的病毒浓度很低甚至无病毒，利用茎尖分生组织培养可脱去病毒，获得脱毒植株。目前，利用这种方法生产脱毒种苗，已在马铃薯、甘薯、草莓、大蒜、苹果、香蕉等多种主要作物上大规模应用。

（三）在离体快繁方面的应用

传统的植物繁殖是在田间或在温室中进行有性繁殖或无性繁殖，效率低，时间长，不利于优良品种和新品种的大规模推广应用。由于植物离体繁殖快速，而且材料来源单一，遗传背景均一，不受季节和地区等的限制，重复性好，离体快繁比常规方法快数万倍至百万倍。目前世界上已建成许多年产百万苗木的组织培养工厂，已成为一个新兴产业，组培苗市场已国际化。这种离体快繁方法已在观赏植物、园艺植物、经济林木、无性繁殖作物等上广泛应用。

（四）在植物种质资源保存方面的应用

植物种质资源一方面不断大量增加，另一方面一些珍贵、濒危植物资源又日趋枯竭，造成田间保存耗资巨大，又导致有益基因的不断丧失。利用植物细胞继代培养或者冷冻保存的方法进行种质保存，不仅简单方便，而且可以使植物的遗传特性得以长期稳定地保存，对于稀有植物品种、优良植物品种和新型植物品种的种质保存具有重要的意义。同时，离体保存的材料不受各种病虫害侵染，而且不受季节的限制，所以利于种质资源的地区间及国际间的交换。目前，我国已在很多地方建立了植物种质资源离体保存设施。

（五）在植物次生代谢物生产上的应用

细胞悬浮培养和单细胞培养的成功，使得植物细胞像微生物那样在大容积的发酵罐中进行发酵培养以及将植物细胞作为一个生物反应器为人类大规模生产有用物质成为可能。一方面利用植物细胞的某种特定功能可以生产植物次生代谢物或利用转基因植物外源基因特性生产目的产品；另一方面可利用植物细胞特有的生化代谢特性进行生物转化。植物是各种天然产物的主要来源，大多数都可以通过各种生化分离技术直接从植物中提取分离这些物质。与提取分离法相比，植物细胞培养生产次级代谢物具有提高产率、提高产品质量、缩短周期等显著特点，而且不占用耕地，不受地理环境和气候条件等的影响。因此，发展植物细胞培养技术，生产各种植物来源的有重要应用价值的天然产物，对于农业产品的工业化生产具有深远的意义。

除了在工农业方面的应用，植物细胞培养还推动了植物遗传、生理、生化和病理学方面的研究，已成为科学研究中的常规方法。例如，利用花药和花粉培养获得的单倍体和纯合二倍体植株，是研究基因性质作用等的理想材料；单细胞培养研究植物的光合代谢是非常理想的。

近20多年来，植物细胞培养技术及其在工农业等领域的应用发展迅速，已经取得不少令人瞩目的成果。随着科技的发展，植物细胞培养及其应用技术将进一步发展到前所未有的水平，并取得巨大的经济效益和社会效益，为人类的健康长寿和经济、社会的发展做出更大的贡献。

【难点自测】

一、名词解释

外植体、愈伤组织、脱分化、细胞全能性

二、判断题

1. 愈伤组织是脱分化的植物组织细胞。（　　）

2. 在植物组织培养和细胞培养中都包括愈伤组织培养。(   )

3. 植物细胞培养的主要目的是获得所需的细胞和各种所需的产物。(   )

三、填空题

1. 植物组织培养的理论依据是________。

2.1902年，________正式提出植物细胞全能性理论，认为每个植物细胞具有母株植物的全套遗传信息，具有发育成完整植株的能力。

四、问答题

1. 植物细胞培养和植物组织培养的不同体现在哪些方面?

2. 植物细胞培养在农业方面有哪些应用?

项目五　胡萝卜细胞的悬浮培养

【项目介绍】

一、项目背景

胡萝卜素又称维生素 A 原（provitamin A），理论上，一个分子的 β-胡萝卜素可转化为两个分子的维生素 A，而维生素 A 对人体有很好的保健作用和治疗作用，可作为营养增补剂。同时胡萝卜素也是一种天然着色剂，能产生自然醒目的黄-橙-红色。在一般食品的 pH 值范围内能稳定保存。目前，天然胡萝卜素产品（主要是 β-胡萝卜素）的制法有：从植物，如胡萝卜、盐生杜氏藻等天然胡萝卜素含量高的植物中提取。由于生产成本高，目前市场上天然 β-胡萝卜素的价格较高。

假设你是某生物药物公司研发部门的实验员，你所在的公司计划研究从胡萝卜培养生长期的主根部诱导出愈伤组织，经液体悬浮培养到产生胡萝卜素的整个过程，试图用植物细胞培养方法探索出高产胡萝卜素的一条新途径，降低生产成本，以适应当今国内外市场发展之需求。你所在的项目小组承担的任务是：诱导胡萝卜愈伤组织，建立起胡萝卜悬浮细胞系，以期为后续的生产打下基础。该项目小组的工作人员需要了解植物悬浮培养体系的建立途径和原理、准备仪器药品、摸索实验条件和操作要点，按时提交质量合格的胡萝卜悬浮细胞系。最后部门将对项目小组中的每一位成员进行考核。

二、学习目标

【思政案例】

1. 能力目标

① 能根据操作规程，正确配制植物细胞培养基。

② 能设计植物细胞培养基的基本配方。

③ 会正确使用设备和器材诱导植物愈伤组织。

④ 能完成植物细胞悬浮培养。

2. 知识目标

① 熟悉植物细胞培养实验室的构建，掌握植物细胞培养过程中常用仪器设备的使用方法。

② 熟悉植物细胞培养基的类型和组成。

③ 熟悉植物细胞培养过程中的环境条件及其控制原理和方法。

④ 掌握植物细胞的获取方法及途径。

⑤ 理解愈伤组织、愈伤组织培养的基本概念，熟悉植物愈伤组织培养的具体过程。

⑥ 理解植物细胞悬浮培养的概念，熟悉其培养过程中主要指标的测定方法。

⑦ 了解植物细胞固定化培养和植物单细胞培养。

3. 素质目标

① 巩固并强化良好的无菌意识。

② 能根据生物产品生产、检测或研发的需要，完成信息的收集和整理。

三、项目任务

① MS 培养基的制备。

② 胡萝卜愈伤组织的诱导。

③ 胡萝卜细胞的悬浮培养。

【项目实施】

任务一 MS培养基的制备

• 必备知识

植物细胞培养是一项技术性较强的工作。为了使细胞培养工作顺利进行，必须满足植物细胞培养所需的一切条件，要求熟练掌握植物细胞培养常用仪器设备的使用和培养基的配制。

一、植物细胞培养的实验室条件

植物细胞培养是在严格无菌的条件下进行的，因此植物细胞培养实验室首先要能提供良好的无菌条件，其次需要一定的设备、器材和用具，以实现人工控制温度、光照、湿度等培养条件，从而给培养物提供理想的生长发育环境。

(一) 植物细胞培养实验室的设计

植物细胞培养实验室和动物细胞培养实验室大同小异，主要包括准备室、无菌操作室和培养室等三部分（见图 5-1）。实验室设计原则：保证无菌操作，达到工作方便，防止污染。

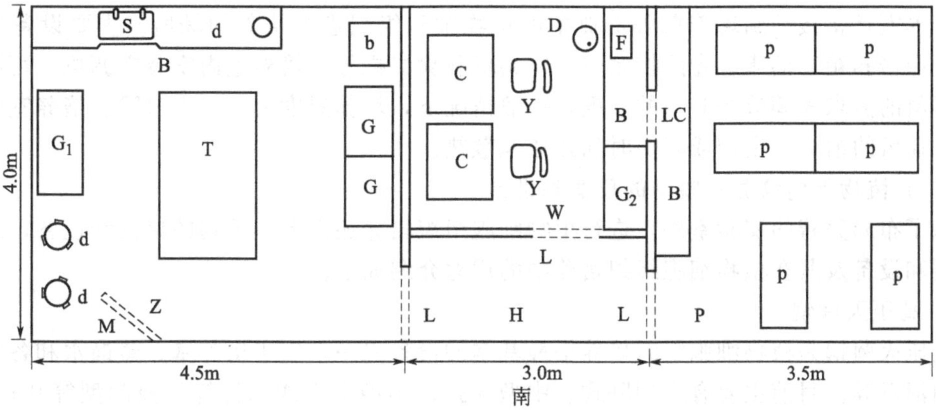

图 5-1 植物细胞培养实验室布局

Z—准备室；H—缓冲室；P—培养室；S—水槽；B—白瓷砖面边台，下有备品柜；d—电炉；b—冰箱；G_1—放置培养瓶用的搁架；T—大实验台；G—药品及仪器柜；M—门；L—拉门；W—无菌操作室；C—超净工作台；Y—椅子；D—圆凳；G_2—放置灭过菌待用培养瓶的搁架；F—分子天平；LC—拉窗，用于递送培养瓶；p—培养架

（引自：谭文澄、戴策刚，观赏植物组织培养，1991）

1. 准备实验室

准备实验室也称作准备室，主要用于药物放置、称取和配制、仪器存放、器皿的洗涤与烘干、培养基配制、灭菌、制蒸馏水等工作，要求干净和便于工作。有条件的话，可将准备室分成洗涤间、培养基配制间和培养基灭菌间等房间，如果条件有限，可以将这些工作分区域放在一个房间进行。

(1) 洗涤间（区） 主要用于器具的洗涤、干燥和保存。洗涤间（区）应配备水池、防尘橱（放置培养容器）、烘箱等。

(2) 配制间（区） 主要用于药品储备、试剂配制、培养基制备等。配制间（区）

应有较大的空间，配备一定量的试剂柜、实验台和试剂架，便于放置化学试剂、实验用具、配制容器、各种小型仪器设备。常用的仪器有冰箱、普通天平、分析天平、pH计和电炉等。

(3) 灭菌间（区） 主要用于培养器皿和培养基的灭菌等。灭菌间（区）主要设备有高压灭菌锅、干燥灭菌器（如烘箱）等。

2. 无菌操作室

无菌操作室简称无菌室、接种室，是进行无菌工作的场所，如材料的灭菌接种、无菌材料的继代、培养物的转移、原生质体的制备等，它是植物细胞培养研究或生产工作中关键的部分，关系到培养物的污染率、接种工作效率等重要指标。因此无菌室要求定期消毒（紫外线照射、气雾熏蒸、药品喷洒）和保持干燥、洁净。无菌室主要仪器设备为超净工作台，还需要镊子、剪刀、解剖刀、接种工具（接种针、接种钩及接种铲）、钻孔器、酒精灯、电热接种器械和灭菌器等用具。

无菌室的设计应注意以下原则：环境干爽，清洁，位于区域上风位置；空间宜小不宜大，一般为7～8m^2，便于消毒；地面、天花板及四壁密闭光滑，无卫生死角；室内物品越少越好，并尽可能减少空气流动；设有缓冲间，面积较小，进入前更衣换鞋，减少杂菌进入。

3. 培养室

培养室是将接种到培养瓶等器皿中的植物细胞组织进行培养的场所。主要设备有培养架、光照培养箱、摇床、光照控制仪、空调机和除湿机等。培养室内安装空调机，可以根据培养材料的需求来调节24h内的温度，一般情况下，培养温度为(25±2)℃。培养室应设计能有效通风的窗户，定期或需要时加强通风散热。

（二）植物细胞培养实验室的仪器和设备

除了布局完善的实验室外，进行植物细胞组织培养还需要一系列的仪器和设备，现将这些仪器和设备及其在植物细胞组织培养中的用途介绍如下。

1. 高压灭菌锅

高压灭菌锅是植物细胞组织培养中最基本的设备之一，用于培养基、蒸馏水和各种用具的灭菌消毒等。目前主要有大型卧式、中型立式、小型手提式和计算机控制型等几种类型，可根据实际情况选择。大型效率高，小型方便灵活，细胞组织培养室中常使用小型手提式蒸汽灭菌锅。高压蒸汽灭菌时，一般在121℃时，控温15～40min，即可切断电源，自然冷却降压至读数为0时，方可取出灭菌物。

图5-2 培养架

2. 超净工作台

超净工作台现已成为植物组织培养中最常用、最普及的无菌操作装置，与接种箱及无菌室相比，超净工作台既方便又舒适，无菌效果又好。

3. 培养架

培养架（见图5-2）可以是木制的、钢制的或其他材料制成的，培养架的高度要根据培养室的高度来定，以充分利用空间。以研究为目的的培养室，一般架设6层，总高度200cm，每30cm为一层，架宽以60cm较好；如果以扩繁为目的，培养架可以高些，可借助梯子来摆放培养容器。培养架上一般每层要安装玻璃板，可使各层培养材料都能接受到更多的散射光照。通常在每层培养架上安装 40W 的日光灯管。日光灯一般安装在培养物的上面，灯管距上层隔板 4～6cm，每层安装 2～4 个灯管，每管相距 20cm，这种情况下，光照强度为 2000～4000lx，能够满足大部分植物的光照需求。控制每日光照时间可以采用自动定时器来完成。光周期视培养材料类型而定，采用较多的是 16h 光照、8h 黑暗。

4. 酸度计

用来配制培养基时测定和调整培养基的 pH 时用。一般实验室常用小型酸度计，既可在配制培养基时使用，也可测定培养过程中 pH 的变化。也可使用 pH 为 4.0～7.0 的精密试纸来代替酸度计。

5. 天平

天平用来称取化学试剂。常用的有感量为 0.01g 的天平和 0.0001g 的电子分析天平。前者用来称量大量元素、琼脂、蔗糖等，后者用于称量微量元素、植物激素及微量附加物。

6. 低温低速台式离心机

用于分离、洗涤、收集培养的细胞或原生质体，一般转速为 2000～4000r/min。

7. 倒置相差显微镜

倒置相差显微镜（见图 5-3）用于隔瓶观察悬浮培养的未染色的活细胞和标本。倒置相差显微镜一般配有照相装置，可以用来拍摄和记录细胞的分裂、生长和分化的动态过程。

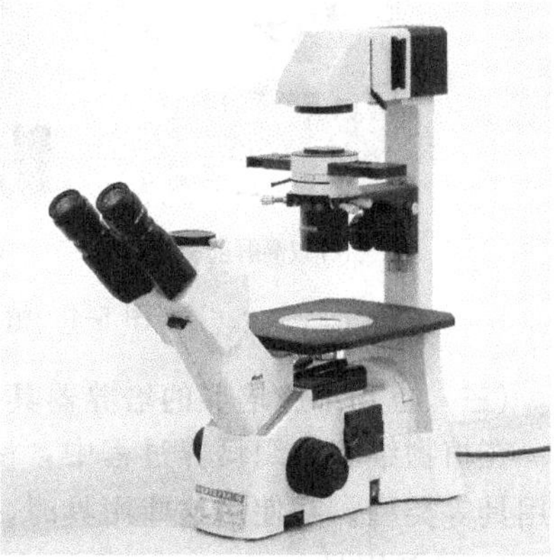

图 5-3 倒置相差显微镜

8. 双筒解剖镜

双筒解剖镜［见图 5-4(c)］用于观察和解剖切取很小的器官和组织，如剥离植物茎尖、胚乳和幼胚等，也可以用来观察愈伤组织生长和分化的情况。

9. 生物显微镜

用于植物细胞学、组织学观察。

10. 水浴锅

用于溶解或融化培养基。

11. 旋转式培养架和摇床

旋转式培养架［见图 5-4(e)］和摇床［见图 5-4(a)］均用于组织和细胞的液体悬浮培养。摇床根据振荡方式分为水平往复式和回旋式两种，振荡速度因培养材料和培养目的不同而不同，一般为 100r/min 左右。

12. 蒸馏水发生器或去离子水装置

用于制备蒸馏水或去离子水。

13. 电热磁搅拌器

用于溶解化学试剂。

14. 培养箱

用于少量植物材料的培养。根据培养的植物材料、培养目的等不同，可分为光照培养箱［见图 5-4(d)］、暗培养箱两种类型，每种类型又可有调湿和不调湿两种规格。有条件的话，还可采用全自动的调温、调湿、控光的人工气候箱来进行植物细胞培养。

15. 超声波清洗器

超声波清洗器［见图 5-4(b)］可用于清洗容器，也可以用于溶解试剂和提取植物细胞内次生代谢物。

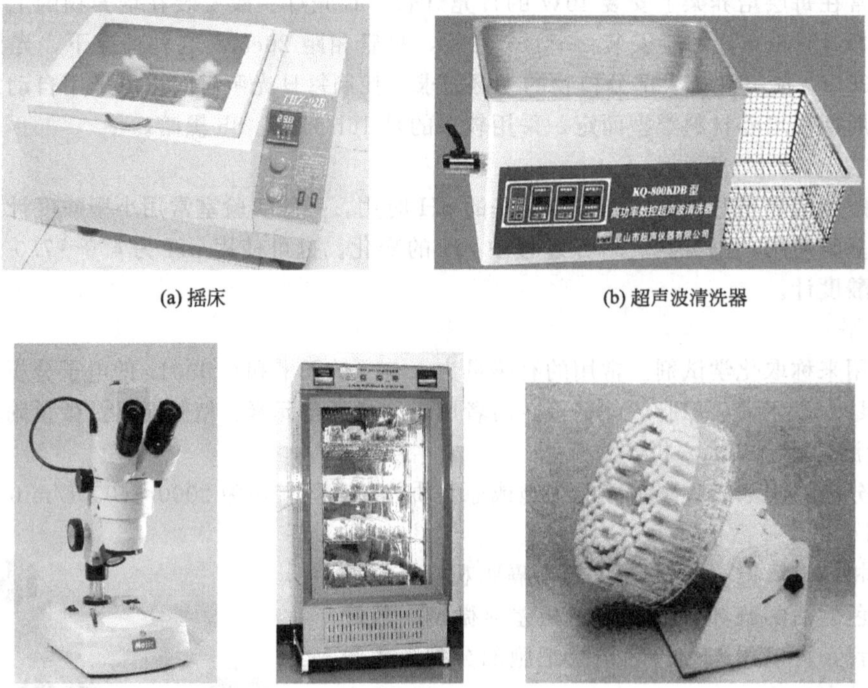

(a) 摇床　(b) 超声波清洗器　(c) 双筒解剖镜　(d) 光照培养箱　(e) 旋转式培养架

图 5-4　植物细胞组织培养的各种仪器和设备

(三) 植物细胞培养的培养器具

在植物细胞组织培养过程中，使用的用具各种各样，如培养基配制用具、培养用具、接种用具等类型。在使用这些用具时，必须要了解它们的基本用途，并学会它们的基本用法。

1. 培养用具

(1) 试管　试管有圆底的和平底的两种，适合少量培养基及试验各种不同配方时使用。一般选用 2.0cm×15cm 和 3.0cm×20cm 规格的试管较适宜。

(2) 三角瓶　三角瓶是植物细胞组织培养中最常用的培养器皿，适合进行各种培养，如固体培养和液体培养，常用的规格有 50mL、100mL、150mL 和 300mL 的三角瓶。具有采光好、瓶口较小、不易失水和污染的特点。

(3) L 形管和 T 形管　为专用的旋转式液体培养试管。

(4) 培养皿　适于作单细胞的固体平板培养、胚和花药培养及无菌种子发芽。常用的有直径为 40mm、60mm、90mm 和 120mm 的培养皿。

(5) 广口瓶　常用于试管苗的大量繁殖，一般用 200～500mL 的规格。

(6) 封口用品　培养容器的瓶口需要封口，以达到防止培养基失水和杜绝污染的目的，容器封口所使用的材料尺寸应为被覆盖容器上口直径的 3～4 倍。常用的封口材料有棉花塞、铝箔、聚丙烯膜等。其中棉花塞是我国常用的封口物。首先需用纱布包被，外边再包一层牛皮纸，用线绳或橡皮筋扎好。具有通气性好、价格低等优点，但制作比较费时。当外界湿度大时，易出现部分棉塞污染；外界湿度小时，具有培养基水分外逸较快及遮光等缺点。铝箔本身在定型后不易变形，无需使用线绳等固定，使用方便、效率高，但价格较高。耐高温透明塑料薄膜透光性好，但也要对其进行绑扎固定。蜡膜常用于培养皿的封口，具有透光好、透气差的特点。另外，在市场上已有经高压灭菌的“菌膜”，即聚丙烯膜。其可按瓶口大小裁切成块（一般用双层），包扎在瓶口上即可。国外较多地使用耐高温塑料制的连盒带盖的培养容器。实验中可根据自己的实际情况选择适宜的封口材料。

2. 培养基配制用具

（1）量筒 用来量取一定体积的液体。常用的规格有 25mL、50mL、100mL、500mL 和 1000mL 等。

（2）烧杯 用来盛放、溶解化学试剂等。常用的规格有 100mL、250mL、500mL、1000mL、3000mL 等。

（3）容量瓶 用来配制标准溶液。常用的规格有 50mL、100mL、250mL、500mL 和 1000mL 等。

（4）试剂瓶 用于各种溶液、母液配制、储藏和培养基配制等。常用的规格有 100mL、250mL、500mL 和 1000mL 等，颜色多为棕色和无色，见光易发生变化的试剂，应保存在棕色瓶内。

（5）刻度移液管 用来量取一定体积的液体。常用的规格有 0.2mL、0.5mL、2mL、5mL、10mL、25mL 等。

（6）微量移液器 用来量取少量的、一定体积的液体。常用的规格有 25μL、100μL、500μL、1mL、5mL、10mL。

3. 接种用具

（1）酒精灯、电热接种器械灭菌器 如图 5-5(d) 所示，用于金属接种工具的灭菌。

（2）手持喷雾器 手持喷雾器可盛装 75% 的酒精，用于接种器材、超净工作台面和操作人员手部的表面灭菌，也可以用于无菌接种室的酒精喷雾消毒。

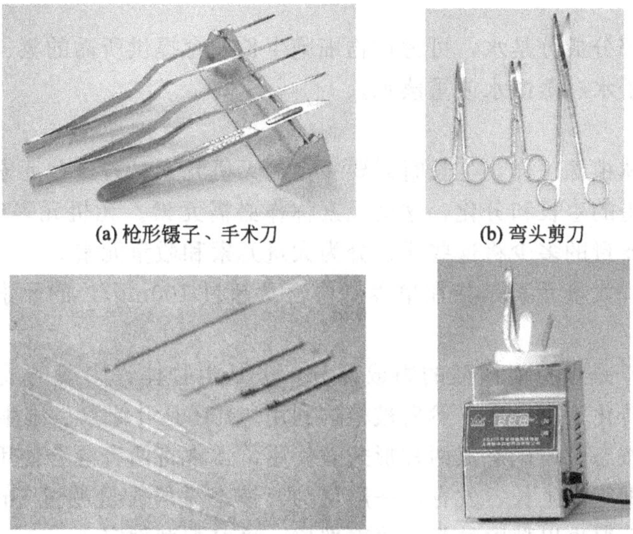

(a) 枪形镊子、手术刀　(b) 弯头剪刀

(c) 解剖针　(d) 电热接种器械

图 5-5 植物细胞组织培养的各种接种用具

（3）镊子 钝头镊子适合于接种操作及继代培养时移取植物材料用；尖头镊子适合用于解剖和分离叶表皮时用；枪形镊子［见图 5-5(a)］，其腰部弯曲，适合转移外植体和培养物。

（4）解剖针 如图 5-5(c) 所示，用于分离植物材料。

（5）解剖刀 用来切割植物材料，可以更换刀片。

（6）剪刀 适合于剪取植物材料，常用的有弯头剪［见图 5-5(b)］、平头剪和尖头剪。

弯头剪适合于直接在培养容器中剪取材料。

4. 小型器具

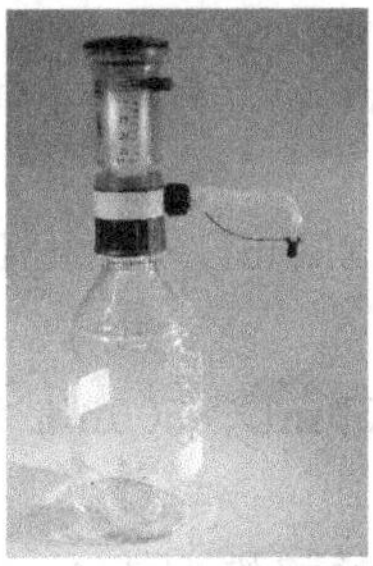

(a) 分注器

(b) 定时器(24h)

图 5-6 植物细胞组织培养的部分小型器具

(1) 分注器 如图 5-6(a) 所示，用来分装培养基。

(2) 血细胞计数器 用于悬浮培养物中的植物细胞的计数。

(3) 电炉等加热器具 用于溶解生化试剂，固体培养基配制时，加热融解琼脂用。

(4) 微孔滤器 用于对液体进行过滤灭菌。

(5) 定时器 如图 5-6(b) 所示，用于培养间光照时数的控制，有机械控制式和石英电子控制式。

二、植物细胞培养的培养基

培养基是植物细胞培养中的最主要的部分，除了培养材料本身的因素外，培养基的种类成分等直接影响培养材料的生长发育，应根据培养材料的种类和培养部位选取适宜的培养基。培养基的种类很多，不同的培养基有其不同的特点，通过分析、了解它们的特点，可便于人们选择适宜的培养基。

(一) 培养基的组成

植物细胞培养基的主要成分包括水、无机营养、有机成分、有机附加物、植物生长调节物质和琼脂等。

1. 水

培养基中的大部分成分是水，可为植物细胞生长发育提供所需的氢、氧元素，配制培养基时，一般用去离子水、蒸馏水或重蒸水。

2. 无机营养

植物细胞和整体植株一样，生长时需要一定的无机元素，若这些元素或多或少以至完全缺乏，都会影响细胞的生长和分化，这些元素称作必需元素。无机元素中有 13 种是植物必需的。根据植物需要量的多少将这些元素分为大量元素和微量元素。

(1) 大量元素 大量元素是指在培养基中含量超过 100mg/L 的元素，包括 N、P、K、Ca、Mg、S 等。

① 氮 氮 (N) 是细胞中核酸的组成部分，也是生物体许多酶的成分，氮被植物吸收后转化为氨基酸再转化为蛋白质，然后被植物利用。氮还是叶绿素、维生素和植物激素的组成成分。氮主要以铵态氮、硝态氮两种形式被使用，常常将两者混合使用，以调节培养基中的离子平衡，利于细胞的生长、发育。一般认为，铵态氮的含量超过 8mmol/L 时容易伤害培养物，但是这种情况也以植物种类、培养部位、培养类型而定。

② 磷 磷 (P) 参与植物生命活动中核酸及蛋白质的合成、光合作用、呼吸作用以及能量的储存、转化与释放等重要的生理生化过程，增强植物的抗逆能力，促进早熟。组织培养过程中培养物需要大量的磷。磷常常是以盐的形式供给。

③ 钾 钾 (K) 是许多酶的活化剂。组织培养中钾能促进器官和不定胚分化，促进叶绿素、ATP 的合成，增强植物的光合作用和产物的运输，能调节植物细胞水势，调节气孔运动，提高植物的抗逆性能。钾常常是以盐的形式供给。

④ 钙、镁、硫 钙 (Ca)、镁 (Mg)、硫 (S) 参与细胞壁的构成，影响光合作用，促

进代谢等生理活动。钙、镁和硫的浓度在1～3mmol/L范围内较适宜。常常以$MgSO_4$和钙盐的形式供给。

(2) 微量元素 微量元素是指在培养基中含量低于100mg/L的元素，主要有铁(Fe)、硼(B)、锰(Mn)、锌(Zn)、铜(Cu)、钼(Mo)、钴(Co)、氯(Cl)等。微量元素在植物生长过程中需要量很少，一般大多为10^{-10}～10^{-7}mol/L，稍多则会出现外植体的蛋白质变性、酶系失活、代谢障碍等毒害现象。微量元素中，铁对叶绿素的合成和延长生长起重要作用，通常以硫酸亚铁与EDTA·2Na螯合物的形式存在于培养基中，避免Fe^{2+}氧化产生氢氧化铁沉淀的发生。硼能促进生殖器官的生长发育，参与蛋白质合成或糖类运输，可调节和稳定细胞壁结构，促进细胞伸长和细胞分裂。锰参与植物的光合、呼吸代谢过程，影响根系生长，对维生素C的形成以及加强茎的机械组织有良好的作用。锌是各种酶的构成要素，增强光合作用效率，参与生长素的代谢，促进生殖器官发育和提高抗逆性。铜能促进花器官的发育。钼是氮素代谢的重要元素，参与繁殖器官的建成。因此，微量元素在组织培养中是必不可少的。

碘“I”虽然不是植物必需的元素，但几乎所有的培养基中都添加I，有些培养基中还加入钴(Co)、镍(Ni)等元素，这些元素加入培养基利于植物细胞在离体条件下生长和发育。

3. 有机成分

(1) 氨基酸 氨基酸是一种重要的有机氮源，参与构成生物大分子（蛋白质、酶）的基本组成。常用的氨基酸有甘氨酸、谷氨酸、精氨酸、丝氨酸、丙氨酸、半胱氨酸以及多种氨基酸的混合物[如水解酪蛋白(CH)、水解乳蛋白(LH)等]。

(2) 维生素 维生素类化合物在植物细胞中主要以各种辅酶的形式参与多项代谢活动，对生长、分化等有很好的促进作用，其使用量一般为0.1～1.0mg/L。培养基中常用的维生素主要是B族维生素，如盐酸硫胺素（维生素B_1）、盐酸吡哆醇（维生素B_6）、烟酸（维生素B_3，又称维生素PP）、泛酸（维生素B_5）、钴胺素（维生素B_{12}）、叶酸（维生素B_{11}），以及生物素（维生素H）、抗坏血酸（维生素C）等。

(3) 肌醇 肌醇（环己六醇）在糖类的相互转化中起作用，是细胞壁的构成材料。肌醇具有帮助活性物质发挥作用的效果，能使培养物快速生长，对胚状体和芽的形成有良好的促进作用。培养基中肌醇的用量一般为50%～100%。

(4) 糖 糖在植物组织培养中是不可缺少的，它不但作为离体组织赖以生长的碳源，且能使培养基维持一定的渗透压。渗透压对细胞的增殖和胚状体的形成都有十分明显的影响。一般多用蔗糖，其浓度为1%～5%，也可用砂糖、葡萄糖或果糖等。

(5) 有机附加物 有些植物细胞培养中还添加一些天然有机物，如椰乳(CM)的使用量常为100～200mL/L、香蕉泥150～200mg/L、番茄汁5%～10%、酵母提取物0.5%等。这些有机物有效成分主要为氨基酸、酶、植物激素等物质。有机附加物成分复杂且不确定，因而在培养基配制中倾向于选用已知成分的合成有机物。

(6) 植物生长调节物质 植物生长调节物质对愈伤组织的诱导、器官分化及植株再生具有重要的作用，是培养基中的关键物质，主要包括生长素和细胞分裂素等。

① 生长素 其主要功能是促进细胞伸长生长和细胞分裂，诱导愈伤组织的产生，促进生根。配合一定比例的细胞分裂素，可诱导不定芽的分化、侧芽的萌发与生长。常用的生长素有吲哚乙酸(IAA)、吲哚丁酸(IBA)、萘乙酸(NAA)、2,4-二氯苯氧乙酸(2,4-D)。它们的作用强弱依次为2,4-D>NAA>IBA>IAA。

② 细胞分裂素 这类激素是腺嘌呤的衍生物，常用的有玉米素（ZT）、6-苄氨基腺嘌呤（6-BA）、激动素（KT）等。其中ZT活性最强，但非常昂贵，常用的是6-BA。

在培养基中添加细胞分裂素有三个作用：第一，诱导芽的分化促进侧芽萌发生长；第二，促进细胞分裂与扩大；第三，抑制根的分化。因此，细胞分裂素多用于诱导不定芽的分化和茎、苗的增殖，而在生根培养时使用较少或用量较低。

③ 赤霉素 赤霉素有121种（1998），其中组织培养中所用的是GA_3。与生长素和细胞分裂素相比，赤霉素不常使用。赤霉素能刺激在培养中形成的不定胚正常发育成小植株。赤霉素易溶于冷水，每升水最多可溶解1000mg。GA_3溶于水后不稳定，容易分解，故最好以95%酒精配成母液在冰箱中保存。

④ 脱落酸 脱落酸（ABA）能促进体细胞胚胎发生的频率，促进体细胞胚胎的成熟，减少畸形胚胎发生。针叶树体细胞胚胎经ABA处理后，可产生同步化的高质量成熟体细胞胚胎。

⑤ 其他激素 多效唑（PP333）和乙烯等也常在植物组织细胞培养中使用到。

（7）琼脂 在固体培养时，琼脂是使用最方便、最好的凝固剂和支持物。琼脂以色白、透明、洁净的为佳。琼脂本身并不提供任何营养，它是一种高分子的碳水化合物，从红藻等海藻中提取，仅溶解于热水，成为溶胶，冷却后（40℃以下）即凝固为固体状的凝胶。

（8）活性炭 活性炭（AC）具有较强的吸附能力，培养基中加入活性炭的目的主要是利用其吸附能力，减少一些有害物质的影响，如防止酚类物质污染而引起组织褐化死亡。这在兰花组织培养中效果更明显。

活性炭使培养基变黑，有利于某些植物生根。但活性炭对物质吸附无选择性，既吸附有害物质，也吸附有利物质，因此使用时应慎重考虑，不能过量，一般用量为0.1%～0.5%。活性炭对形态发生和器官形成有良好的效应。在培养基中加入0.3%活性炭，还可以降低玻璃苗的产生频率。

4. 抗生素

合成的和天然抗生素都可以用于植物细胞培养。抗生素在细胞培养中起着重要的作用。如在细胞的转化实验中细菌和植物细胞共培养后需要用抗生素将细菌除去，这时就应当在培养基中添加适当的和适量的抗生素。然而对于一般细胞的培养要避免添加抗生素，因为抗生素对细胞的生长可能会产生一些无法预料的生理效应。在一些有较大风险和比较昂贵的大规模操作中，低浓度的抗生素仍然经常被使用。

5. pH

培养基的pH因培养材料不同而异，大多数植物都要求在pH5.0～6.0的条件下进行组织细胞培养。一般来说，当pH在6.0以上时，培养基将会变硬；pH5.0以下时，琼脂不能很好地凝固。配制培养基时，常需要制备一系列的NaOH和HCl溶液（0.1mol/L、1mol/L），以精确地调节培养基的pH。

（二）常用的植物细胞培养基种类

按照培养基配方中无机盐的含量可将目前常用植物细胞培养基分为4类（见表5-1）：第一类是含盐量较高的培养基，其典型代表是MS培养基和ER培养基等；第二类是硝酸钾含量较高的培养基，如B_5、N_6和SH培养基等，这类培养基的盐浓度也较高，其中SH培养基的NH_4^+和PO_4^{3-}是由$NH_4H_2PO_4$所提供；第三类是无机盐中等含量的培养基，如NN培养基，其大量元素相当于MS的一半，微量元素种类减少，但含量增加，维生素种类比MS含量多；第四类是低盐浓度的培养基，如WPM和White培养基等。一般来说，N_6、

MS、B_5 培养基适合于单子叶植物细胞培养；MS、B_5、LS、SL 等适合于双子叶植物细胞培养。

表 5-1　植物组织细胞培养常用培养基的基本成分　　单位：mg/L

培养基成分		White (1963)	MS (1962)	ER (1965)	B_5 (1968)	Nitsch (1969)	NN (1969)	N_6 (1975)	WPM (1984)
大量元素	NH_4NO_3	—	1650	1200	—	720	720	—	400
	KNO_3	80	1900	1900	2500	950	950	2830	—
	$CaCl_2 \cdot 2H_2O$	—	440	440	150	—	166	166	96
	$CaCl_2$	—	—	—	—	166	—	—	—
	$MgSO_4 \cdot 7H_2O$	750	370	370	250	185	185	185	370
	KH_2PO_4	—	170	340	—	68	68	400	170
	$(NH_4)_2SO_4$	—	—	—	134	—	—	463	—
	$Ca(NO_3)_2 \cdot 4H_2O$	300	—	—	—	—	—	—	556
	Na_2SO_4	200	—	—	—	—	—	—	—
	$NaH_2PO_4 \cdot H_2O$	19	—	—	150	—	—	—	—
	K_2SO_4	—	—	—	—	—	—	—	990
	KCl	65	—	—	—	—	—	—	—
微量元素	KI	0.75	0.83	—	0.75	—	—	0.8	—
	H_3BO_3	1.5	6.2	0.63	3	10	10	1.6	6.2
	$MnSO_4 \cdot 4H_2O$	5	22.3	2.23	—	25	19	3.3	—
	$MnSO_4 \cdot H_2O$	—	—	—	10	—	—	—	22.3
	$ZnSO_4 \cdot 7H_2O$	3	8.6	—	2	10	10	1.5	—
	$Zn \cdot Na_2 \cdot EDTA$	—	—	15	—	—	—	—	—
	$Na_2MoO_4 \cdot 2H_2O$	—	0.25	0.025	0.25	0.25	0.25	0.25	8.6
	MoO_3	0.001	—	—	—	—	—	—	—
	$CuSO_4 \cdot 5H_2O$	0.01	0.025	0.0025	0.025	0.025	0.025	0.025	0.25
	$CoCl_2 \cdot 6H_2O$	—	0.025	0.0025	0.025	—	0.025	—	0.25
铁盐	$Fe_2(SO_4)_3$	2.5	—	—	—	—	—	—	—
	$FeSO_4 \cdot 7H_2O$	—	27.8	27.8	27.8	27.8	27.8	27.8	27.8
	$EDTA \cdot 2Na$	—	37.3	37.3	37.3	37.3	37.3	37.3	37.3
有机成分	肌醇	—	100	—	100	100	100	—	100
	烟酸	0.05	0.5	0.5	1	5	5.0	0.5	0.5
	盐酸吡哆醇	0.01	0.5	0.5	1	0.5	0.5	0.5	1.6
	盐酸硫胺素	0.01	0.1	0.5	10	0.5	0.5	1	—
	甘氨酸	3	2	2	—	2	2.0	2	—
	叶酸	—	—	—	—	0.5	—	—	—
	生物素	—	—	—	—	0.05	—	—	—

注：本表不包括生长调节物质、天然提取物、糖和琼脂等。

植物组织细胞培养所使用的培养基，还可根据其态相的不同，分为固体培养基与液体培养基，两者的区别是培养基中是否加了琼脂。固体培养基的优点是使用简便，一般用于组织、愈伤组织、短枝、茎尖等材料的培养，特别适合植物的快速繁殖。缺点是一块外植体只能部分接触培养基，不能浸没在培养基中，结果培养物上下部因接受养分不均而形成差异，不易使细胞群体保持一致。液体培养基能大量提供比较均匀的植物细胞，而且细胞的增殖速度快，一般用于细胞、原生质体的培养，也可用于愈伤组织的培养以及胚状体等材料的继代培养。

（三）植物细胞培养的培养基配制

1. 母液的配制和保存

配制培养基前，为了使用方便和用量准确，常将大量元素、微量元素、铁盐、有机物质、激素等分别配成母液，母液浓度比培养基配方需要浓度大若干倍。当配制培养基时，只需要按预先计算好的量吸取母液即可。

下面以MS培养基为例，说明母液的配制方法（表5-2）。

表5-2 MS培养基的母液

母液	化合物名称	培养基用量/(mg/L)	扩大倍数	称取量/mg	母液体积/mL	1L培养基吸取母液量/mL
大量元素	KNO_3	1900	10	19000	1000	100
	NH_4NO_3	1650		16500		
	$MgSO_4 \cdot 7H_2O$	370		3700		
	KH_2PO_4	170		1700		
	$CaCl_2 \cdot 2H_2O$	440		4400		
微量元素	$MnSO_4 \cdot 4H_2O$	22.3	100	2230	1000	10
	$ZnSO_4 \cdot 7H_2O$	8.6		860		
	H_3BO_3	6.2		620		
	KI	0.83		83		
	$Na_2MoO_4 \cdot 2H_2O$	0.25		25		
	$CuSO_4 \cdot 5H_2O$	0.025		2.5		
	$CoCl_2 \cdot 6H_2O$	0.025		2.5		
铁盐	EDTA·2Na	37.3	100	3730	1000	10
	$FeSO_4 \cdot 7H_2O$	27.8		2780		
有机物	甘氨酸	2.0	100	20	100	10
	维生素 B_1	0.1		4		
	维生素 B_6	0.5		5		
	烟酸	0.5		5		
	肌醇	100		1000		

注：表中各成分的扩大倍数与称取量仅为常用的一例，可以根据各自的需要，确定适当的扩大倍数，计算实际称取量。

（1）大量元素母液的配制　大量元素母液按照配方的用量，把各种化合物扩大10倍，分别称取后，用蒸馏水（重蒸水）溶解。如果溶解速度慢，可加热至60～70℃加速溶解，但不必煮沸。溶解后，将这些盐溶液混合并定容至1000mL。为防止发生沉淀，混合时，钙盐溶液应放在最后加入。

大量元素若使用量较大，也可以不配制母液，而采用逐个称取分别溶解的方法。

（2）微量元素母液的配制　微量元素母液可以按照配方用量的100倍，用蒸馏水（重蒸水）溶解，可稍加热助溶。然后按照硫酸锰、硫酸锌、硼酸、钼酸钠、碘化钾和氯化钴的顺序混合，并定容于1000mL容量瓶中。

（3）铁盐母液的配制　铁盐也容易发生沉淀，需要单独配制。一般用硫酸亚铁（$FeSO_4 \cdot 7H_2O$）和乙二胺四乙酸二钠（EDTA·2Na）配成100倍浓度的螯合态铁盐比较稳定，不易沉淀。配制方法是用天平分别称取2.78g硫酸亚铁（$FeSO_4 \cdot 7H_2O$）和3.73g EDTA·2Na，分别用蒸馏水溶解，可稍加热，混合冷却后，定容至1000mL。然后，转至棕色玻璃瓶中保存。

（4）有机物质母液的配制　维生素和氨基酸等有机物类，为了使用方便和准确，也应当配制成母液。母液浓度为配方用量的100倍。分别称取，溶解后定容至100mL，转入棕色试剂瓶中置于冰箱中保存。也可将有机成分分别配制，以便配制不同培养基时使用方便。一般配制浓度为甘氨酸1～2mg/mL，维生素 B_1 0.5～1mg/mL，维生素 B_6 0.5～1mg/mL，烟酸0.5～1mg/mL，肌醇20mg/mL。

（5）植物激素母液　植物激素也可以分别配制成母液，储存于冰箱。一般浓度为0.1～2mg/mL。IAA、NAA、IBA、2,4-D之类的生长素，可先用少量0.1moL/L的NaOH或

95%的酒精溶解，然后再定容到所需要的体积。KT、BA等细胞分裂素则可用少量0.1mol/L的HCl加热溶解，然后加水定容。GA_3在水中不稳定，因此要用95%的酒精配制母液。ABA不能直接溶于水，可以先用少量丙酮助溶，然后加水溶解。

各种母液配制好后要及时贴上标签，注明母液名称、浓度和配制时间，并保存在4℃左右的冰箱中储存，以免长霉、变质。当母液出现沉淀或霉菌团时，则不能使用，需重新配制。

2. 培养基的配制及其灭菌

(1) 培养基的配制方法　在细胞培养实验中，培养基制备上的错误所造成的问题比任何其他技术过失所造成的要多，因此必须按规定严格认真地进行配制培养基的操作。为了尽可能不出现差错，应当把培养基中各个成分都写在纸上，加进一个成分后及时划掉一个。每个装有培养基的培养器皿都应当清楚地做标记，以免遗忘或混淆。

制备培养基的步骤如下。

① 称出需要数量的琼脂和蔗糖放入烧杯中，加水到培养基最终体积的3/4，在恒温水浴中或电炉上加热使之溶解。在配制液体培养基时，因不添加琼脂，则无需加热，因为蔗糖在微温的水中也能溶解。

② 根据配方的要求，按顺序用量筒或移液管吸取需要量的大量元素、微量元素、铁盐、有机物、激素等各种母液，放入干净的烧杯中。

③ 把所取的各种母液倒入煮好的琼脂中，再加蒸馏水直至培养基的最终体积，同时不断搅动使其混合均匀，用0.1mol/L NaOH或0.1mol/L HCl调节培养基pH至所定的数值，一般为5.6～5.8。

④ 把培养基分装到所选用的培养容器中，每个容器中分装的培养基量尽可能大体一致。

⑤ 将分装好的培养基的培养瓶用封口膜或用盖子盖好。也可用铝箔纸或其他适宜的封口材料封瓶。注意在培养容器上标明培养基编号。

如果所用的培养容器是无菌且不耐高温的塑料容器，可将培养基装在250mL或500mL的三角瓶中，以铝箔或牛皮纸封住瓶口，先进行高压灭菌，灭菌后使培养基冷却到大约50℃，然后在超净工作台中将其分装到无菌塑料容器中。

(2) 培养基的灭菌　配制好的培养基必须进行灭菌处理后才能使用，培养基灭菌是植物细胞培养中十分重要的环节。培养基灭菌方法有高压蒸汽灭菌和过滤灭菌两种。

① 高压蒸汽灭菌法　最简单和使用最广泛的培养基灭菌方法是在121℃和108kPa下高压灭菌15～20min。当然使用这个方法的前提条件是培养基的所有成分都是对热稳定的。为了防止化学物质的变性或降解，灭菌时间不应当过长。同时为了避免高压蒸汽灭菌锅在到达设定压力之前所需的时间过长，灭菌锅装锅不能太满，而且每个培养瓶里所装培养基的体积不要太多。灭菌前首先要向锅中加入适量的水，高压锅盖要盖紧，然后把放气阀打开，加热直至冒出大量热气，以排出锅内的冷空气。或者关掉放气阀，当看到压力上升到大约49kPa时，再打开放气阀把冷空气排放掉。一定要注意把冷空气排干净，否则压力上去了，但实际温度达不到要求，因而造成消毒不彻底。当高压锅内的温度达到121℃时，维持15～20min（通常由灭菌锅自动控制），然后切断电源，使高压锅内的压力慢慢降下来，当压力下降到49kPa以下时，可轻轻打开放气阀排气，使锅内压力迅速下降，当指针指向0时，即可打开锅盖。

一般情况下，培养基在高压灭菌锅中所需要的温度和时间是121℃下维持15～20min，具体时间应根据容器内培养基的量来确定（表5-3）。

表 5-3 培养基高压灭菌所需的最少时间

体积/mL	灭菌时间/min	体积/mL	灭菌时间/min
20～50	15	1000	30
75	20	1500	35
250～500	25	2000	40

② 过滤灭菌 培养基中如果包含热不稳定的成分，则可以采用如下两种方式灭菌：一是培养基全部过滤灭菌，这种方法只适用于不含琼脂的液体培养基；二是将热不稳定的成分单独溶解，然后添加到经过高压蒸汽灭菌后的其他成分中。在后一种方法中，必须保证做到以下几点：a. 需要过滤灭菌的溶液的 pH 与设定的培养基的最终 pH 应当相同；b. 在过滤之前所有的成分应当完全溶解；c. 在添加过滤灭菌的成分之前，经过高压蒸汽灭菌的那部分液体的温度应当尽可能地低，例如对液体培养基来说降至室温比较合适，对琼脂固体培养基来说降到 50℃ 比较合适；d. 如果在需要过滤灭菌的成分中有一种或几种成分难溶，这将需要大量的溶剂来使这些成分完全溶解，因此为了满足预定的培养基最终体积和所有成分的最终浓度，就需要相应地减少可以通过高压蒸汽灭菌的那部分成分的体积。常用的过滤膜是硝酸纤维素滤膜，孔径为 0.45μm 和 0.22μm，这个孔径适合于除去微生物污染物，同时允许培养基相对容易流过。为防止滤膜被阻塞，可以先用孔径 0.45μm 的滤膜过滤，然后再用 0.22μm 的滤膜过滤。

灭菌后的培养基应尽快地使其冷却，一般不要立即使用，放置 3 天后，若没有出现真菌、细菌污染，才可使用。否则由于灭菌不彻底或封口材料的破损等原因，造成培养材料的损失。暂时不用的培养基最好储存于 4～5℃ 低温下，在洁净、无灰尘、遮光的地方储存。含 IAA 和 GA_3 等的培养基应在配制 1 周内使用，其他培养基也应在 2 周内使用完，以免干燥变质。

培养基的配制过程可用图 5-7 表示。

• 操作规程

（一）操作用品

1. 器材

普通天平（感量 0.01g）和分析天平（0.0001g）、药匙、玻璃棒、称量纸、吸水纸、滴管、洗瓶、标签纸、烧杯（50mL、100mL、200mL、1000mL）、剪刀、容量瓶（100mL、200mL、500mL、1000mL）、试剂瓶（100mL、200mL、500mL、1000mL）、量杯、量筒、移液管、吸耳球、pH 试纸、三角瓶（100mL）、培养皿（直径 9cm）、封口纸、棉绳、定性滤纸、电炉、高压灭菌锅等。

2. 试剂

① 95%乙醇、1mol/L NaOH、1mol/L HCl。

② MS 培养基各成分试剂。

③ 植物生长调节剂：2,4-D、6-BA、IAA、NAA 等。

④ 洗涤剂。

（二）操作步骤

1. MS 培养基母液的配制和保存

（1）大量元素母液的配制 按照表 5-2 中大量元素母液配方，把各种化合物扩大 10 倍，按表中的次序分别准确称量后，分别用 50mL 烧杯加入蒸馏水 30～40mL 溶解（可以加热至 60～70℃，促其溶解）。溶解后，

植物细胞培养基母液的配制

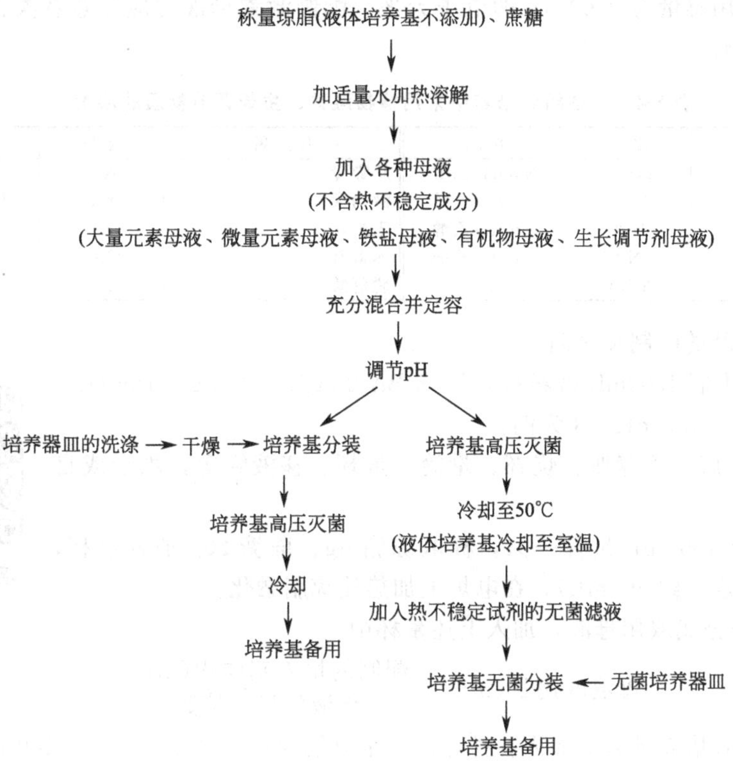

图 5-7 培养基配制过程图解

按顺序倒入容量瓶中（容量瓶中事先加入约 400mL 的蒸馏水，目的是避免由于盐浓度过高，使钙离子与磷酸根离子、硫酸根离子形成不溶于水的沉淀），注意氯化钙溶液最后加入，混匀，最后用蒸馏水定容至 1000mL。将配制好的母液倒入试剂瓶中，贴好标签，保存于 4℃冰箱中待用。

（2）微量元素母液的配制　按照表 5-2 中微量元素母液配方，将微量元素各种化合物扩大 100 倍，按照表中的次序用万分之一天平分别准确称取，逐个溶解后再混合，最后用容量瓶定容至 1000mL。将配制好的母液倒入试剂瓶中，贴好标签，保存于冰箱中。

（3）铁盐母液的配制　常用的铁盐是 $FeSO_4 \cdot 7H_2O$ 和 EDTA・2Na 的螯合物，必须单独配成母液，使用方便，又比较稳定。配制时，按照表 5-2 中铁盐母液配方中扩大后的用量，分别称取 $FeSO_4 \cdot 7H_2O$ 和 EDTA・2Na，分别溶解后，将 $FeSO_4$ 溶液缓缓倒入 EDTA・2Na 溶液（需加热溶解），搅匀使其充分螯合，定容后储放于棕色玻璃瓶中，并保存于冰箱中。

（4）有机物母液的配制　按照表 5-2 中有机物母液各成分扩大后的用量，用感量万分之一的天平分别称量各有机物。可以分别溶解定容，分别装入试剂瓶中，也可以混合溶解定容，装入同一试剂瓶中，写好标签，放入冰箱中保存。植物组织培养中常用的有机物一般都溶于水，但叶酸（维生素 B_9）先用少量稀氨水或 1mol/L NaOH 溶液溶解；维生素 H（生物素）先用 1mol/L NaOH 溶液溶解；维生素 A、维生素 D_3、维生素 B_{12} 应先用 95%乙醇溶解；然后再用蒸馏水定容。

（5）激素母液的配制　激素母液必须分别配制，浓度根据培养基配方的需要量灵活确定，一般是 0.1～2mg/mL，根据需要确定配制的浓度，例如称取激素 200mg 溶解后定容至 100mL，即得到浓度为 2mg/mL 的激素母液，而称取激素 10mg 溶解后定容至 100mL，即得到 0.1mg/mL 的激素母液。

称量激素要用感量为 0.0001g 的电子天平。配制激素母液时应注意各类激素的溶剂不同，具体见表 5-4。

表 5-4 植物组织培养中常用植物激素、生长调节物质的溶剂

中文名	缩写	溶剂	中文名	缩写	溶剂
2,4-二氯苯氧乙酸	2,4-D	NaOH/乙醇	腺嘌呤	Ade	H_2O
吲哚乙酸	IAA	NaOH/乙醇	激动素	KT	HCl/NaOH
吲哚丁酸	IBA	NaOH/乙醇	玉米素	ZT	NaOH
α-萘乙酸	α-NAA	NaOH/乙醇	赤霉素	GA_3	乙醇
6-苄基氨基嘌呤	6-BA	NaOH/HCl	脱落酸	ABA	NaOH

2. MS 培养基的配制和灭菌

本次任务以配制 1000mL 培养基 MS+6-BA 2mg/L+NAA 0.1mg/L+蔗糖 2%+琼脂 0.6%，pH5.8 为例。

培养基的配制

① 清洗三角瓶、培养皿、烧杯、量筒、量杯、移液管等，烘干或自然晾干备用。

② 每小组取 1000mL 量杯一只，称取琼脂 6g、蔗糖 20g 加入量杯，并加入适量蒸馏水（约 600mL），在电炉上加热使琼脂融化。

③ 根据下面公式取用母液，加入上述量杯中。

$$\text{母液取用量(mL)}=\frac{\text{配制的培养基体积(mL)}}{\text{母液的扩大倍数}}$$

配制 1000mL 培养基需要加入各种母液的量分别为：大量元素母液：100mL；微量元素母液：10mL；铁盐母液：10mL；有机物母液：10mL。

④ 按照下式向混合母液中加入不同激素，分别配制不同的培养基。

$$\text{激素母液用量(mL)}=\frac{\text{培养基配制量(L)}\times\text{激素使用浓度(mg/L)}}{\text{激素母液浓度(mg/mL)}}$$

根据上述公式，移取所需要的 6-BA 母液和 NAA 母液。

⑤ 等琼脂完全融化，各种母液均加入后，加蒸馏水至 1000mL（因烧杯上所标识的体积值误差较大，应用量筒来测定体积）。

⑥ 待温度降至 50～60℃时，用 1mol/L NaOH 溶液或 1mol/L HCl 溶液调 pH 值到 5.8，注意用玻璃棒不断搅动，用 pH 试纸或酸度计测试 pH 值。调节中，若加 1 滴1mol/L HCl 或 NaOH 溶液，出现 pH 改变量超过需要值的现象，应改用低浓度的 HCl 或 NaOH 溶液（如 0.1mol/L 调节 pH）。

⑦ 培养基迅速分装在 100mL 的三角瓶中（温度低于 40℃以下琼脂就会凝固），每瓶 25mL 左右，1000mL 培养基可以分装 40～50 瓶，迅速扎好瓶口，写上标记。

⑧ 用 500mL 广口瓶装取 300～400mL 蒸馏水，扎口、灭菌后制备无菌水。每小组取干净的 9cm 培养皿 3 套，每套培养皿中放入 3～5 张定性滤纸，盖好盖子，用报纸包裹，灭菌后，用于植物外植体的接种。

⑨ 在 121℃、107.87kPa（1.1kgf/cm^2）的恒定条件下，高温高压灭菌约 20min；灭菌时间达到后，将培养基、无菌水、培养皿等放置于接种室中，备用。

注意事项：

① 培养基各试剂最好使用分析纯。

② 在称量时应防止药品间的污染，药匙、称量纸不能混用，每种试剂使用一把药匙，多出的试剂原则上不能再倒回原试剂瓶。

③ 母液配制好后，贴上标签，写清母液名称、试剂浓度或扩大倍数、配制日期，并存放在4℃冰箱中。使用前，要进行检查，若发现试剂中有絮状沉淀、长霉或铁盐母液的颜色变为棕褐色，都不应再使用。

④ 融化琼脂时注意不要烧焦。

⑤ pH值调节要准确。

⑥ 培养基分装时要注意不要粘到瓶口。

⑦ 灭菌时要注意时间的控制。

3. 记录

MS培养基的配制工作完成后，操作人员应及时真实填写相应的记录表格，具体见学生工作手册5-1-1～5-1-5。

任务二　胡萝卜愈伤组织的诱导

• 必备知识

一、外植体的选择和预处理

外植体是指从植物体上取出的用于无菌培养或直接分离细胞的部分植物组织或器官。目前，从植物体的各个部位都可以成功地获得植物细胞，如根、茎段、茎尖、叶片、皮层等。但是，在进行植物细胞培养时，必须选择合适的外植体，因为不同的植物、不同的器官其脱分化和再分化能力不同，分离细胞的难易和效果也有很大差异。

（一）外植体的选择

用于直接分离植物细胞的外植体，必须选择适当生长期的健康植株，并选择细胞之间粘连程度较小的植物组织、器官。叶片组织是直接分离单细胞的最好材料，1965年，Ball等首次从花生的成熟叶片中直接分离得到了离体细胞。从外植体直接分离细胞由于受到机械或者酶的作用，细胞会受到一定的伤害，获得完整细胞的数量较少，所以其使用受到限制。

（二）外植体的预处理

植物材料采集回来之后，由于表面携带有各种微生物，在接种处理之前必须进行彻底的清洗和表面消毒，这也是植物细胞培养成功的关键之一。下面介绍外植体清洗和灭菌基本步骤。

1. 冲刷材料

将采来的植物材料除去不用的部分，将需要的部分仔细洗干净，如用适当的刷子等刷洗。把材料切割成适当大小，即灭菌容器能放入为宜。置自来水龙头下流水冲洗几分钟至数小时，冲洗时间视材料清洁程度而定。易漂浮或细小的材料，可装入纱布袋内冲洗。流水冲洗在污染严重时特别有用。洗时可加入洗衣粉清洗，然后再用自来水冲净洗衣粉水。洗衣粉可除去轻度附着在植物表面的污物，除去脂质性的物质，便于灭菌液的直接接触。当然，最理想的清洗物质是表面活性物质——吐温。

2. 表面浸润灭菌

这一步要在超净台内完成，准备好消毒的烧杯、玻璃棒、70%酒精、消毒液、无菌水、手表等。用70%酒精浸10～30s。由于酒精具有使植物材料表面被浸湿的作用，加之70%酒精穿透力强，也很易杀伤植物细胞，所以浸润时间不能过长。有一些特殊的材料，如果实、花蕾，包有苞片、苞叶等的孕穗，多层鳞片的休眠芽等，以及主要取用内部的材料，则可只用70%酒精处理稍长的时间。处理完的材料在无菌条件下，待酒精蒸发后再剥除外层，取用内部材料。

3. 深层灭菌

表面灭菌剂的种类较多，可根据情况选取表 5-5 中的灭菌剂。

表 5-5 常用的灭菌剂

消毒剂	使用浓度/%	去除难度	消毒时间/min	灭菌效果
次氯酸钠	2	易	5～30	很好
次氯酸钙	9～10	易	5～30	很好
漂白粉	饱和溶液	易	5～30	很好
升汞(氯化汞)	0.1～1	较难	2～10	最好
酒精	70～75	易	0.2～2	好
过氧化氢	10～12	最易	5～15	好
溴水	1～2	易	2～10	很好
硝酸银	1	较难	5～30	好
抗生素	4～50mg/L	中	30～60	较好

表 5-5 所列灭菌剂应在使用前临时配制，氯化汞可短期内储用。次氯酸钠和次氯酸钙都是利用分解产生氯气来杀菌的，故灭菌时用广口瓶加盖较好；升汞是由重金属汞离子来达到灭菌的；过氧化氢是分解中释放原子态氧来杀菌的，这种药剂残留的影响较小，灭菌后用无菌水涮洗 3～4 次即可；由于用升汞液灭菌的材料，对升汞残毒较难去除，所以应当用无菌水涮洗 8～10 次，每次不少于 3min，以尽量去除残毒。

灭菌时，把沥干的植物材料转放到烧杯或其他器皿中，记好时间，倒入消毒溶液，不时轻轻晃动灭菌瓶，以促进材料各部分与消毒溶液充分接触，驱除气泡，使消毒彻底。在快到时间之前 1～2min，开始把消毒液倾入一备好的大烧杯内，要注意勿使材料倒出，倾净后立即倒入无菌水，轻搅涮洗。灭菌时间是从倒入消毒液开始，至倒入无菌水时为止。记录时间还便于比较消毒效果，以便改正。灭菌液要充分浸没材料，宁可多用些灭菌液，切勿勉强在一个体积偏小的容器中放入很多材料灭菌。

在灭菌溶液中加吐温-80 或 TritonX 效果较好，这些表面活性剂主要作用是使药剂更易于展布，更容易浸入到灭菌的材料表面。但吐温加入后对材料的伤害也在增加，应注意吐温的用量和灭菌时间，一般加入灭菌液的 0.5%，即在 100mL 中加入 15 滴。

4. 无菌水涮洗

无菌水涮洗每次 3min 左右，视采用的消毒液种类，涮洗 3～10 次左右。无菌水涮洗的作用是免除消毒剂杀伤植物细胞的副作用。

以上是外植体清洗和灭菌的基本步骤，在对不同的外植体进行清洗和灭菌要进行适当的调整，具体可参考表 5-6。

表 5-6 不同外植体的灭菌

外植体	灭菌过程		
	前处理	消毒	冲洗
茎段	自来水冲洗,70%酒精浸泡数秒	2%的次氯酸钠溶液浸泡15～30min	无菌水冲洗 3～4 次
叶片	自来水冲洗,70%酒精浸泡数秒	0.1%的升汞溶液浸泡 1min,2%的次氯酸钠溶液浸泡15～30min	无菌水反复冲洗,吸干过多的水分
器官	自来水冲洗,70%酒精浸泡数秒	2%的次氯酸钠溶液浸泡20～30min	无菌水冲洗 3～4 次,无菌滤纸吸干水分

续表

外植体	灭菌过程		
	前处理	消毒	冲洗
果实	70%酒精浸泡数秒	2%的次氯酸钠溶液浸泡 10min	无菌水冲洗 3～4 次
种子	70%酒精浸泡数秒，无菌水冲洗	10%的次氯酸钙溶液浸泡20～30min，再用 1%的溴水浸泡 5min	无菌水冲洗 3～4 次，无菌滤纸吸干水分

二、植物愈伤组织培养的形成过程

植物各种器官的外植体在离体培养条件下，细胞经脱分化等一系列生理生化过程，改变原有的特性继而转变形成一种能迅速增殖的无特定结构和功能的薄壁细胞团，称为愈伤组织。愈伤组织培养是将诱导获得的愈伤组织接种到新鲜的固体培养基中进行培养而获得更多植物细胞的过程。愈伤组织具有母株植物的全部遗传信息，可以分裂生成新的细胞，可以生成各种代谢产物，并具有细胞分化能力，经过分化培养，可以再生成完整的植株。

愈伤组织的形成大致可分为起始期、分裂期和形成期三个阶段。

（一）起始期

起始期又称诱导期，是指细胞准备进行分裂的时期。这个时期的细胞大小无明显变化，细胞内 RNA 含量迅速明显增加，细胞核变大，酶活力相应产生变化等。损伤是诱导细胞发生分裂的一个重要因素，受伤细胞释放出来的物质刺激细胞恢复分裂能力，诱导细胞发生分裂，是诱导愈伤组织形成的重要原因。诱导期的长短因植物的种类、外植体的生理状况和外部因素而异，有的外植体诱导期短而有的外植体诱导期长。另外，通常生长在弱光下的植株比生长在强光下的植株其外植体容易受诱导，且诱导率较高。

（二）分裂期

经过诱导期之后，外植体外层细胞开始迅速分裂，进入分裂期。这一时期由于细胞分裂的速度大大超过细胞伸展速度，细胞体积迅速变小，逐渐回复到分生状态。在这个过程中，细胞分裂进入最旺盛时期，细胞的数目迅速增加，细胞体积小，细胞内无大液泡，细胞核和核仁较大，RNA 含量最高，DNA 的含量基本保持不变。

一般来说，诱导期需要较高浓度的生长素和细胞分裂素，而细胞分裂阶段则需要适当降低激素浓度，有的还需去掉生长素或细胞分裂素或两者都不需要。

（三）形成期

形成期是指经过诱导期和分裂期之后形成愈伤组织的时期。这个时期的特征是细胞大小趋于稳定，细胞分裂从分裂期的周缘细胞分裂为主转向内部较深层的细胞分裂为主，随着愈伤组织表层细胞分裂的减缓和停止，内部深处的细胞开始分裂并形成像微管束或类似分生组织组成的鸟巢状结构。如图 5-8 所示是水稻愈伤组织诱导出来后的生长情况。

以上对愈伤组织形成过程时期的划分并不具有严格的意义，实际上，特别是分裂期和形成期往往可以出现在同一块组织上。另外，一些研究者曾反复指出的，虽然细胞脱分化的结果在大多数情况下是形成愈伤组织，但这绝不意味着所有的细胞脱分化的结果都必然形成愈伤组织。越来越多的实验证明，一些外植体的细胞脱分化后可直接分化为胚性细胞而形成体细胞胚。

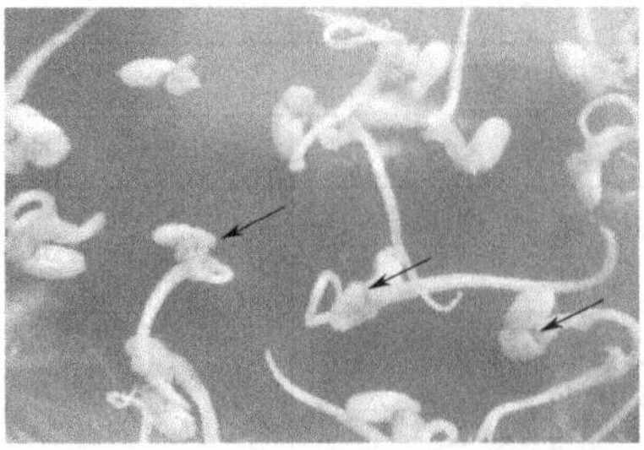

(a) 箭头所指的是刚诱导出来的愈伤组织

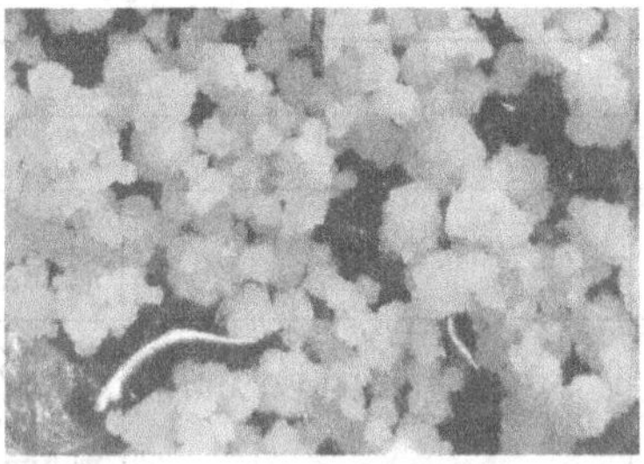

(b) 生长旺盛的愈伤组织

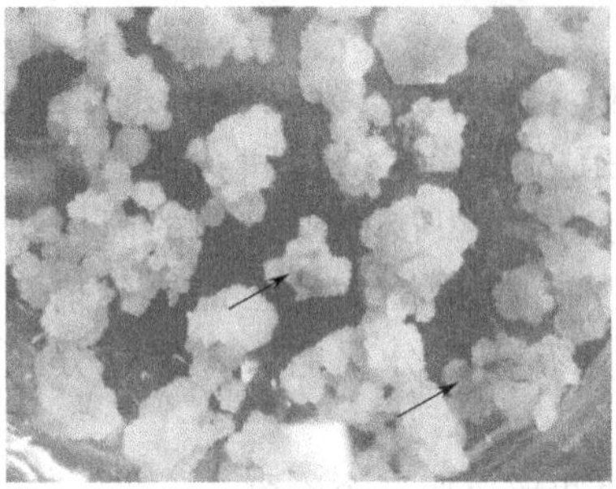

(c) 箭头所指的是开始褐变的愈伤组织

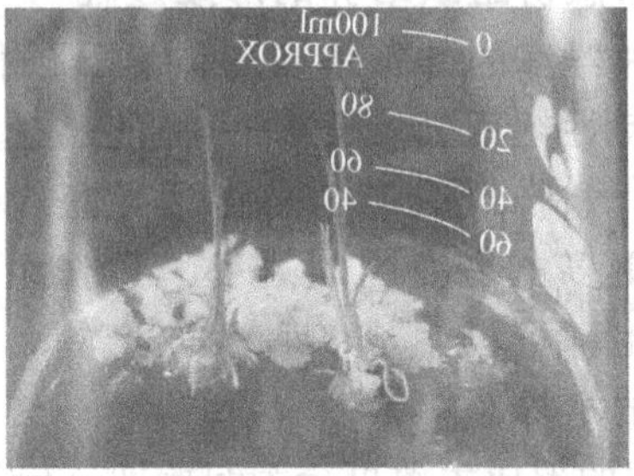

(d) 分化出苗的愈伤组织

图 5-8 水稻愈伤组织的生长情况

三、植物愈伤组织培养的一般程序

(一) 培养基的配制

愈伤组织培养所使用的培养基一般为含有 0.6%～0.8%琼脂的固体培养基，用于愈伤组织诱导和继代的培养基其基本成分相同，生长激素的种类和含量做适宜的调整。其配制过程一般是：按照细胞生长繁殖的要求配制含有各种营养成分的液体培养基，调好 pH 值，加入适量的琼脂，加热使琼脂融化，然后分装在培养瓶，接着灭菌，灭完菌后放冷备用。也可以先大瓶培养基灭菌后再分装到无菌的培养瓶中。

(二) 愈伤组织的诱导

将外植体消毒完后，切成适宜大小，如叶片、花瓣等的面积约 $5mm^2$，茎段长约0.5～1cm，将其接种到配好的培养基中，置于适宜温度和光照条件下培养。愈伤组织诱导出来后，在适宜的时间内要做好继代培养，否则由于培养基营养耗尽和有害物质的积累，愈伤组织会停止生长甚至死亡。

(三) 愈伤组织的继代培养

用于继代培养的愈伤组织应当具有结构疏松、生长速度较快、颜色较浅等特点，所以在进行愈伤组织继代培养时，要选取适宜的愈伤组织。为了获得较为理想的愈伤组织，除了进行培养基的优化、控制好培养条件以外，还必须掌握好继代培养的时机，适时地进行继代培养。通常在愈伤组织诱导的 2～3 周左右进行继代培养，并在继代培养的 2～3 周左右进行新一轮的继代培养。继代时间间隔过短，则愈伤组织的数量太少；继代时间间隔过长，则愈伤组织老化、生长速度减慢，对继代培养不利。继代时，首先在无菌的条件下，用镊子或小刀将选择好的愈伤组织块分割成若干小块，剔除附着在愈伤组织块上的原有培养基，必要时可以用无菌水清洗，然后在无菌条件下将处理好的愈伤组织小块转移到含有新鲜固体培养基的培养器皿中，置于适宜温度和光照条件下培养。

四、植物组织细胞培养的无菌操作

这项工作需要在超净工作台上进行。用灼烧灭菌并冷却的镊子将经灭菌处理的材料放置在无菌的滤纸上吸干水分（滤纸放在培养皿中）。然后一手拿解剖刀，一手拿镊子，根据需要进行适当的切割，一定要把在灭菌中受到灭菌液伤害的部位切除掉，有时材料也可在灭菌前全部切好。用灭菌过的镊子，将切割好的外植体插植到培养基表面。具体操作是左手拿试管，解开并拿走包头纸，将试管几乎水平拿着，靠近酒精灯焰，将管口外部在灯焰上燎数秒，将灰尘、杂菌等固定在原处，此时用右手小指和无名指夹住棉塞头部，在灯焰附近慢慢拔出，以免空气迅速向管内冲击，引起管口灰尘等冲入，造成污染。棉塞始终夹在右手小指和无名指缝中，这时再将管口在灯焰上旋转，使充分灼烧灭菌。主要注意管口附近，包括管口内表面，然后用右手（棉塞还在手上）大拇指、食指、中指拿镊子夹一块外植体送入管内，轻轻插入培养基上，镊子灼烧后放回架上，再轻轻塞上棉塞，这时将管口及棉塞均在灯焰上灼燎数秒，灼燎时均应旋转，避免烧坏，塞好棉塞，包上包头纸，便完成了第 1 管的接种操作，接着再做第 2 管，如此重复接完全部外植体。要注意棉塞不能乱放，手拿的部分限于棉塞膨大的上半部分，塞入管内的那一段始终悬空，并不要碰到其他任何物体。如果是螺旋盖或薄膜，则应注意放置在灭过菌的表面上，螺旋盖或薄膜的里面不可接触任何物体，放置处应随时用酒精棉团涂擦灭菌。

注意解剖刀和镊子每使用片刻，或每切完 1 个材料，或接完 1 管材料，就应蘸 95％的酒精，在酒精灯外焰处灼烧灭菌或插入电热灭菌器中灭菌片刻，放凉备用。常备 2～3 把镊子交换使用，可提高工作效率，并可防止交叉污染的发生。如镊子夹了没有消毒好的材料，再夹其他材料，会造成污染。又如解剖刀或镊子碰到台面、管（瓶）的外壁、棉塞、封口纸膜，以及手拿的部位过近，未能充分灼烧等，或连续使用过久，都易引起交叉污染。经常灼烧操作器械便可防止交叉污染，即便有污染也是独立发生的，不会造成连续成片的污染。每切完一个材料，应更换一张无菌滤纸，用无菌滤纸吸干材料水分也有防止交叉污染的作用。总之，要仔细理解并牢固建立“无菌”的概念，处处严格执行无菌操作的要领。

• 操作规程

（一）操作用品

（1）器材　超净工作台、灭菌锅、显微镜、解剖刀、刮皮刀、长镊子、烧杯（500mL）、三角瓶、培养皿、移液管等。

（2）试剂　培养基（MS＋1.0mg/L 2,4-D＋0.5mg/L KT，pH5.7）、70％乙醇、1％次氯酸钠溶液、0.1％升汞溶液。

（3）材料　新鲜的胡萝卜。

（二）操作步骤

① 将胡萝卜肥大直根用自来水冲洗干净，用刮皮刀除去表皮 1～2mm，横切成大约 10mm 厚的切片。以下步骤全部在无菌条件下进行。

② 胡萝卜片经 70％乙醇处理几秒后，用无菌水冲洗一遍，用 0.1％的升汞消毒 10min，接着用无菌水冲洗 3～4 次。

胡萝卜愈伤组织培养

③ 将胡萝卜片放入垫有无菌滤纸的培养皿中，一手用镊子固定胡萝卜片，一手用消毒好的解剖刀沿截面横切成厚度为 1mm 左右的圆片，然后将圆片的韧皮部和木质部切去，留下形成层，再切成长 3mm、宽 1.5mm、高 1mm 的小块。

④ 将切好的小块接种在配制好的 MS 培养基上，室温培养 3～4 周左右，即可诱导出愈伤组织。继代培养时，将老的和生长不良的愈伤组织去掉，将大的生长状态良好的愈伤组织

切成小块，接种于含 1.0mg/L 2,4-D 的 MS 培养基（pH5.7）上继续培养。

⑤ 诱导和继代培养均在黑暗条件下进行，培养温度为 25℃，继代培养频率为 3～4 周更换一次培养基，观察并记录继代过程中愈伤组织状态的变化。

⑥ 一周后调查计算污染率，三周后调查计算愈伤组织诱导率。

污染率(%)＝污染的材料数/接种的材料数×100%

诱导率(%)＝形成愈伤组织的材料数/接种的材料数×100%

⑦ 记录

胡萝卜愈伤组织诱导工作完成后，操作人员应及时真实填写相应的记录表格，具体见学生工作手册 5-2-1～5-2-5。

注意事项：

① 外植体不能太小，否则会影响愈伤组织的形成。

② 实验所使用的器材要严格灭菌，注意无菌操作，避免因染菌导致实验失败。

③ 材料灭菌时不要在酒精中停留过长时间，以免材料被杀死。

任务三　胡萝卜细胞的悬浮培养

• 必备知识

植物细胞的悬浮培养指的是一种在受到不断搅动或摇动的液体培养基里，培养单细胞及小细胞团的细胞培养系统。通过悬浮培养能够提供大量较为均匀的细胞，为研究细胞的生长、分化创造方法和条件。

一、单细胞的分离

植物细胞悬浮培养首先要从植物组织或离体培养的愈伤组织中游离出单细胞，游离植物单细胞的方法主要有以下几种。

（一）从培养愈伤组织中游离单细胞

大多数植物细胞悬浮培养中的单细胞都是通过这一途径获得的。分离单细胞时，首先要将经过表面灭菌的离体组织，置于含有适当激素的培养基，诱导出愈伤组织。一般情况下，从愈伤组织上最初诱导出的愈伤组织质地较硬，不易建立分散的细胞悬浮体系。为了获得高度分散的悬浮单细胞，一般将新诱导出的愈伤组织，转移到成分相同的新鲜固体培养基上继续培养，让其继续增殖，通过在培养基上反复继代，不但可使愈伤组织不断增殖，扩大数量，更重要的是能提高愈伤组织松散性。这一过程对于大多数植物通过愈伤组织获得悬浮细胞是非常必要的。经过愈伤组织诱导、继代获得松散性良好的愈伤组织，就可制备细胞悬浮液。其程序如图 5-9 所示。

600～800mg生长旺盛的愈伤组织

↓

装有30～40mL液体培养基的三角瓶

↓

90～130r/min连续振荡培养2～3周

↓

用100～300目网过滤除去大的细胞团

↓

滤液离心，收集游离细胞，弃上清液

↓

加入适当体积的液体培养基使细胞悬浮

图 5-9　从培养的愈伤组织中游离单细胞程序

（二）从完整植物器官中分离单细胞

1. 机械研磨法

这种方法是将植物组织取下后，经常规灭菌后在无菌条件下置于无菌研钵中轻轻研碎，再通过过滤和离心的方法把细胞净化。研磨法分离单细胞时，必须在研磨介质中进行，研磨介质主要是一些糖类物质缓冲液和对细胞膜有保护作用的金属离子等，如甘露醇、葡萄糖、Tris-HCl 缓冲液、$MgCl_2$、$CaCl_2$ 等。不同的研究目的使用的研磨介质有一定的差异，但主要功能一样，都是使细胞在游离过程中和游离出来以后不受到或者少受到伤害。研磨法是机械分离中使用最广的一种方法，其程序如图 5-10 所示。

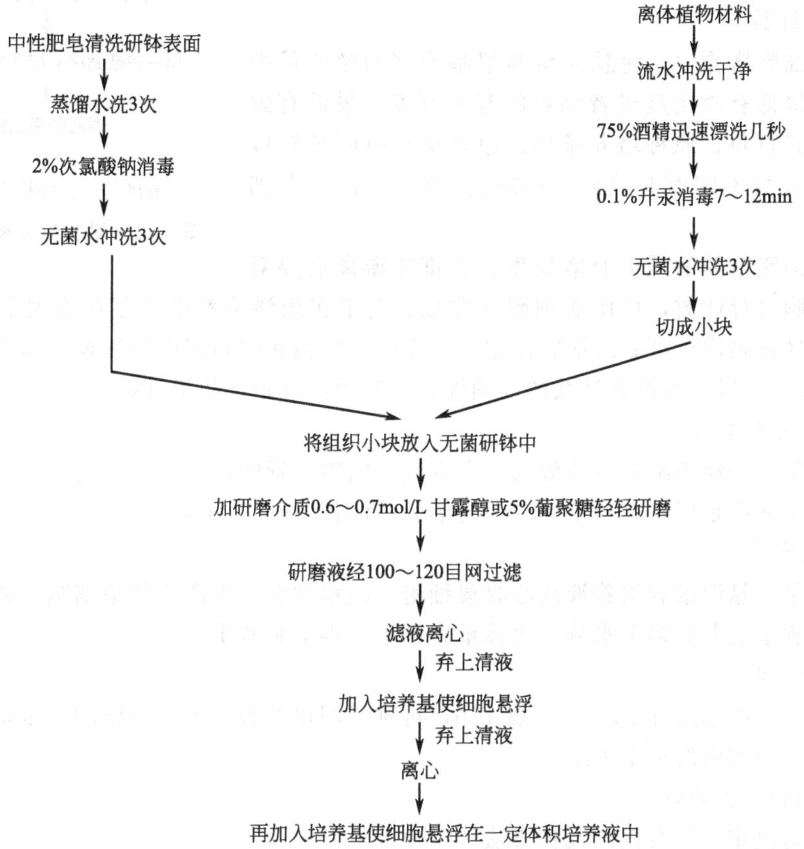

图 5-10　机械研磨法单细胞提取

2. 果胶酶分离法

利用果胶酶降解细胞壁之间的果胶物质可使单细胞游离。用于分离细胞的果胶酶不仅可以降解果胶层，而且还能软化细胞壁，因此，用酶法离析细胞时，必须给细胞予以渗透压保护。在烟草细胞分离中，若甘露醇的浓度低于 0.3mol/L，烟草原生质体将会在细胞壁内崩解。在离析液中加入硫酸葡聚糖钾，能提高游离细胞的产量。果胶酶分离法的程序如图 5-11所示。

与机械分离法相比，酶法分离植物细胞具有一次分离数量多、速度快的特点，但其缺点是酶解时间过长，对游离细胞可能产生伤害。为减少伤害，可在酶解时每 30 分钟更换一次酶液，第一次收集的细胞弃去，以后每 30 分钟收集一次，及时用培养基洗涤细胞，并悬浮在培养基中。另外，对于一些植物的叶片，如小麦、玉米等单子叶植物的叶片，由于其叶肉细胞的结构特点，很难通过酶解法使细胞分离，最好通过愈伤组织分离细胞。

二、悬浮培养细胞的生长和测定

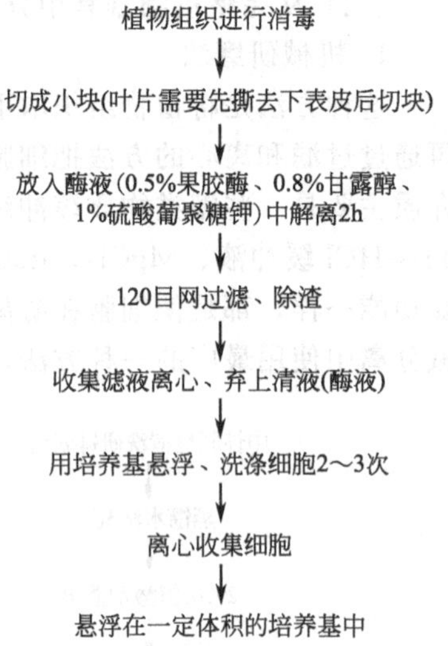
植物组织进行消毒
切成小块(叶片需要先撕去下表皮后切块)
放入酶液(0.5%果胶酶、0.8%甘露醇、1%硫酸葡聚糖钾)中解离2h
120目网过滤、除渣
收集滤液离心、弃上清液(酶液)
用培养基悬浮、洗涤细胞2～3次
离心收集细胞
悬浮在一定体积的培养基中
图 5-11 果胶酶分离单细胞法

由于植物细胞悬浮培养生长速度快，因此要及时掌握其生长状态以更换培养基，否则营养成分缺乏及代谢物积累多的时候细胞就会停止生长甚至死亡。一般包括两方面的指标，一是计量方面，包括细胞计数、确定细胞总体积（细胞密实体积，PCV）、细胞与细胞团干鲜重的增加；另一方面是细胞活力测定。

（一）细胞生长计量

1. 细胞计数

在悬浮细胞培养中，使悬浮培养细胞能够增殖的最少接种量称为最低有效密度或者临界的起始密度。最低有效密度由于培养材料、原种培养条件、原种保存时间长短以及培养基的成分不同而有差异，一般为 10^{-5}～10^{-4} 个细胞/mL。

要保证细胞培养的最低有效密度，在细胞游离后要对分离的单细胞进行计数，可用血细胞计数板。由于在悬浮培养中总存在着大小不同的细胞团，直接取样很难进行可靠的细胞计数，因而应对细胞和细胞团进行处理（如用酶液进行处理），使其分散，以提高细胞计数的准确性。一般用血细胞计数板计数。

2. 细胞密实体积

将一定量的悬浮细胞培养液放入一个有刻度的离心管中，在一定的离心力下离心收集细胞。细胞密实体积是以每毫升培养液中的细胞总体积（mL）来表示。

3. 细胞鲜重

将一定量的悬浮细胞培养液离心收集细胞，纯水冲洗，再离心收集细胞，通过膜真空抽滤以除去细胞上沾着的多余水分，再称重，即可求得细胞鲜重。

4. 细胞干重

上法收集到的细胞在60℃下干燥12h，再称重即得细胞干重。细胞的干重是以每毫升培养物或每 10^6 个细胞的重量表示。

（二）细胞活力测定

细胞活力测定一般有以下几种方法。

1. 相差显微术法

根据细胞质环流和正常细胞核的存在与否，利用相差显微镜观察，即可鉴别出细胞的死活。利用亮视野显微镜也得到较好的图像。

2. 四唑盐还原法

有活力的细胞可以还原2,3,5-氯化三苯基四氮唑（TTC）成红色甲臜，甲臜可以用分光光度计进行测定，从而测定细胞的活力。这个方法使观察结果定量化，但单独使用时在有些情况下不能得到可靠的结果。

3. 荧光素双醋酸酯（FDA）法

FDA本身无荧光，无极性，可自由通过原生质体膜进入细胞内部，进入后由于受到活细胞内脂酶的分解，而产生有荧光的、不能自由出入原生质体膜的极性物质荧光素，在荧光显微镜下观察到荧光的是有活力的细胞，反之是无活力的细胞。具体操作为：取0.5mL细胞悬浮液放入到小试管中，加入FDA溶液，使最后浓度达到0.01%，混匀，室温下作用

5min，荧光显微镜观察。

4. 伊凡蓝染色法

这种方法可用做 FDA 的互补法。当以伊凡蓝的稀薄溶液（0.025%）对细胞进行处理时，只有活力已受损伤的细胞能够摄取这种染料，而完整的活细胞不能摄取这种染料。因此，凡不染色的细胞皆为活细胞。

5. 酚藏红花染色法

先配制 0.1%的酚藏红花溶液，溶剂为培养液。检查时将悬浮细胞取一滴放在载玻片上，滴一滴 0.1%的酚藏红花，盖上盖玻片，染成红色的是死细胞、无色的是活细胞。

三、悬浮培养细胞的同步化

在植物细胞悬浮培养的过程中，如果细胞所处的生长期各不相同，其在液体培养基中的悬浮状态就不一样，生长繁殖的能力和新陈代谢的水平也就有很大差别。为了使植物细胞在悬浮培养时处于比较均一的状态，需要进行同步化处理。同步培养是指在培养中大多数细胞都能同时通过细胞周期的各个阶段。其方法主要有以下几种。

（一）体积选择法

体积选择法是根据细胞团体积的大小进行筛选，以使悬浮在液体培养基中的细胞团体积比较接近。可在无菌条件下将培养一段时间的细胞悬浮液，用一定孔径的筛网过滤，除去大细胞团，然后，滤液再用较小孔径的筛网过滤，除去滤液中的小细胞团或单个细胞，从而获得颗粒大小较均匀的小细胞团，再悬浮于新鲜的液体培养基中进行培养。

（二）低温处理法

将收集得到的细胞或小细胞团，先低温条件下处理 1～3 天，然后再悬浮于新鲜的液体培养基中，在 25℃左右的温度下培养，这样细胞几乎同时开始生长繁殖，处于同步状态。

（三）饥饿法

将细胞或小细胞团悬浮在缺少一种或几种细胞分裂所必需的营养成分的培养液中培养一段时间，使细胞停滞在细胞周期的 G1 或 G2 期，然后再将细胞转移到新鲜的培养液中进行培养，静止细胞就会同步进行分裂。

（四）抑制法

在植物细胞悬浮培养过程中，通过向细胞培养液中添加一定量的某种细胞分裂抑制剂处理一段时间，所有的细胞都停止分裂而滞留在 G1 期和 S 期的边缘上，然后将细胞转移到新鲜的液体培养基中，在一定的条件下进行悬浮培养，则所有的细胞几乎同步地开始。

在实际使用过程中，通常是两种或两种以上的方法同时使用。例如，先采用体积选择法得到大小较为均一的小细胞团，再采用低温法或分裂抑制法等进行处理，以获得较为理想的效果。

四、植物细胞培养的环境条件

植物细胞培养的环境与栽培的环境一样，同样受到温度、光照、湿度、氧气、pH 等各种因素的影响，因此在培养过程中要严格控制培养条件。

（一）湿度

培养过程中对湿度的要求并不十分严格，因为在培养组织周围微小的环境中（试管、三角瓶）相对湿度常达到 100%。培养瓶以外环境的相对湿度，对培养外植体没有直接影响，但是存在间接影响。周围环境的相对湿度低于 60%时，培养基容易干涸，培养基的干涸会改变培养基的渗透压，而渗透压的改变必然会影响到培养组织、细胞的脱分化、分裂和再分化；相反，周围环境湿度过高时，培养室潮湿，具备各种细菌和霉菌的滋生条件，易造成培养基和培养材料的污染。周围环境较适宜的相对湿度为 70%～80%。湿度不够可经常拖地或利用增湿机；湿度过高可利用去湿机或通风除湿。

（二）温度

离体培养条件下，培养温度与植物细胞的脱分化、细胞分裂和再分化有着密切的关系。这一点已被许多植物如烟草、菊芋、向日葵、胡萝卜、常春藤等的实验所证实。

温度控制主要依据植物种的起源和生态类型来决定。依植物的生活习性将其分为喜温性植物和冷凉性植物两大类型。

喜温性植物：茄科、葫芦科、兰科、无患子科（荔枝属、龙眼属）、蔷薇科、禾本科（水稻、小麦、玉米）等，培养温度一般控制在 26～28℃比较适宜。

冷凉性植物：百合科、十字花科、鸢尾科、菊科等，通常培养温度控制在 18～22℃或低于 25℃较为适宜。

一般培养温度低于 15℃或高于 35℃对植物细胞的分裂、分化十分不利。在细胞脱分化阶段（诱导期）和愈伤组织增殖期（分裂期），温度要求高一些；而在器官发生阶段（分化期）要求低一些。

温度的调节一般采用热水升温、冷水降温的方法。为了及时进行温度的调节控制，在植物细胞生物反应器中，均应设计有足够传热面积的热交换装置，如排管、蛇管、夹套、喷淋管等，并且随时备有冷水和热水，以满足温度调控的需要。

（三）光照

离体培养条件下，光是相当重要的环境因子，光的影响包含光周期、光量、光质三个方面。光周期指的是光照与黑暗交替的时间，光量指的是光照强度，光质指的是光的波长。

1. 光周期

离体培养中是否需要光周期，有人认为培养材料的诱导过程，并不依赖于光，黑暗中培养的烟草花药，其胚状体的分化与幼苗的生长，同经光照培养的一样多。但在黑暗中培养的植物幼苗是黄化的，进一步生长则需要光。植株的成苗率，在光照条件下稍高。但也有截然不同的观点，有人观察，短日照敏感的葡萄品种，它的茎切段仅在短日照条件下才能分化形成根；而对日照不敏感的葡萄品种，可在任何光周期下分化形成根；两则实例说明光周期的需要与否，应根据植物种类以及培养目的来决定，对大多数植物而言，每日要求光照12～16h。

2. 光照强度

离体培养条件下常用的光量，一般为 2000～3000lx，光照强度的高低直接影响器官分化的频率。

3. 光质

离体培养条件下，一般用白炽荧光灯（日光灯）进行光照。在离体培养中，根、芽分化依赖的光谱成分不同。芽分化有效光谱成分为蓝紫光，根分化则和芽分化相反，根分化受 600～680nm 的红光所刺激，而蓝光则无效。

光照条件对培养细胞的次生代谢产物的合成具有明显的影响。光照对黄酮、黄酮醇、花色素苷、萘醌、多酚、挥发油、萜烯和其他次生代谢物的合成和积累具有重要的影响。光照影响长春花细胞中阿玛碱/蛇根碱积累的比率。Drapeau 等（1987）发现蛇根碱在 15h 光照比 24h 全光照下积累多，在无光条件下长春花碱合成完全受到抑制。此外，光照还影响代谢产物积累的位置，暗中培养的长春花细胞有 79%的蛇根碱和 78%的阿玛碱分泌到培养基中；光照条件下，分泌比率分别下降到 14%和 18%。培养细胞从黑暗转移到光照下，叶绿素的合成和蛇根碱的积累呈正相关。不过，长春花细胞在黑暗下分裂和生长最快。类似地，当欧芹细胞在暗处进行培养时，这些细胞仅能进行增殖，并不能形成类黄酮化合物。但是，这些培养物一旦暴露于光照下，则可以在培养细胞中鉴定到一定数量的芹菜苷。同样，在日光灯连续照射下，处于生长状态的培养细胞中可以形成多种黄酮和黄酮醇糖苷。此外，对类黄酮化合物来讲，红光单独照射没有什么作用，但在紫外光照射以后，红光则影响黄酮糖苷的合成，而且这个过程包括有红/远红光敏色素系统。单冠毛菊花色素苷合成的开始也是由光激发的，其作用光谱分别为 438nm 和 372nm。相反，萘醌的生物合成受到蓝光的抑制，这可能是由于蓝光抑制了生物合成路线中共同前体的形成或某一中间产物的转化。同样，培养细胞中多酚化合物、挥发油和其他次生代谢产物的数量和成分也受到光质和光量的调节。

(四) 气体

培养容器中的气体成分主要指氧气、二氧化碳和乙烯。氧在调节器官的发生中，起着重要的作用。Preil 等（1998）报道，当 O_2 浓度低于 10%时，培养器中的一品红悬浮细胞生长停止；当 O_2 水平由 40%提高到 80%时，细胞数从 3.1×10^5 个/mL 上升到 4.9×10^5 个/mL。当 O_2 浓度为 5%～10%时，胡萝卜细胞生长和体细胞胚分化都被抑制，而 60%的 O_2 使其细胞无分化生长，O_2 浓度为 20%最利于体细胞胚形成。

CO_2 对细胞增殖和分化的作用目前还存在争论，生物反应器中 CO_2 水平从 0.3%提高到 1%，百合科植物兰春花细胞生物产量无变化，但仙客来的原胚性细胞团随 CO_2 浓度升高而增加。

继代接种时，用酒精灯烤瓶口时间过长、培养基中生长素浓度过高等，都可诱导乙烯合成。乙烯能抑制生长和分化，趋于使培养的细胞无组织结构地增殖。气体成分在液体培养或生物反应器中的影响比固体培养大。

一般培养容器（如三角瓶、试管、培养器等）常用棉塞、铝箔、专用盖等封口物来封口。容器内外的空气是流通的，不必专门充氧，但在液体静置培养时，不要加过量的液体培养基，否则会引起氧气供给不足，导致培养物死亡。

(五) pH

植物细胞的生长和次级代谢物的生产都要求一定的 pH 值范围。植物细胞培养的 pH 值一般控制在微酸性范围，即 pH 值为 5～6。培养基配制时，pH 值一般控制在 5.5～5.8 范围。常用的培养基都具有一定的缓冲能力，培养过程中 pH 变动较小。培养过程中，培养基 pH 下降是由于产生有机酸或氮源中 NH_4^+ 被利用；培养基 pH 升高则是由于 NO_3^- 被利用，氨基酸脱氨后铵离子释放到培养基中，或是由于硝酸和亚硝酸还原酶的作用使硝酸盐还原所致。此外，培养细胞分泌较大量酚类物质容易导致培养基 pH 下降，短叶红豆杉细胞培养 4 周后，pH 会下降 1.2 左右。在培养过程中，若培养基 pH 出现较大波动，常常有害于细胞或低密度培养细胞的生长和存活，可以在培养基中添加 1mmol/L 的 *N*-(吗啉代) 乙烷磺酸 (MES) 增加缓冲能力。

• 操作规程

(一) 操作用品

(1) 器材　超净工作台、摇床、pH 计、磁力搅拌器、高压灭菌锅、无菌刻度吸管 (10mL)、无菌枪形镊、手动吸管泵。

(2) 试剂　MS（液体，含 1.0mg/L 2,4-D)，pH5.7，25mL/瓶。

(3) 材料　胡萝卜愈伤组织。

（二）操作步骤

（1）悬浮细胞系的起始建立 挑选分散性好、致密、鲜黄色或乳白色、生长旺盛的胡萝卜愈伤组织，放入配制好的液体培养基中，用镊子轻轻夹碎愈伤组织（注意不要损伤愈伤组织）。每瓶接入约2g愈伤组织，置于转速100r/min、弱散射光照条件下振荡培养。

（2）悬浮系的继代与选择 用手动吸管泵吸取已建立的悬浮系的细胞小颗粒悬液，吐出培养液，保留2mL压缩体积的细胞，转至25mL新鲜培养液中。最初几代要勤换培养液，以防止褐化，一般3天左右更换一次新鲜培养液，两周后即可恢复正常的继代频率，即1周更换一次新鲜培养液。每次继代，要用宽口吸管或一定孔径的细胞筛来选择细胞团，留下生长旺盛的小细胞团，弃去大的细胞团。如此反复多代选择，才能建立较理想的悬浮系。

（3）生长量测量 取一瓶生长1周的悬浮细胞，用吸管泵吸出所有细胞，测量其压缩细胞体积（PCV），计算1周的增长量：

$$1\text{周增长量}=\frac{1\text{周后的PCV}-\text{初始PCV}}{\text{初始PCV}}\times 100\%$$

（4）记录 胡萝卜细胞悬浮培养工作完成后，操作人员应及时真实填写相应的记录表格，具体见学生工作手册5-3-1～5-3-5。

【项目拓展知识】

一、植物细胞的固定化培养

（一）细胞固定化培养的概念

细胞固定化培养技术是将植物悬浮细胞包埋在多糖或多聚化合物（如聚丙烯）网状支持物中进行无菌培养的技术。由于细胞处于静止状态，促使细胞以多细胞状态或局部组织状态一起生长，所建立的物理和化学因子就能对细胞提供一种最接近细胞体内环境的环境。固定化是植物细胞培养方法中的一种最为接近自然状态的培养方法。

（二）细胞固定化培养的特点

（1）固定化培养的细胞生长缓慢 当细胞被固定在一种惰性基质上面或里面时，与在悬浮液培养基中的细胞相比，细胞以较慢的速度生长并产生较多的次生代谢产物。有证据表明，细胞生长速度和次生代谢物积累之间存在着负相关性，因此，固定化细胞的缓慢生长有利于次生代谢物的高产。

（2）细胞的组织化水平高 人工聚集（固定化）不仅使培养细胞的生长速度减慢，而且细胞与细胞之间的紧密接触提高了细胞的组织化水平，使其越接近于整体植株的水平，从而使培养细胞以与整体植株相同的方式对环境因子的刺激起反应，这更有利于次生代谢物的产生和积累。如Lindsey（1983）发现，在生物碱的积累能力上，聚集的或部分组织化的细胞要比生长迅速而松散的细胞高。

（3）易于次生代谢物的收集 目前植物细胞固定化培养体系大多是一个连续的生产体系，很容易使所要的代谢物从细胞运送到周围的介质中，并能很容易地将此化合物从营养介质里分离出来，而且固定化细胞培养体系使得在收集产物时对细胞不产生伤害。此外，在固定化细胞上用化学处理来诱导产物的释放是容易进行的，这可以应用到在那些天然情况下不向外释放产物的细胞上。这一点对把次生代谢物的产量提高到最大限度是很重要的，因为它消除了反馈抑制作用。

（三）植物细胞的固定化方法

根据固定化细胞的介质及原理，可将植物细胞固定化方法归纳为三大类：包埋、吸附和共价结合，以包埋技术为主。

1. 包埋固定

包埋是植物细胞固定的常用技术之一，是利用高分子物质的截留作用，将植物细胞夹裹在高分子材料中达到固定植物细胞的目的。用于植物细胞包埋固定的介质较多，包埋介质不同，其包埋方法也各异。下面介绍几种常用的植物细胞包埋固定技术。

(1) 藻酸盐法　藻酸盐包埋固定植物细胞是最常用的植物细胞固定化技术。藻酸盐是由一种葡萄糖醛酸和甘露糖醛酸组成的多糖，在钙离子和其他多价阳离子的存在下，糖中的羧酸基和多价阳离子之间形成离子键，从而形成藻酸盐胶。用离子复合剂（如磷酸、柠檬酸、EDTA）处理这种凝胶后，能使该胶溶解并从胶中释放出植物细胞。

用藻酸钠小批量固定植物细胞时，先在含少量钙离子的合适介质中制备5%浓度的藻酸钠溶液，在120℃下灭菌20min（灭菌时间不要过长，否则易使凝胶性能变弱）。用离心或过滤的方法从悬浮培养物中收集细胞，然后将2g鲜重的细胞和8g藻酸钠溶液在无菌小烧杯中混匀后灌入注射器。预先在三角瓶中盛有50～100mL 50mmol/L的氯化钙溶液，当注射器中黏性悬滴慢慢滴进钙溶液中后，经磁力搅拌后形成球状小珠。让小珠在该液中停留30～60min，以便能使钙离子进入球的中心。小珠的大小可用不同的针头来调节，一般可制成2～5mm直径的小珠。用过滤方法收集小珠，经无菌溶液充分洗涤（如3%蔗糖溶液）后转到合适的培养基中（培养基至少应含有5mmol/L氯化钙，以保证小珠的完整性）备用。

(2) 亚甲基藻聚糖法　藻聚糖在钾离子存在下能形成强力凝胶，它也能像藻酸盐那样固定植物细胞，不同之处是在与细胞混合时必须预先加热熔化以呈液态，要选用低熔点的亚甲基藻聚糖（5%浓度时，熔点为30～35℃）。少量制备时，先在0.9%氯化钠溶液中制备3%亚甲基藻聚糖液，在120℃下灭菌20min。然后将2g鲜重的细胞悬浮在35℃下熔化的亚甲基藻聚糖中，将此混合液滴入含有0.3mol/L氯化钾的溶液中，可形成小球，并在此溶液中静置30min。然后，过滤收集小珠，经洗涤后转移到合适的培养基中培养。由于培养基中都含有钾离子，而在钾离子存在时，亚甲基藻聚糖基本不溶解，能保证小珠的稳定性。

(3) 琼脂糖法　琼脂糖具有稳定性，无需平衡离子的作用，可在任何介质中作凝胶，一般选用凝点较低的琼脂糖。琼脂糖经过化学修饰（如引入羟乙基）之后，可以在较低温度下凝结成胶，即称为低熔点琼脂糖凝胶。用于固定植物细胞的做法是先在培养基中制备3%琼脂糖液，高压灭菌（120℃下灭菌20min）后冷却到35℃。将2g细胞悬浮在8g琼脂糖中混匀后，制备均匀小珠或圆柱状凝胶。

(4) 聚丙烯酰胺凝胶　丙烯酰胺的单体对植物细胞有毒，而聚丙烯酰胺的毒性低可用于植物细胞固定化培养，一种方法是在固定化之前，将植物细胞与藻酸钠混合，然后加入丙烯酰胺的单体溶液，聚合后，得到有活性的固定化植物细胞。

(5) 膜包埋固定　许多膜状结构的物质（醋酸纤维、聚碳酸硅、聚乙烯等）均可用于植物细胞的包埋。当悬浮液中的细胞与这些材料（通常是球形或直径约1cm的纤维管束）混合时，细胞就迅速结合到网中并生长于网孔中，从而通过物理束缚或基质材料的吸附作用被固定。纤维膜具有渗透性，培养液中的营养物质及次生产物前体可通过纤维膜渗透到网孔的培养细胞中。这种植物细胞固定化方法比较简单，纤维膜通过清洗还可再次利用，因此是近年来应用较广的一种固定化方法。

2. 吸附固定

吸附固定是利用细胞与载体间的非特异性物理吸附或生物物质的特异吸附作用将植物细胞吸附到固体支撑物上的一种植物细胞固定化方法。

3. 共价结合

共价结合是将植物细胞与固体载体通过共价键结合进行细胞固定化的技术。首先利用化学方法将载体活化，再与植物细胞上的某些基团反应，形成共价键，将细胞结合到载体上。

二、植物单细胞培养

单细胞培养是指从植物器官、愈伤组织或悬浮培养液中游离出单个细胞进行培养的一门技术。从单细胞分裂、繁殖得到的细胞团和细胞系，可以认为具有相同的基因和特性，用这种细胞系进行大规模细胞培养，有利于进行细胞特性、细胞生长规律、细胞代谢过程及其调节控制规律等方面的研究。

(一) 植物单细胞的制备

获得植物单细胞的方法主要有外植体直接分离法和愈伤组织分离法，具体见本项目任务三必备知识。另外，还可通过原生质体再生的方法制备单细胞。外植体、愈伤组织或细胞团经过一系列物理化学作用除去细胞壁而获得原生质体，原生质体分离后，经过计数和适当稀释，在一定条件下进行原生质体培养，使细胞壁再生，从而获得单细胞悬浮液。

(二) 植物单细胞的培养

植物细胞具有群体生长的特性，单细胞往往难以生长、繁殖。为此，需要采用一些特殊的培养方法，常用的有看护培养、微室培养、平板培养、条件培养、双层滤纸植板培养等进行单细胞培养，才能达到培养目的。植物单细胞培养主要方法与特点如表 5-7 所示。

表 5-7 植物单细胞的培养方法与特点

培养方法	培养基	特 点
看护培养	固体培养基	采用一活跃生长的愈伤组织块来看护单细胞，培养效果较好
微室培养	固体培养基或液体培养基	培养基用量少，可以通过显微镜观察单个细胞的生长、分裂、分化、发育情况。有利于对细胞特性和单个细胞生长发育的全过程进行跟踪研究
平板培养	固体培养基	操作简便，由单细胞生成的细胞团容易观察和挑选，培养效果较好
条件培养	条件培养基	由条件培养基提供单细胞生长繁殖所需的条件，具有看护培养和平板培养的特点

1. 看护培养法

看护培养是指用一块活跃生长的愈伤组织或植物离体组织看护单细胞使其生长增殖的一种单细胞培养方法。单细胞看护培养法是 Muir 等设计的植物单细胞培养方法，其主要特点是把单细胞置于一块活跃生长的愈伤组织上进行培养，单细胞与愈伤组织间用一片滤纸隔开[见图 5-12(a)]。为什么愈伤组织可以促进单细胞的生长繁殖？可能是由于愈伤组织的存在给单细胞传递了某些生物信息，或为单细胞的生长繁殖提供了某些物质条件，例如植物激素等内源化合物。单细胞看护培养简单易行且效果较好，易于成功，已被广泛采用。缺点是不能在显微镜下直接观察细胞生长过程。

2. 微室培养法

人工制造一个小室，将单细胞培养在小室中的少量培养基上，使其分裂增殖形成细胞团的方法，称微室培养[见图 5-12(b)]。此技术最早由 De Ropp 在 1955 年建立。他将接种有单细胞的一小滴液体培养基，在微室中进行单细胞悬浮培养。虽然未见到单细胞生长和增殖，但在显微镜下观察到细胞团中的细胞分裂现象。此后，有不少学者对微室培养方法进行了改进。1957 年，Torry 用一滴固体培养基滴在盖玻片中央，中间接种一小块愈伤组织，再将单细胞接种于固体培养基周围，然后将盖玻片翻转，置于有凹槽的载玻片上，培养基正对凹槽中央，用石蜡将盖玻片密封、固定，然后置于培养箱中，在一定的条件下进行培养。这种培养方法将微室培养与看护培养技术结合在一起，由于有愈伤组织块的看护，单细胞可

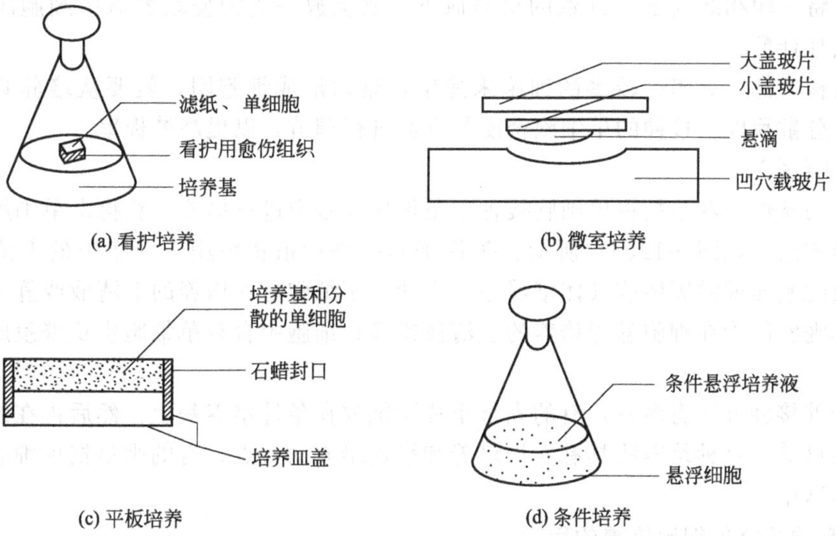

图 5-12　植物单细胞培养的常用的四种培养方式
（引自：周维燕，植物细胞工程原理与技术，2001）

以生长、分裂和繁殖，称为微室看护培养。在培养的过程中可以看到，接近愈伤组织块的单细胞首先分裂，然后按照单细胞与愈伤组织块的距离，由近至远相继看到单细胞分裂现象。这个现象表明，看护愈伤组织确实可以促进单细胞分裂繁殖，可能是植物愈伤组织可以分泌某些促进细胞分裂的物质，它透过细胞后，逐渐向四周扩散，先接受这些物质的单细胞首先进行分裂和生长繁殖。

微室培养的优点是培养基用量少，可以通过显微镜观察单个细胞的生长、分裂、分化、发育情况，有利于对细胞特性和单个细胞生长发育的全过程进行跟踪研究。

3. 平板培养法

将制备好的单细胞悬浮液，按照一定的细胞密度，接种在 1mm 左右的薄层固体培养基上进行培养，称之为平板培养［见图 5-12(c)］。平板培养法是单细胞培养最常用的方法。其主要技术要点如下。

(1) 单细胞的分离　一般采用酶分离法，小细胞团不能超过 6 个细胞，因此过滤时网筛的网眼要选择合适。

(2) 单细胞悬浮液的制备　分离的单细胞经培养基洗涤 2 次以后，调整密度为 5×10^5 个/mL。

(3) 植板　将 1 份已调整好密度的单细胞悬浮液与 4 份 35℃的含有 0.8%～1.4%琼脂的固体培养基充分混合均匀，然后均匀地平铺于培养皿中，其厚度为 1～2mm。待植板后的培养基完全凝固后，用石蜡或 Parafilm 封口膜将培养皿封严以防污染。在 25℃黑暗条件下培养 3 周即可长出肉眼可见的愈伤组织。

单细胞平板培养的效率可以通过植板率来表示。植板率是指通过平板培养后形成细胞团的单细胞数与接种细胞总数的比值，其计算公式如下：

$$植板率(\%)=\frac{平板中形成的细胞团数}{平板中接种的细胞总数}\times100\%$$

计算式中每个平板新形成的细胞团数的计数方法有两种：一是直接计数法，注意计量时要掌握合适的时间，即细胞团肉眼已能分辨，但尚未长合到一起的时候；二是感光法，在暗室的红光下将一印相纸放于欲计数的培养皿下，其上放一光源使培养皿中细胞团印到相纸上，冲洗照片计数。

如果植板率低，表明有较多的细胞未能生长繁殖形成细胞团，就要从培养基、培养条件、细胞的分散程度、接种的单细胞密度等方面进行调节，以提高植板率。

4. 条件培养法

单细胞的条件培养是指将单细胞接种于条件培养基中进行培养，获得由单细胞形成的细胞系的培养方法，如图 5-12(d) 所示。条件培养基是指植物细胞悬浮培养的上清液或静止细胞悬浮液配制而成的固体或液体培养基。为什么用细胞悬浮培养的上清液或静止细胞配制条件培养基呢？因为在细胞悬浮培养的上清液或静止细胞中含有单细胞生长繁殖所需的内源化合物。

条件培养接种方法有多种，有的先将小片滤纸放在条件培养基上，然后再在滤纸上接种单细胞进行培养，这种培养法具有看护培养和平板培养的特点；有的则是把单细胞接种在液体条件培养基中。

（三）影响植物单细胞培养的因素

植物单细胞培养比愈伤组织培养和悬浮细胞培养更为困难和复杂，对培养条件的要求更加苛刻，因此，必须根据需要控制好各种培养条件。影响植物单细胞培养的因素主要有以下几点。

1. 细胞密度

单细胞培养要求接种的细胞达到一个临界密度，低于此密度，不利于细胞的生长繁殖；高于此密度，则形成细胞团混杂在一起，难于获得单细胞系。一般要求临界细胞密度为 10^3 个/mL。

2. 培养基

不同种类的植物细胞生长特性各不相同，对营养成分的要求也不一样，如有的细胞喜碳而有的喜氮，还有一些细胞需要某种特殊成分才能正常生长繁殖，要根据不同的要求配制好培养基。

3. pH 值

单细胞培养基的 pH 值一般控制在 5.2～6.0 的范围，根据情况适当调节培养基的 pH 值，可提高植板率。

4. CO_2 含量

植物细胞一般在通常的空气中（CO_2 含量约为 0.03%）就能正常生长繁殖；如果人为地降低培养系统中 CO_2 的含量，细胞分裂就会减慢甚至停止；如果稍微提高培养系统中的 CO_2 浓度，则对细胞的生长有促进作用；如果 CO_2 的浓度过高（超过 2%），则对细胞生长有抑制作用。

【项目难点自测】

一、名词解释

外植体、脱分化、细胞全能性、愈伤组织、悬浮培养、固定化培养、单细胞培养

二、选择题

1. 接种工具灭菌常采用（　　）。

A. 灼烧　　B. 高压　　C. 过滤　　D. 熏蒸

2. 具有促进愈伤组织生成的物质是（　　）。

A. 维生素 PP　　B. 维生素 B_1　　C. 维生素 B_6　　D. 甘氨酸

3. 配制 MS 培养基母液时，微量元素母液的扩大倍数一般是（　　）。

A. 10 倍　　B. 100 倍　　C. 1mg/mL　　D. 10mg/mL

4. 配制 10 倍大量元素母液，所需硝酸钾（　　）mg。

A. 9000　　B. 3700　　C. 16500　　D. 4400

5. 配制 100 倍有机物母液时，所需维生素 B_1（　　）mg。

A. 0.4　　B. 10　　C. 100　　D. 0.1

6. 下列哪种不是组织培养常用的维生素（　　）。

A. 维生素 B_2　　B. 维生素 B_1　　C. 维生素 B_6　　D. 维生素 C

7. 下列哪种激素不属于生长素类（　　）。

A. IAA　　B. IBA　　C. 6-BA　　D. NAA

8. 下面哪种是 MS 培养基大量元素所用药剂（　　）。

A. 硫酸镁　　B. 硫酸亚铁　　C. 硫酸锌　　D. 硫酸铜

三、判断题

1. MS 培养基是指没有激素的基本培养基。（　　）
2. 铁盐母液可配成 100 倍液，配制培养基时移取 100mL。（　　）
3. 琼脂只起固化作用，本身并不提供任何营养。（　　）
4. 愈伤组织是脱分化的植物组织细胞。（　　）
5. 在植物组织培养和细胞培养中都包括愈伤组织培养。（　　）
6. 植物细胞培养的主要目的是获得所需的细胞和各种所需的产物。（　　）
7. 在选择组织培养材料时，季节对外植体无明显影响。（　　）
8. 单细胞平板培养的效率是通过植板率来反映的。（　　）
9. 植物细胞固定化培养可适用于各种次级代谢物的生产。（　　）

四、填空题

1. 培养基 pH 值一般调节为________，常用________和________方法来进行。

2. 磷是构成________的主要成分，这种物质又是细胞膜、细胞核的重要组成部分。磷也是________的成分，这是一种常见的直接能量物质。

3. 微量元素母液可配成________倍，配制培养基时移取________ mL。

4. 高压灭菌可以对培养基及________、________、________等进行灭菌。

5. 请列出外植体常用的 5 种消毒剂：________、________、________、________、________。

6. 愈伤组织的形成分为________、________、________三个时期。

7. 悬浮细胞培养的同步化方法有：________、________、________、________。

8. 植物细胞固定化的方法有：________、________。

9. 植物单细胞培养方法有：________、________、________、________。

10. 植物组织培养的理论依据是________。

11. 1943 年，________正式提出植物细胞全能性理论，认为每个植物细胞具有母株植物的全套遗传信息，具有发育成完整植株的能力。

12. 植物生长点附近的病毒浓度很低甚至无病毒，利用________组织培养可脱去病毒，获得脱毒植株。

五、问答题

1. 植物细胞培养所需的基本设备有哪些？

2. 植物细胞培养基基本成分有哪几大类？各类试剂在保存方法上有何要求？

3. 细胞培养中，常用的植物生长调节剂有哪几类？它们的主要功能是什么？

4. 配制植物细胞培养基时为什么要配制母液？如何配制培养基的各种母液？各种母液浓缩的倍数有何要求？

5. 配制铁盐母液有何特殊要求？为什么？

6. 常用的培养基灭菌方法有哪几种？如何选择？

7. 植物外植体选择的基本原则是什么？

8. 植物细胞获取的方法有哪些？

9. 简述愈伤组织形态发生的途径。

10. 一个好的悬浮细胞系有哪些特征？用于建立悬浮细胞系的愈伤组织有何要求？

11. 为什么要进行植物细胞固定化培养？

12. 植物细胞培养和植物组织培养的不同体现在哪些方面？

13. 外植体的清洗和灭菌如何操作？

14. 接种的无菌操作大致包括哪些步骤？

附录　细胞培养技术常用术语中英文对照

A

actinomycin-D	放线菌素 D
agar	琼脂
airlift bioreactor	气升式生物反应器
anchorage-dependent	贴壁依赖性、锚着依赖性或附着依赖性
anchorage-independent	非贴壁依赖性、非锚着依赖性或非附着依赖性
anther culture	花药培养
antibiotic	抗生素
artificial seeds	人工种子
aseptic technique	无菌技术
attachment efficiency	贴壁率
auxins	生长素

B

balanced salt solution	平衡盐溶液
basic medium	基础培养基
batch culture	成批培养
6-benzylaminopurine (6-BA)	6-苄基腺嘌呤
bubble column bioreactor	鼓泡式生物反应器

C

callus	愈伤组织
cell agglutination	细胞黏着
cell culture	细胞培养
cell cycle	细胞周期
cell differentiation	细胞分化
cell division	细胞分裂
cell generation time	细胞一代时间
cell hybridization	细胞杂交
cell line	细胞系
cell strain	细胞株
cell suspension culture	细胞悬浮培养
chemically defined medium	合成培养基
clone	克隆
cloning efficiency	克隆形成率
contact inhibition	接触抑制
continuous culture	连续培养
cyanocobalamine (VB_{12})	维生素 B_{12}
cytokinin	细胞分裂素
cytotrophoblast	细胞滋养层

D

dedifferentiation	脱分化
density inhibition	密度抑制
2,4-dichlorophenoxyacetic acid (2,4-D)	2,4-二氯苯氧乙酸
digitoxin	毛地黄毒素
diploid	二倍体
doubling time	倍增时间

E

ensyme-linked immunosorbent assay (ELISA)	酶联免疫吸附测定
epidermal growth factor	表皮生长因子
epithelial-like	上皮细胞样的
ethylenedianminetetraacetic acid	乙二胺四乙酸
explant	外植块（体）
exponential growth phase	对数生长期

F

fatal bovine serum	胎牛血清
feeder layer	滋（饲）养层
fibroblast-like	成纤维细胞样的
filtration sterilization	过滤除菌
flow cytometry	流式细胞术
fluid-bed bioreactor	流化床反应器
fluorescein diacetate (FDA)	荧光素双醋酸酯
fluorescence microscope	荧光显微镜

G

germicides	杀菌剂
gibberellins (GA)	赤霉素
gram stain	革兰染色
growth curve	生长曲线

H

haploid	单倍体
heterokaryon	异核体
hybridoma	杂交瘤
hypoxanthine guanine phosphoribosyl transferase (HGPRT)	次黄嘌呤鸟嘌呤磷酸核糖转移酶

I

immotalization	无限增殖，永久性，不死性
immunoglobulin (Ig)	免疫球蛋白
in vitro transformation	体外转化
indole-3 butyric acid (IBA)	吲哚丁酸
indole-3-acetic acid (IAA)	吲哚乙酸

induction	诱导，诱发
inhibition	抑制作用
inoculation	接种
inositol	肌醇
invert microscope	倒置显微镜

K

karyotype	核型，染色质组型
kinetin (KT)	激动素

L

lag phase	延迟期
liposome	脂质体
liquid nitrogen cryopreservation	液氮保藏法
log phase	对数期

M

macroelement	大量元素
membrane bioreactor	膜反应器
methotrexate (MTX)	氨甲蝶呤
micro-chamber culture	微室培养
microelement	微量元素
millipore filter	微孔滤器
mitotic index	有丝分裂指数
monolayer culture	单层培养

N

α-naphthalene acetic acid (NAA)	α-萘乙酸
β-naphthoxy acetic acid (βNOA)	β-萘氧乙酸
natural medium	天然培养基
neuroglia cel	神经胶质细胞
nicotinic acid (VPP)	烟酸
nicotinic acid amide	烟酸胺
nurse culture	看护培养

O

organ culture	器官培养

P

passage	传代、传代培养
phenosafranine	酚藏花红
phosphate balanced solution (PBS)	磷酸盐缓冲液
phytohormone	植物激素
plant cell culture	植物细胞培养

plasmid	质粒
plating culture	平板培养
plating efficiency	接种率（菌落形成率）
pleuropneumonia-like organism	支原体
polyethylene glycol (PEG)	聚乙二醇
polyploid	多倍体
population density	群体密度
population doubling time	群体倍增时间
primary culture	原代培养
propagation in vitro	离体无性繁殖
protoplast	原生质体
protoplast fusion	原生质体融合
pyridoxine (VB_6)	吡哆醇

R

rapid clonal propagation	快繁
receptor	受体
redifferentiation	再分化
riboflavin (VB_2)	维生素 B_2
root tip	根尖

S

saturation density	饱和密度
secondary culture	传代培养
semi-continous culture	半连续培养
semisolid medium	半固体培养基
serum	血清
shake cultivation	振荡培养
simian virus 40 (SV40)	猿猴病毒 40
single cell culture	单细胞培养
solid medium	固体培养基
somatic cell hybridization	体细胞杂交
stirred-tank bioreactor	搅拌式生物反应器
subculture	传代培养
substrain	亚株
super clean bench	超净台
suspension culture	悬浮培养
synchronous culture	同步培养

T

thiamine (VB_1)	硫胺素
tissue culture	组织培养
totipotency	全能性
transfection	转染

V

viability	活力
virus elimination	脱毒
vitrification	玻璃化

Z

zeatin (ZT)	玉米素

参 考 文 献

[1] 王立新，杨朝霞. 动物细胞培养及应用. 黄牛杂志，2000，26 (3).
[2] 薛庆善. 体外培养的原理与技术. 北京：科学出版社，2001.
[3] 章卓然. 实用细胞培养技术. 北京：人民卫生出版社，1999.
[4] 司徒镇强，吴军正. 细胞培养. 第 2 版. 北京：世界图书出版公司，1996.
[5] 程宝鸾. 动物细胞培养技术. 广州：华南理工大学出版社，2000.
[6] 陈瑞铭. 动物组织培养与应用. 北京：科学出版社，1998.
[7] 弗雷什尼 R. I. 动物细胞培养基本技术指南. 章静波等译. 第 4 版. 北京：科学出版社，2004.
[8] 鄂征. 组织培养和分子细胞学技术. 北京：北京出版社，1995.
[9] 周珍辉. 动物细胞培养技术. 北京：中国环境科学出版社，2006.
[10] 李志勇. 细胞工程. 北京：科学出版社，2003.
[11] 周丹英，曾卫东. 动物细胞培养实验室的构建. 浙江畜牧兽医，2002，(4).
[12] 刘玉堂. 动物细胞工程. 哈尔滨：东北林业大学出版社，2003.
[13] 王捷. 动物细胞培养技术与应用. 北京：化学工业出版社，2004.
[14] 徐永华. 动物细胞工程. 北京：化学工业出版社，2003.
[15] 郝素珍，王桂琴. 实用医学免疫学. 北京：高等教育出版社，2005.
[16] 董志伟，王琰. 抗体工程. 北京：北京医科大学出版社，2002.
[17] Heddy Zola. 单克隆抗体技术手册. 周宗安等译. 南京：南京大学出版社，1991.
[18] 王晓利. 生物制药技术. 北京：科学出版社，2006.
[19] 刘国诠. 生物工程下游技术. 第 2 版. 北京：化学工业出版社，2003.
[20] 高平，刘书志. 生物工程设备. 北京：化学工业出版社，2005.
[21] 武昱孜，张旭，华利忠等. 支原体对细胞培养污染的研究概况. 动物医学进展. 2013，34 (9)：112-117.
[22] 石凯，熊晓辉. 固定化动物细胞大规模培养技术研究进展. 化工进展，2002，8：556-559.
[23] 张前程，张凤宝等. 动物细胞培养生物反应器研究进展. 化工进展，2002，8：560-563.
[24] 吴方丽，金伟波等. 动物细胞大规模培养技术研究进展. 仲恺农业技术学院学报，2005，18 (3)：64-70.
[25] 李玲，李雪峰. 细胞生物学技术. 长沙：湖南科学技术出版社，2003.
[26] 潘瑞炽. 植物生理学. 北京：高等教育出版社，2004.
[27] 刘庆昌，吴国良. 植物细胞组织培养. 北京：中国农业大学出版社，2003.
[28] 朱至清. 植物细胞工程. 北京：化学工业出版社，2003.
[29] 彭星元. 植物组织培养技术. 北京：高等教育出版社，2006.
[30] 郭勇，崔堂兵，谢秀祯. 植物细胞培养技术与应用. 北京：化学工业出版社，2004.
[31] 曹春英. 植物组织培养. 北京：中国农业出版社. 2006.
[32] 王清连. 植物组织培养. 北京：中国农业出版社. 2002.
[33] 元英进. 植物细胞培养工程. 北京：化学工业出版社. 2004.
[34] 肖尊安. 植物生物技术. 北京：化学工业出版社. 2005.
[35] 王蒂. 细胞工程学. 北京：中国农业出版社，2003.
[36] 李浚明. 植物组织培养教程. 北京：中国农业大学出版社，2002.
[37] 陈远玲，李静. 植物细胞工程实验指导. 广州：华南农业大学，2005.
[38] 周维燕. 植物细胞工程原理与技术. 北京：中国农业大学出版社，2001.
[39] 郭勇，崔堂兵，谢秀祯. 植物细胞培养技术与应用. 北京：化学工业出版社，2003.
[40] 尹文兵，李丽娟，黄勤妮等. 胡萝卜愈伤组织的诱导及细胞悬浮培养研究. 山西师范大学学报（自

然科学版)，2004，18 (2)：71-76.
[41] 李明军，陈明霞，原连庄等. 大白菜的组织培养和植株再生. 植物生理学通讯，2001，37 (2)：137-138.
[42] 谢从华，柳俊. 植物细胞工程. 北京：高等教育出版社，2004.
[43] 安利国. 细胞工程. 北京：科学出版社，2004.
[44] 于文国. 微生物制药工艺及生物反应器. 北京：化学工业出版社，2005.
[45] 王素芳，王志林，蒋琳兰. 植物细胞悬浮培养. 中国生物制品学杂志，2002，15 (6)：381-383.
[46] 王素芳. 植物细胞的固定化培养. 浙江万里学院学报，2004，17 (2)：96-98.
[47] 边黎明，施季森. 植物生物反应器细胞悬浮培养研究进展. 南京林业大学学报 (自然科学版)，2004，28 (4)：101-104.
[48] 黄艳，赵德修，李佐虎. 植物细胞生物反应器培养的研究进展. 植物学通报，2001，18 (5)：567-570.
[49] 朱庆虎，秦红丽，陈弘等. 动物细胞大规模培养技术. 畜牧兽医科技信息，2010，9 (5)：8-9.
[50] 梅建国，庄金秋，王金良等. 动物细胞大规模培养技术. 中国生物工程杂志，2012，32 (7)：127-132.
[51] 赵龙. 动物细胞大规模培养技术研究进展. 吉林农业，2011，(2)：178.
[52] 周燕，刘宝林，杨波等. 微载体培养技术的研究与进展. 中国组织工程研究与临床康复，2010，14 (16)：2945-2948.
[53] 雷雯，鲁俊鹏，刘闯等. 细胞转瓶培养技术研究进展. 中国兽药杂志. 2012，46 (5)：58-61.

细胞培养技术

（第二版）

学生工作手册

化学工业出版社

·北京·

1-1-1 VERO 细胞培养前的准备信息单

项目名称	VERO 细胞的传代培养	班 级		姓 名	
组 号		指导教师			

1. 动物细胞培养实验室的常用设备有哪些？各有何作用？

2. 常用的培养用品可分为哪几大类？主要有哪些？

3. 不同类型的培养用品如何进行清洗？需注意哪些问题？

4. 培养用品包装时应注意哪些问题？

5. 正压除菌滤器的包装和灭菌应注意哪些问题？

6. 常用的消毒和灭菌方法有哪些？

7. 体外培养的细胞有哪些营养需求？

8. 动物细胞培养用液有哪些类型？各有何作用？

9. 血清培养基的基本配方是什么？

10. 血清在细胞培养中有何作用？如何使用和储存血清？

1-1-2　VERO 细胞培养前的准备计划单

<table>
<tr><td>项目名称</td><td colspan="2">VERO 细胞的传代培养</td><td>班　级</td><td></td><td>姓　名</td><td></td></tr>
<tr><td>组　号</td><td colspan="3"></td><td>指导教师</td><td colspan="2"></td></tr>
<tr><td rowspan="2">人员分工</td><td>姓名</td><td colspan="4">工作内容要点</td><td>备注</td></tr>
<tr><td></td><td colspan="4"></td><td></td></tr>
<tr><td rowspan="2">进程安排</td><td>时间</td><td colspan="4">工作内容要点</td><td>备注</td></tr>
<tr><td></td><td colspan="4"></td><td></td></tr>
<tr><td rowspan="2">材料和试剂</td><td>名称</td><td colspan="4">准备方法</td><td>用量</td></tr>
<tr><td></td><td colspan="4"></td><td></td></tr>
<tr><td>器材和设备</td><td colspan="6">
<table>
<tr><td>名称</td><td>规格型号</td><td>数量</td><td>名称</td><td>规格型号</td><td>数量</td></tr>
<tr><td></td><td></td><td></td><td></td><td></td><td></td></tr>
<tr><td></td><td></td><td></td><td></td><td></td><td></td></tr>
<tr><td></td><td></td><td></td><td></td><td></td><td></td></tr>
</table>
</td></tr>
</table>

1-1-3 VERO细胞培养前的准备记录单

项目名称	VERO细胞的传代培养	班 级		姓 名	
组 号			指导教师		

(一)玻璃器皿清洗、包装和灭菌记录

(1)清洗	浸泡用溶液及浸泡时间	清洁液类型及泡酸时间
	刷洗工具	冲洗流程
	三蒸水浸洗次数	烘干温度
(2)包装	包装材料	包装方式
(3)灭菌	灭菌方式	灭菌条件
操作人：	复核人：	日期：

(二)金属器械清洗、包装和灭菌记录

(1)清洗	清水浸泡时间	自来水冲洗次数
	三蒸水漂洗次数	擦拭用材料
(2)包装	包装材料	包装方式
(3)灭菌	灭菌方式	灭菌条件
操作人：	复核人：	日期：

(三)塑料制品清洗、包装和灭菌记录

(1)清洗	浸泡流程和用液	三蒸水漂洗次数	烘干温度
(2)灭菌	灭菌方式	灭菌条件	
操作人：	复核人：	日期：	

(四)橡胶制品清洗、包装和灭菌记录

(1)清洗	浸泡流程和用液	三蒸水漂洗次数	烘干温度
(2)灭菌	灭菌方式	灭菌条件	
操作人：	复核人：	日期：	

(五)正压除菌滤器清洗、包装和灭菌记录

(1)清洗	流水冲洗时间	蒸馏水浸泡时间	三蒸水浸泡时间
(2)安装及包装	滤膜安装方式	包装材料	包装方式
	旋钮的是否完全拧紧		
(3)灭菌	灭菌方式	灭菌条件	
操作人：	复核人：	日期：	

（六）Hank's 液配制记录

试剂名称	理论用量	实际用量
NaCl	g	g
KCl	g	g
$Na_2HPO_4 \cdot H_2O$	g	g
KH_2PO_4	g	g
葡萄糖	g	g
$NaHCO_3$	g	g
酚红	g	g
$MgSO_4 \cdot 7H_2O$	g	g
$CaCl_2$	g	g
三蒸水至	mL	mL
除菌方式为________		
操作人： 复核人： 日期：		

（七）D-Hank's 液配制记录

试剂名称	理论用量	实际用量
NaCl	g	g
KCl	g	g
$Na_2HPO_4 \cdot H_2O$	g	g
KH_2PO_4	g	g
$NaHCO_3$	g	g
酚红	g	g
三蒸水至	mL	mL
除菌方式为________		
操作人： 复核人： 日期：		

（八）胰蛋白酶液配制记录

试剂名称	理论用量	实际用量
胰蛋白酶	g	g
D-Hank's 液至	mL	mL
除菌方式为________		
操作人： 复核人： 日期：		

（九）DMEM 基础培养基配制记录

试剂名称	理论用量	实际用量
DMEM	g	g
$NaHCO_3$	g	g
添加：		
添加：		
pH 调整用试剂及用量		
三蒸水至	mL	mL
除菌方式为________		
操作人： 复核人： 日期：		

（十）DMEM 完全培养基配制记录

试剂名称	理论用量	实际用量
DMEM 基础培养基	mL	mL
小牛血清	mL	mL
青霉素母液	mL	mL
链霉素母液	mL	mL
除菌方式为________		
操作人： 复核人： 日期：		

记录操作中违反操作规程及有可能会造成污染的步骤：

1-1-4　VERO 细胞培养前的准备报告单

<table>
<tr><td>项目名称</td><td colspan="2">VERO 细胞的传代培养</td><td>班　级</td><td></td><td>姓　名</td><td></td></tr>
<tr><td>组　号</td><td colspan="3"></td><td>指导教师</td><td colspan="2"></td></tr>
<tr><td>实验结论</td><td colspan="6"></td></tr>
<tr><td>实验分析</td><td colspan="6"></td></tr>
</table>

1-1-5　VERO 细胞培养前的准备评价单

项目名称	VERO 细胞的传代培养	班　级		姓　名	
组　号			指导教师		

小组成绩（30％）

考核内容	考核标准	满分	得分
实验准备	计划单填写认真、分工明确、时间分配合理	10	
	器材准备充分、数量和质量合格	20	
实验清场	能及时完成器材的清洗、归位	20	
	离场时，会关闭门窗、切断水电	10	
任务完成	按时完成任务、实验结果好	20	
演示和汇报	能有效收集和利用相关文献资料	10	
	能运用语言、文字进行准确表达	10	
合计		100	

个人成绩（70％）

考核内容	考核标准	满分	得分
操作能力	操作规范、有序	20	
任务完成	工作记录填写正确	10	
课堂表现	遵守学习纪律、正确回答课堂提问	10	
课后作业	按时完成作业、准确率高	10	
考勤	按时出勤，无迟到、早退和旷课	10	
自我管理	能按计划单完成相应任务	10	
团队合作	能与小组成员分工协作，完成实验准备、清场等工作	10	
表达能力	能与小组成员进行有效沟通、演示和汇报质量高	10	
学习能力	能按时完成信息单、准确率高	10	
合计		100	

总体评价	

1-2-1 VERO细胞的传代和观察信息单

项目名称	VERO细胞的传代培养	班　级		姓　名	
组　号			指导教师		

1. 什么是动物细胞的传代培养？为什么要进行传代培养？

2. 原代培养物需要传代的指标是多少？

3. 细胞传代的方法有哪些？

4. 细胞的常规观察主要包括哪些项目？

5. 体外培养的细胞有哪些形态？

6. 体外培养的细胞有哪些生长特点？

7. 体外培养细胞的生命期要经历哪些阶段？

8. 每代贴附生长细胞的生长过程包括哪些阶段？

9. 细胞培养的污染途径有哪些？如何排除？

1-2-2　VERO 细胞的传代和观察计划单

<table>
<tr><td>项目名称</td><td colspan="2">VERO 细胞的传代培养</td><td>班　级</td><td></td><td>姓　名</td><td></td></tr>
<tr><td>组　号</td><td colspan="3"></td><td>指导教师</td><td colspan="2"></td></tr>
<tr><td rowspan="2">人员分工</td><td>姓名</td><td colspan="4">工作内容要点</td><td>备注</td></tr>
<tr><td></td><td colspan="4"></td><td></td></tr>
<tr><td rowspan="2">进程安排</td><td>时间</td><td colspan="4">工作内容要点</td><td>备注</td></tr>
<tr><td></td><td colspan="4"></td><td></td></tr>
<tr><td rowspan="2">材料和试剂</td><td>名称</td><td colspan="4">准备方法</td><td>用量</td></tr>
<tr><td></td><td colspan="4"></td><td></td></tr>
<tr><td>器材和设备</td><td colspan="6"><table>
<tr><td>名称</td><td>规格型号</td><td>数量</td><td>名称</td><td>规格型号</td><td>数量</td></tr>
<tr><td></td><td></td><td></td><td></td><td></td><td></td></tr>
<tr><td></td><td></td><td></td><td></td><td></td><td></td></tr>
<tr><td></td><td></td><td></td><td></td><td></td><td></td></tr>
</table></td></tr>
</table>

1-2-3　VERO 细胞的传代和观察记录单

<table>
<tr><td>项目名称</td><td>VERO 细胞的传代培养</td><td>班　级</td><td></td><td>姓　名</td><td></td></tr>
<tr><td>组　号</td><td colspan="2"></td><td>指导教师</td><td colspan="2"></td></tr>
</table>

(一)VERO 细胞的传代记录

<table>
<tr><td rowspan="2">1. 弃</td><td colspan="4">去废液的方式</td></tr>
<tr><td colspan="4"></td></tr>
<tr><td rowspan="2">2. 洗</td><td>漂洗用溶液</td><td>漂洗次数</td><td colspan="2">漂洗目的</td></tr>
<tr><td></td><td></td><td colspan="2"></td></tr>
<tr><td rowspan="2">3. 消</td><td>消化液的用量</td><td>消化温度</td><td>消化时间</td><td>终止消化的溶液</td></tr>
<tr><td></td><td></td><td></td><td></td></tr>
<tr><td>4. 离</td><td>离心速度</td><td></td><td>离心时间</td><td></td></tr>
<tr><td>5. 悬</td><td>培养液的用量</td><td></td><td>吹打细胞的工具</td><td></td></tr>
<tr><td rowspan="2">6. 接</td><td>每瓶接种量</td><td>每瓶补充培养液用量</td><td>细胞浓度</td><td>细胞计数工具</td></tr>
<tr><td></td><td></td><td></td><td></td></tr>
<tr><td>7. 标</td><td>写出你标记的信息</td><td colspan="3"></td></tr>
<tr><td rowspan="2">8. 观</td><td colspan="4">培养液颜色及清凉度</td></tr>
<tr><td colspan="4">细胞数量、形态及状态</td></tr>
<tr><td>9. 培</td><td>培养条件</td><td colspan="3"></td></tr>
<tr><td>其他</td><td>准备及使用的吸管数</td><td></td><td>多用的原因</td><td></td></tr>
<tr><td colspan="5">记录操作中违反操作过程及有可能会造成污染的步骤：</td></tr>
<tr><td colspan="5">操作人：________　复核人：________　日期：________</td></tr>
</table>

(二)VERO 细胞的常规检查记录

项目 \ 日期			
培养液颜色			
培养液澄清度			
是否污染			
细胞生长状态及数量			

操作人:________ 复核人:________ 日期:________

1-2-4　VERO 细胞的传代和观察报告单

<table>
<tr><td>项目名称</td><td>VERO 细胞的传代培养</td><td>班　级</td><td></td><td>姓　名</td><td></td></tr>
<tr><td>组　号</td><td colspan="2"></td><td>指导教师</td><td colspan="2"></td></tr>
<tr><td>实验结论</td><td colspan="5"></td></tr>
<tr><td>实验分析</td><td colspan="5"></td></tr>
</table>

1-2-5 VERO 细胞的传代和观察评价单

<table>
<tr><td>项目名称</td><td colspan="2">VERO 细胞的传代培养</td><td>班　级</td><td></td><td>姓　名</td><td></td></tr>
<tr><td>组　号</td><td colspan="3"></td><td>指导教师</td><td colspan="2"></td></tr>
<tr><td rowspan="9">小组成绩
(30%)</td><td>考核内容</td><td colspan="2">考核标准</td><td>满分</td><td colspan="2">得分</td></tr>
<tr><td rowspan="2">实验准备</td><td colspan="2">计划单填写认真、分工明确、时间分配合理</td><td>10</td><td colspan="2"></td></tr>
<tr><td colspan="2">器材准备充分、数量和质量合格</td><td>20</td><td colspan="2"></td></tr>
<tr><td rowspan="2">实验清场</td><td colspan="2">能及时完成器材的清洗、归位</td><td>20</td><td colspan="2"></td></tr>
<tr><td colspan="2">离场时,会关闭门窗、切断水电</td><td>10</td><td colspan="2"></td></tr>
<tr><td>任务完成</td><td colspan="2">按时完成任务、实验结果好</td><td>20</td><td colspan="2"></td></tr>
<tr><td rowspan="2">演示和汇报</td><td colspan="2">能有效收集和利用相关文献资料</td><td>10</td><td colspan="2"></td></tr>
<tr><td colspan="2">能运用语言、文字进行准确表达</td><td>10</td><td colspan="2"></td></tr>
<tr><td colspan="3">合计</td><td>100</td><td colspan="2"></td></tr>
<tr><td rowspan="11">个人成绩
(70%)</td><td>考核内容</td><td colspan="2">考核标准</td><td>满分</td><td colspan="2">得分</td></tr>
<tr><td>操作能力</td><td colspan="2">操作规范、有序</td><td>20</td><td colspan="2"></td></tr>
<tr><td>任务完成</td><td colspan="2">工作记录填写正确</td><td>10</td><td colspan="2"></td></tr>
<tr><td>课堂表现</td><td colspan="2">遵守学习纪律、正确回答课堂提问</td><td>10</td><td colspan="2"></td></tr>
<tr><td>课后作业</td><td colspan="2">按时完成作业、准确率高</td><td>10</td><td colspan="2"></td></tr>
<tr><td>考勤</td><td colspan="2">按时出勤,无迟到、早退和旷课</td><td>10</td><td colspan="2"></td></tr>
<tr><td>自我管理</td><td colspan="2">能按计划单完成相应任务</td><td>10</td><td colspan="2"></td></tr>
<tr><td>团队合作</td><td colspan="2">能与小组成员分工协作,完成实验准备、清场等工作</td><td>10</td><td colspan="2"></td></tr>
<tr><td>表达能力</td><td colspan="2">能与小组成员进行有效沟通、演示和汇报质量高</td><td>10</td><td colspan="2"></td></tr>
<tr><td>学习能力</td><td colspan="2">能按时完成信息单、准确率高</td><td>10</td><td colspan="2"></td></tr>
<tr><td colspan="3">合计</td><td>100</td><td colspan="2"></td></tr>
<tr><td>总体评价</td><td colspan="6"></td></tr>
</table>

1-3-1 VERO细胞的冻存和复苏信息单

项目名称	VERO细胞的传代培养	班　级		姓　名	
组　号			指导教师		

1. 为什么要进行细胞的冻存？

2. 为什么冻存和复苏的原则是"慢冻快融"？

3. 在细胞冷冻时常用的保护剂是什么？它有何作用？使用浓度是多少？

4. 如何进行贴壁细胞和悬浮细胞的冻存？

5. 在细胞计数的操作过程中,哪些因素可影响计数的准确性?

6. 细胞复苏时为什么要进行快速解冻?

7. 细胞活性检查有哪些方法?其原理是什么?

1-3-2　VERO 细胞的冻存和复苏计划单

<table>
<tr><td>项目名称</td><td colspan="2">VERO 细胞的传代培养</td><td>班　级</td><td></td><td>姓　名</td><td></td></tr>
<tr><td>组　号</td><td colspan="3"></td><td>指导教师</td><td colspan="2"></td></tr>
<tr><td rowspan="2">人员分工</td><td>姓名</td><td colspan="3">工作内容要点</td><td colspan="2">备注</td></tr>
<tr><td></td><td colspan="3"></td><td colspan="2"></td></tr>
<tr><td rowspan="2">进程安排</td><td>时间</td><td colspan="3">工作内容要点</td><td colspan="2">备注</td></tr>
<tr><td></td><td colspan="3"></td><td colspan="2"></td></tr>
<tr><td rowspan="2">材料和试剂</td><td>名称</td><td colspan="3">准备方法</td><td colspan="2">用量</td></tr>
<tr><td></td><td colspan="3"></td><td colspan="2"></td></tr>
<tr><td rowspan="4">器材和设备</td><td>名称</td><td>规格型号</td><td>数量</td><td>名称</td><td>规格型号</td><td>数量</td></tr>
<tr><td></td><td></td><td></td><td></td><td></td><td></td></tr>
<tr><td></td><td></td><td></td><td></td><td></td><td></td></tr>
<tr><td></td><td></td><td></td><td></td><td></td><td></td></tr>
</table>

1-3-3　VERO 细胞的冻存和复苏记录单

项目名称	VERO 细胞的传代培养	班　级		姓　名	
组　号		指导教师			

（一）VERO 细胞的冻存记录

冻存细胞生长期	换液时间	消化液
离心速度	离心时间	原始及冻存细胞浓度
DMSO 终浓度	标记信息	冻存液组成及冻存管数
冻存程序		

记录操作中违反操作过程及有可能会造成污染的步骤：

操作人：＿＿＿＿＿＿　复核人：＿＿＿＿＿＿　日期：＿＿＿＿＿＿

（二）VERO 细胞的复苏记录

细胞冻存管室温放置时间	水浴锅温度	离心速度
离心时间	标记信息	培养条件

记录操作中违反操作过程及有可能会造成污染的步骤：

操作人：＿＿＿＿＿＿　复核人：＿＿＿＿＿＿　日期：＿＿＿＿＿＿

(三)VERO细胞复苏检查记录

日期 项目			
培养液颜色			
培养液澄清度			
是否污染			
细胞生长状态及数量			

操作人：________________ 复核人：________________ 日期：________________

1-3-4 VERO 细胞的冻存和复苏报告单

<table>
<tr><td>项目名称</td><td>VERO 细胞的传代培养</td><td>班 级</td><td></td><td>姓 名</td><td></td></tr>
<tr><td>组 号</td><td colspan="2"></td><td>指导教师</td><td colspan="2"></td></tr>
<tr><td>实验结论</td><td colspan="5"></td></tr>
<tr><td>实验分析</td><td colspan="5"></td></tr>
</table>

1-3-5　VERO 细胞的冻存和复苏评价单

<table>
<tr><td>项目名称</td><td>VERO 细胞的传代培养</td><td>班　级</td><td></td><td>姓　名</td><td></td></tr>
<tr><td>组　号</td><td colspan="2"></td><td>指导教师</td><td colspan="2"></td></tr>
<tr><td>小组成绩
(30%)</td><td colspan="5">
<table>
<tr><td>考核内容</td><td>考核标准</td><td>满分</td><td>得分</td></tr>
<tr><td rowspan="2">实验准备</td><td>计划单填写认真、分工明确、时间分配合理</td><td>10</td><td></td></tr>
<tr><td>器材准备充分、数量和质量合格</td><td>20</td><td></td></tr>
<tr><td rowspan="2">实验清场</td><td>能及时完成器材的清洗、归位</td><td>20</td><td></td></tr>
<tr><td>离场时,会关闭门窗、切断水电</td><td>10</td><td></td></tr>
<tr><td>任务完成</td><td>按时完成任务、实验结果好</td><td>20</td><td></td></tr>
<tr><td rowspan="2">演示和汇报</td><td>能有效收集和利用相关文献资料</td><td>10</td><td></td></tr>
<tr><td>能运用语言、文字进行准确表达</td><td>10</td><td></td></tr>
<tr><td colspan="2">合计</td><td>100</td><td></td></tr>
</table>
</td></tr>
<tr><td>个人成绩
(70%)</td><td colspan="5">
<table>
<tr><td>考核内容</td><td>考核标准</td><td>满分</td><td>得分</td></tr>
<tr><td>操作能力</td><td>操作规范、有序</td><td>20</td><td></td></tr>
<tr><td>任务完成</td><td>工作记录填写正确</td><td>10</td><td></td></tr>
<tr><td>课堂表现</td><td>遵守学习纪律、正确回答课堂提问</td><td>10</td><td></td></tr>
<tr><td>课后作业</td><td>按时完成作业、准确率高</td><td>10</td><td></td></tr>
<tr><td>考勤</td><td>按时出勤,无迟到、早退和旷课</td><td>10</td><td></td></tr>
<tr><td>自我管理</td><td>能按计划单完成相应任务</td><td>10</td><td></td></tr>
<tr><td>团队合作</td><td>能与小组成员分工协作,完成实验准备、清场等工作</td><td>10</td><td></td></tr>
<tr><td>表达能力</td><td>能与小组成员进行有效沟通、演示和汇报质量高</td><td>10</td><td></td></tr>
<tr><td>学习能力</td><td>能按时完成信息单、准确率高</td><td>10</td><td></td></tr>
<tr><td colspan="2">合计</td><td>100</td><td></td></tr>
</table>
</td></tr>
<tr><td>总体评价</td><td colspan="5"></td></tr>
</table>

2-1-1 组织块法培养鸡胚成纤维细胞信息单

项目名称	鸡胚成纤维细胞的原代培养	班　级		姓　名	
组　号			指导教师		

1. 培养细胞取材的基本要求是什么?

2. 什么是原代培养?其方法主要有哪些?

3. 组织块培养法的概念是什么?其优缺点有哪些?

4. 鸡胚取材的方法、注意事项及常用鸡胚日龄是什么?

5. 鼠胚取材应注意哪些问题?

6. 血细胞取材常用的抗凝剂有哪些?其使用浓度是多少?

7. 画出组织块原代培养示意图。

2-1-2　组织块法培养鸡胚成纤维细胞计划单

<table>
<tr><td>项目名称</td><td colspan="2">鸡胚成纤维细胞的原代培养</td><td>班　级</td><td></td><td>姓　名</td><td></td></tr>
<tr><td>组　号</td><td colspan="3"></td><td>指导教师</td><td colspan="2"></td></tr>
<tr><td rowspan="2">人员分工</td><td>姓名</td><td colspan="3">工作内容要点</td><td colspan="2">备注</td></tr>
<tr><td></td><td colspan="3"></td><td colspan="2"></td></tr>
<tr><td rowspan="2">进程安排</td><td>时间</td><td colspan="3">工作内容要点</td><td colspan="2">备注</td></tr>
<tr><td></td><td colspan="3"></td><td colspan="2"></td></tr>
<tr><td rowspan="2">材料和试剂</td><td>名称</td><td colspan="3">准备方法</td><td colspan="2">用量</td></tr>
<tr><td></td><td colspan="3"></td><td colspan="2"></td></tr>
<tr><td>器材
和设备</td><td colspan="6">
<table>
<tr><td>名称</td><td>规格型号</td><td>数量</td><td>名称</td><td>规格型号</td><td>数量</td></tr>
<tr><td></td><td></td><td></td><td></td><td></td><td></td></tr>
<tr><td></td><td></td><td></td><td></td><td></td><td></td></tr>
<tr><td></td><td></td><td></td><td></td><td></td><td></td></tr>
</table>
</td></tr>
</table>

2-1-3 组织块法培养鸡胚成纤维细胞记录单

项目名称	鸡胚成纤维细胞的原代培养	班　级		姓　名	
组　号			指导教师		

(一)组织块法培养鸡胚成纤维细胞的工作记录

1. 取材	胚龄	气室消毒方法	金属器械用量	清洗用溶液
2. 剪切	漂洗用溶液	漂洗次数	剪切工具	组织块大小
3. 接种	每瓶接种量	每瓶培养液用量	组织块间距	是否翻转法
	培养液补加量		标记信息	
4. 培养	培养条件	初培养时间	翻转效果	培养中是否换液及换液时间

记录操作中违反操作过程及有可能会造成污染的步骤：

操作人：________________　复核人：________________　日期：________________

(二)鸡胚成纤维细胞培养的常规检查记录

项目＼日期			
培养液颜色			
培养液澄清度			
是否污染			
细胞生长状态			

操作人：________________　复核人：________________　日期：________________

2-1-4　组织块法培养鸡胚成纤维细胞报告单

<table>
<tr><td>项目名称</td><td colspan="2">鸡胚成纤维细胞的原代培养</td><td>班　级</td><td></td><td>姓　名</td><td></td></tr>
<tr><td>组　号</td><td colspan="3"></td><td>指导教师</td><td colspan="2"></td></tr>
<tr><td>实验结论</td><td colspan="6"></td></tr>
<tr><td>实验分析</td><td colspan="6"></td></tr>
</table>

2-1-5 组织块法培养鸡胚成纤维细胞评价单

<table>
<tr><td>项目名称</td><td colspan="2">鸡胚成纤维细胞的原代培养</td><td>班　级</td><td></td><td>姓　名</td><td></td></tr>
<tr><td>组　号</td><td colspan="3"></td><td>指导教师</td><td colspan="2"></td></tr>
<tr><td>小组成绩
(30%)</td><td colspan="6">
<table>
<tr><td>考核内容</td><td>考核标准</td><td>满分</td><td>得分</td></tr>
<tr><td rowspan="2">实验准备</td><td>计划单填写认真、分工明确、时间分配合理</td><td>10</td><td></td></tr>
<tr><td>器材准备充分、数量和质量合格</td><td>20</td><td></td></tr>
<tr><td rowspan="2">实验清场</td><td>能及时完成器材的清洗、归位</td><td>20</td><td></td></tr>
<tr><td>离场时,会关闭门窗、切断水电</td><td>10</td><td></td></tr>
<tr><td>任务完成</td><td>按时完成任务、实验结果好</td><td>20</td><td></td></tr>
<tr><td rowspan="2">演示和汇报</td><td>能有效收集和利用相关文献资料</td><td>10</td><td></td></tr>
<tr><td>能运用语言、文字进行准确表达</td><td>10</td><td></td></tr>
<tr><td colspan="2">合计</td><td>100</td><td></td></tr>
</table>
</td></tr>
<tr><td>个人成绩
(70%)</td><td colspan="6">
<table>
<tr><td>考核内容</td><td>考核标准</td><td>满分</td><td>得分</td></tr>
<tr><td>操作能力</td><td>操作规范、有序</td><td>20</td><td></td></tr>
<tr><td>任务完成</td><td>工作记录填写正确</td><td>10</td><td></td></tr>
<tr><td>课堂表现</td><td>遵守学习纪律、正确回答课堂提问</td><td>10</td><td></td></tr>
<tr><td>课后作业</td><td>按时完成作业、准确率高</td><td>10</td><td></td></tr>
<tr><td>考勤</td><td>按时出勤,无迟到、早退和旷课</td><td>10</td><td></td></tr>
<tr><td>自我管理</td><td>能按计划单完成相应任务</td><td>10</td><td></td></tr>
<tr><td>团队合作</td><td>能与小组成员分工协作,完成实验准备、清场等工作</td><td>10</td><td></td></tr>
<tr><td>表达能力</td><td>能与小组成员进行有效沟通、演示和汇报质量高</td><td>10</td><td></td></tr>
<tr><td>学习能力</td><td>能按时完成信息单、准确率高</td><td>10</td><td></td></tr>
<tr><td colspan="2">合计</td><td>100</td><td></td></tr>
</table>
</td></tr>
<tr><td>总体评价</td><td colspan="6"></td></tr>
</table>

2-2-1　消化法培养鸡胚成纤维细胞信息单

项目名称	鸡胚成纤维细胞的原代培养	班　级		姓　名	
组　号			指导教师		

1. 细胞悬液的分离方法及注意事项是什么？

2. 组织块的分离方法有哪些？

3. 常用的机械分散法的名称有哪些？此法中使用几种筛网，有什么区别？

4. 目前常用的消化分离法有哪些？使用的消化酶的浓度分别是多少？

5. 消化法消化细胞时如果出现未充分消化的大块组织，你将如何处理？

6. 消化法中要求接种的细胞数量标准是多少？

7. 写出消化法培养鸡胚成纤维细胞的主要步骤。

2-2-2　消化法培养鸡胚成纤维细胞计划单

<table>
<tr><td>项目名称</td><td colspan="2">鸡胚成纤维细胞的原代培养</td><td>班　级</td><td></td><td>姓　名</td><td></td></tr>
<tr><td>组　号</td><td colspan="3"></td><td>指导教师</td><td colspan="2"></td></tr>
<tr><td rowspan="2">人员分工</td><td>姓名</td><td colspan="3">工作内容要点</td><td colspan="2">备注</td></tr>
<tr><td></td><td colspan="3"></td><td colspan="2"></td></tr>
<tr><td rowspan="2">进程安排</td><td>时间</td><td colspan="3">工作内容要点</td><td colspan="2">备注</td></tr>
<tr><td></td><td colspan="3"></td><td colspan="2"></td></tr>
<tr><td rowspan="2">材料和试剂</td><td>名称</td><td colspan="3">准备方法</td><td colspan="2">用量</td></tr>
<tr><td></td><td colspan="3"></td><td colspan="2"></td></tr>
<tr><td>器材和设备</td><td colspan="6">
<table>
<tr><td>名称</td><td>规格型号</td><td>数量</td><td>名称</td><td>规格型号</td><td>数量</td></tr>
<tr><td></td><td></td><td></td><td></td><td></td><td></td></tr>
<tr><td></td><td></td><td></td><td></td><td></td><td></td></tr>
<tr><td></td><td></td><td></td><td></td><td></td><td></td></tr>
</table>
</td></tr>
</table>

2-2-3　消化法培养鸡胚成纤维细胞记录单

项目名称	鸡胚成纤维细胞的原代培养	班　级		姓　名	
组　号			指导教师		

(一)消化法培养鸡胚成纤维细胞的工作记录

1. 取材	胚龄	气室消毒	金属器械用量	清洗用溶液
2. 剪切	漂洗用溶液	漂洗次数	剪切工具	组织块大小
3. 消化	消化液种类	消化液用量	消化时间	消化温度
4. 制备细胞悬液	终止消化用液	细胞过滤用具	离心时间	离心速度
5. 计数和接种	计数工具	细胞接种浓度	接种瓶数	标记信息
6. 培养	培养条件			

记录操作中违反操作规程及有可能会造成污染的步骤：

操作人：________________　复核人：________________　日期：________________

(二）鸡胚成纤维细胞培养的常规检查记录

日期 / 项目			
培养液颜色			
培养液澄清度			
是否污染			
细胞生长状态			

操作人：________________　复核人：________________　日期：________________

2-2-4 消化法培养鸡胚成纤维细胞报告单

<table>
<tr><td>项目名称</td><td>鸡胚成纤维细胞的原代培养</td><td>班　级</td><td></td><td>姓　名</td><td></td></tr>
<tr><td>组　号</td><td colspan="2"></td><td>指导教师</td><td colspan="2"></td></tr>
<tr><td>实验结论</td><td colspan="5"></td></tr>
<tr><td>实验分析</td><td colspan="5"></td></tr>
</table>

2-2-5 消化法培养鸡胚成纤维细胞评价单

项目名称	鸡胚成纤维细胞的原代培养	班　级		姓　名	
组　号		指导教师			

小组成绩（30%）

考核内容	考核标准	满分	得分
实验准备	计划单填写认真、分工明确、时间分配合理	10	
	器材准备充分、数量和质量合格	20	
实验清场	能及时完成器材的清洗、归位	20	
	离场时，会关闭门窗、切断水电	10	
任务完成	按时完成任务、实验结果好	20	
演示和汇报	能有效收集和利用相关文献资料	10	
	能运用语言、文字进行准确表达	10	
合计		100	

个人成绩（70%）

考核内容	考核标准	满分	得分
操作能力	操作规范、有序	20	
任务完成	工作记录填写正确	10	
课堂表现	遵守学习纪律、正确回答课堂提问	10	
课后作业	按时完成作业、准确率高	10	
考勤	按时出勤，无迟到、早退和旷课	10	
自我管理	能按计划单完成相应任务	10	
团队合作	能与小组成员分工协作，完成实验准备、清场等工作	10	
表达能力	能与小组成员进行有效沟通、演示和汇报质量高	10	
学习能力	能按时完成信息单、准确率高	10	
合计		100	

总体评价	

3-1-1 CHO细胞的发酵罐培养信息单

项目名称	CHO细胞的大规模培养	班 级		姓 名	
组 号		指导教师			

1. 什么是动物细胞大规模培养？

2. 动物细胞大规模培养的基本流程包括哪些步骤？

3. 动物细胞大规模培养的常用方法有哪些？

4. 动物细胞生物反应器有哪些主要类型？各有哪些优缺点？

5. 动物细胞大规模培养的操作形式有哪些？各有何主要特征？

3-1-2　CHO 细胞的发酵罐培养计划单

<table>
<tr><td>项目名称</td><td colspan="2">CHO 细胞的大规模培养</td><td>班　级</td><td></td><td>姓　名</td><td></td></tr>
<tr><td>组　号</td><td colspan="3"></td><td>指导教师</td><td colspan="2"></td></tr>
<tr><td rowspan="2">人员分工</td><td>姓名</td><td colspan="3">工作内容要点</td><td colspan="2">备注</td></tr>
<tr><td></td><td colspan="3"></td><td colspan="2"></td></tr>
<tr><td rowspan="2">进程安排</td><td>时间</td><td colspan="3">工作内容要点</td><td colspan="2">备注</td></tr>
<tr><td></td><td colspan="3"></td><td colspan="2"></td></tr>
<tr><td rowspan="2">材料和试剂</td><td>名称</td><td colspan="3">准备方法</td><td colspan="2">用量</td></tr>
<tr><td></td><td colspan="3"></td><td colspan="2"></td></tr>
<tr><td>器材和设备</td><td colspan="6">
<table>
<tr><td>名称</td><td>规格型号</td><td>数量</td><td>名称</td><td>规格型号</td><td>数量</td></tr>
<tr><td></td><td></td><td></td><td></td><td></td><td></td></tr>
<tr><td></td><td></td><td></td><td></td><td></td><td></td></tr>
<tr><td></td><td></td><td></td><td></td><td></td><td></td></tr>
</table>
</td></tr>
</table>

3-1-3 CHO 细胞的发酵罐培养记录单

项目名称	CHO 细胞的大规模培养	班　级		姓　名	
组　号			指导教师		

CHO 细胞的发酵培养记录

培养时间/h	时间	罐温/℃	罐压/MPa	通风量/(L/min)	pH 值	DO 值	葡萄糖浓度/(g/L)	镜检	记录人

记录操作中违反操作规程及有可能会造成污染的步骤：

3-1-4　CHO细胞的发酵罐培养报告单

项目名称	CHO细胞的大规模培养	班　级		姓　名	
组　号		指导教师			
实验结论					
实验分析					

3-1-5　CHO 细胞的发酵罐培养评价单

项目名称	CHO 细胞的大规模培养	班　级		姓　名	
组　号		指导教师			

小组成绩（30%）

考核内容	考核标准	满分	得分
实验准备	计划单填写认真、分工明确、时间分配合理	10	
	器材准备充分、数量和质量合格	20	
实验清场	能及时完成器材的清洗、归位	20	
	离场时，会关闭门窗、切断水电	10	
任务完成	按时完成任务、实验结果好	20	
演示和汇报	能有效收集和利用相关文献资料	10	
	能运用语言、文字进行准确表达	10	
合计		100	

个人成绩（70%）

考核内容	考核标准	满分	得分
操作能力	操作规范、有序	20	
任务完成	工作记录填写正确	10	
课堂表现	遵守学习纪律、正确回答课堂提问	10	
课后作业	按时完成作业、准确率高	10	
考勤	按时出勤，无迟到、早退和旷课	10	
自我管理	能按计划单完成相应任务	10	
团队合作	能与小组成员分工协作，完成实验准备、清场等工作	10	
表达能力	能与小组成员进行有效沟通、演示和汇报质量高	10	
学习能力	能按时完成信息单、准确率高	10	
合计		100	

总体评价	

4-1-1　人血白蛋白免疫小鼠的准备信息单

<table>
<tr><td>项目名称</td><td>抗人血白蛋白杂交瘤
细胞系的制备</td><td>班　级</td><td></td><td>姓　名</td><td></td></tr>
<tr><td>组　号</td><td colspan="2"></td><td>指导教师</td><td colspan="2"></td></tr>
<tr><td colspan="6">1. 什么是单克隆抗体？

2. 单克隆抗体与多克隆抗体有何区别与联系？

3. 杂交瘤技术的基本原理是什么？其主要程序包括哪些步骤？

4. 杂交瘤制备过程中动物免疫的目的是什么？</td></tr>
</table>

4-1-2　人血白蛋白免疫小鼠的准备计划单

<table>
<tr><td>项目名称</td><td colspan="2">抗人血白蛋白杂交瘤
细胞系的制备</td><td>班　级</td><td></td><td>姓　名</td><td></td></tr>
<tr><td>组　号</td><td colspan="3"></td><td>指导教师</td><td colspan="2"></td></tr>
<tr><td rowspan="2">人员分工</td><td>姓名</td><td colspan="3">工作内容要点</td><td colspan="2">备注</td></tr>
<tr><td></td><td colspan="3"></td><td colspan="2"></td></tr>
<tr><td rowspan="2">进程安排</td><td>时间</td><td colspan="3">工作内容要点</td><td colspan="2">备注</td></tr>
<tr><td></td><td colspan="3"></td><td colspan="2"></td></tr>
<tr><td rowspan="2">材料和试剂</td><td>名称</td><td colspan="3">准备方法</td><td colspan="2">用量</td></tr>
<tr><td></td><td colspan="3"></td><td colspan="2"></td></tr>
<tr><td>器材和设备</td><td colspan="6">
<table>
<tr><td>名称</td><td>规格型号</td><td>数量</td><td>名称</td><td>规格型号</td><td>数量</td></tr>
<tr><td></td><td></td><td></td><td></td><td></td><td></td></tr>
<tr><td></td><td></td><td></td><td></td><td></td><td></td></tr>
<tr><td></td><td></td><td></td><td></td><td></td><td></td></tr>
</table>
</td></tr>
</table>

4-1-3　人血白蛋白免疫小鼠的准备记录单

项目名称	抗人血白蛋白杂交瘤细胞系的制备	班　级		姓　名	
组　号		指导教师			

动物免疫工作记录

免疫时间	第 0 天	第 21 天	第 31 天	第 41 天
免疫剂量				ELISA 法滴度检测结果：
抗原体积				
0.9%无菌氯化钠				
佐剂及剂量				
计划免疫体积				
免疫部位				
	记录人： 复核人：	记录人： 复核人：	记录人： 复核人：	记录人： 复核人：

记录操作中违反操作规程及有可能会造成污染的步骤：

4-1-4　人血白蛋白免疫小鼠的准备报告单

<table>
<tr><td>项目名称</td><td>抗人血白蛋白杂交瘤
细胞系的制备</td><td>班　级</td><td></td><td>姓　名</td><td></td></tr>
<tr><td>组　号</td><td colspan="2"></td><td>指导教师</td><td colspan="2"></td></tr>
<tr><td>实验结论</td><td colspan="5"></td></tr>
<tr><td>实验分析</td><td colspan="5"></td></tr>
</table>

4-1-5 人血白蛋白免疫小鼠的准备评价单

项目名称	抗人血白蛋白杂交瘤细胞系的制备	班 级		姓 名	
组 号			指导教师		

小组成绩（30%）	（见下表）

考核内容	考核标准	满分	得分
实验准备	计划单填写认真、分工明确、时间分配合理	10	
	器材准备充分、数量和质量合格	20	
实验清场	能及时完成器材的清洗、归位	20	
	离场时，会关闭门窗、切断水电	10	
任务完成	按时完成任务、实验结果好	20	
演示和汇报	能有效收集和利用相关文献资料	10	
	能运用语言、文字进行准确表达	10	
合计		100	

个人成绩（70%）	（见下表）

考核内容	考核标准	满分	得分
操作能力	操作规范、有序	20	
任务完成	工作记录填写正确	10	
课堂表现	遵守学习纪律、正确回答课堂提问	10	
课后作业	按时完成作业、准确率高	10	
考勤	按时出勤，无迟到、早退和旷课	10	
自我管理	能按计划单完成相应任务	10	
团队合作	能与小组成员分工协作，完成实验准备、清场等工作	10	
表达能力	能与小组成员进行有效沟通、演示和汇报质量高	10	
学习能力	能按时完成信息单、准确率高	10	
合计		100	

总体评价	

4-2-1　骨髓瘤细胞和脾细胞的融合信息单

<table>
<tr><td>项目名称</td><td>抗人血白蛋白杂交瘤
细胞系的制备</td><td>班　级</td><td></td><td>姓　名</td><td></td></tr>
<tr><td>组　号</td><td colspan="2"></td><td>指导教师</td><td colspan="2"></td></tr>
<tr><td colspan="6">1. 用于单克隆抗体生产的骨髓瘤细胞有何特殊要求？

2. 为什么要将融合后细胞加在含有饲养细胞的 96 孔板上？

3. PEG 的分子量和浓度对融合效果及融合率有何影响？

4. HAT 培养基筛选杂交瘤细胞的机理是什么？</td></tr>
</table>

4-2-2　骨髓瘤细胞和脾细胞的融合计划单

项目名称	抗人血白蛋白杂交瘤细胞系的制备	班　级		姓　名	
组　号		指导教师			

	姓名	工作内容要点	备注
人员分工			

	时间	工作内容要点	备注
进程安排			

	名称	准备方法	用量
材料和试剂			

器材和设备

名称	规格型号	数量	名称	规格型号	数量

4-2-3　骨髓瘤细胞和脾细胞的融合记录单

项目名称	抗人血白蛋白杂交瘤细胞系的制备	班　级		姓　名	
组　号			指导教师		

(一)骨髓瘤细胞和脾细胞的融合实验记录

<table>
<tr><td rowspan="4">1. 饲养细胞的制备</td><td>小鼠品系</td><td>取材部位</td><td colspan="2">计数结果</td></tr>
<tr><td></td><td></td><td colspan="2"></td></tr>
<tr><td>HAT 培养液用量</td><td>培养板每孔接种量</td><td colspan="2">培养结果</td></tr>
<tr><td></td><td></td><td colspan="2"></td></tr>
<tr><td rowspan="2">2. 骨髓瘤细胞的准备</td><td>扩大培养的时间</td><td>染色方法</td><td colspan="2">计数结果</td></tr>
<tr><td></td><td></td><td colspan="2"></td></tr>
<tr><td rowspan="2">3. 免疫脾细胞的准备</td><td colspan="2">脾单细胞悬液的制备方式</td><td>计数结果</td><td>细胞计数工具</td></tr>
<tr><td colspan="2"></td><td></td><td></td></tr>
<tr><td rowspan="2">4. 细胞融合与杂交瘤细胞的选择性培养</td><td>免疫鼠脾细胞:骨髓瘤细胞 SP2/0</td><td>水浴温度</td><td colspan="2">50%PEG 溶液温度</td></tr>
<tr><td></td><td></td><td colspan="2"></td></tr>
</table>

续表

<table>
<tr><td rowspan="6">4. 细胞融合与杂交瘤细胞的选择性培养</td><td colspan="2">免疫鼠脾细胞：骨髓瘤细胞 SP2/0</td><td colspan="2">水浴温度</td><td colspan="2">50%PEG 溶液温度</td></tr>
<tr><td colspan="2"></td><td colspan="2"></td><td colspan="2"></td></tr>
<tr><td colspan="3">加入不含血清的 RPMI1640 培养液的总时间</td><td colspan="3">不含血清的 RPMI1640 培养液的预热温度和使用量</td></tr>
<tr><td colspan="3"></td><td colspan="3"></td></tr>
<tr><td colspan="3">更换 HT 培养液的时间</td><td colspan="3">更换普通完全培养液的时间</td></tr>
<tr><td colspan="3"></td><td colspan="3"></td></tr>
<tr><td colspan="7">记录操作中违反操作过程及有可能会造成污染的步骤：</td></tr>
<tr><td colspan="7">操作人：__________ 复核人：__________ 日期：__________</td></tr>
</table>

(二)杂交瘤细胞培养检查记录

项目＼日期			
培养液颜色			
培养液澄清度			
是否污染			
融合率			
操作人：__________ 复核人：__________ 日期：__________			

4-2-4　骨髓瘤细胞和脾细胞的融合报告单

<table>
<tr><td>项目名称</td><td>抗人血白蛋白杂交瘤
细胞系的制备</td><td>班　级</td><td></td><td>姓　名</td><td></td></tr>
<tr><td>组　号</td><td colspan="2"></td><td>指导教师</td><td colspan="2"></td></tr>
<tr><td>实验结论</td><td colspan="5"></td></tr>
<tr><td>实验分析</td><td colspan="5"></td></tr>
</table>

4-2-5　骨髓瘤细胞和脾细胞的融合评价单

项目名称	抗人血白蛋白杂交瘤细胞系的制备	班　级		姓　名	
组　号		指导教师			

小组成绩（30%）

考核内容	考核标准	满分	得分
实验准备	计划单填写认真、分工明确、时间分配合理	10	
	器材准备充分、数量和质量合格	20	
实验清场	能及时完成器材的清洗、归位	20	
	离场时，会关闭门窗、切断水电	10	
任务完成	按时完成任务、实验结果好	20	
演示和汇报	能有效收集和利用相关文献资料	10	
	能运用语言、文字进行准确表达	10	
合计		100	

个人成绩（70%）

考核内容	考核标准	满分	得分
操作能力	操作规范、有序	20	
任务完成	工作记录填写正确	10	
课堂表现	遵守学习纪律、正确回答课堂提问	10	
课后作业	按时完成作业、准确率高	10	
考勤	按时出勤，无迟到、早退和旷课	10	
自我管理	能按计划单完成相应任务	10	
团队合作	能与小组成员分工协作，完成实验准备、清场等工作	10	
表达能力	能与小组成员进行有效沟通、演示和汇报质量高	10	
学习能力	能按时完成信息单、准确率高	10	
合计		100	

总体评价	

4-3-1 抗人血白蛋白杂交瘤细胞的筛选信息单

<table>
<tr><td>项目名称</td><td>抗人血白蛋白杂交瘤
细胞系的制备</td><td>班　级</td><td></td><td>姓　名</td><td></td></tr>
<tr><td>组　号</td><td colspan="2"></td><td>指导教师</td><td colspan="2"></td></tr>
<tr><td colspan="6">1. 为什么要筛选阳性杂交瘤细胞系？一般使用哪种方法？

2. ELISA 间接法的基本原理是什么？包括哪些基本操作步骤？

3. 抗体检测方法除了 ELISA 法，还有哪些方法？分别简述其工作原理。</td></tr>
</table>

4-3-2 抗人血白蛋白杂交瘤细胞的筛选计划单

<table>
<tr><td>项目名称</td><td colspan="2">抗人血白蛋白杂交瘤细胞系的制备</td><td>班 级</td><td></td><td>姓 名</td><td></td></tr>
<tr><td>组 号</td><td colspan="3"></td><td>指导教师</td><td colspan="2"></td></tr>
<tr><td rowspan="2">人员分工</td><td>姓名</td><td colspan="4">工作内容要点</td><td>备注</td></tr>
<tr><td></td><td colspan="4"></td><td></td></tr>
<tr><td rowspan="2">进程安排</td><td>时间</td><td colspan="4">工作内容要点</td><td>备注</td></tr>
<tr><td></td><td colspan="4"></td><td></td></tr>
<tr><td rowspan="2">材料和试剂</td><td>名称</td><td colspan="4">准备方法</td><td>用量</td></tr>
<tr><td></td><td colspan="4"></td><td></td></tr>
<tr><td>器材和设备</td><td colspan="6">
<table>
<tr><td>名称</td><td>规格型号</td><td>数量</td><td>名称</td><td>规格型号</td><td>数量</td></tr>
<tr><td></td><td></td><td></td><td></td><td></td><td></td></tr>
<tr><td></td><td></td><td></td><td></td><td></td><td></td></tr>
<tr><td></td><td></td><td></td><td></td><td></td><td></td></tr>
</table>
</td></tr>
</table>

4-3-3　抗人血白蛋白杂交瘤细胞的筛选记录单

项目名称	抗人血白蛋白杂交瘤细胞系的制备	班　级		姓　名	
组　号			指导教师		

可溶性抗原的酶联免疫吸附试验(间接 ELISA)记录

纯化抗原用包被液稀释后的浓度	纯化抗原加入量/孔	抗原吸附时间和温度
封闭液加入量/孔	封闭时间和温度	待检杂交瘤细胞培养上清液加入量/孔
孵育时间和温度	酶标第二抗体加入量/孔	底物液 A、B 加入量/孔
终止反应液	终止反应液加入量/孔	测定波长

记录操作中违反操作过程及有可能会造成污染的步骤：

操作人：____________ 复核人：____________ 日期：____________

4-3-4　抗人血白蛋白杂交瘤细胞的筛选报告单

项目名称	抗人血白蛋白杂交瘤细胞系的制备	班　级		姓　名	
组　号			指导教师		
实验结论					
实验分析					

4-3-5　抗人血白蛋白杂交瘤细胞的筛选评价单

<table>
<tr><td>项目名称</td><td>抗人血白蛋白杂交瘤细胞系的制备</td><td>班　级</td><td></td><td>姓　名</td><td></td></tr>
<tr><td>组　号</td><td colspan="2"></td><td>指导教师</td><td colspan="2"></td></tr>
<tr><td>小组成绩（30%）</td><td colspan="5">
<table>
<tr><td>考核内容</td><td>考核标准</td><td>满分</td><td>得分</td></tr>
<tr><td rowspan="2">实验准备</td><td>计划单填写认真、分工明确、时间分配合理</td><td>10</td><td></td></tr>
<tr><td>器材准备充分、数量和质量合格</td><td>20</td><td></td></tr>
<tr><td rowspan="2">实验清场</td><td>能及时完成器材的清洗、归位</td><td>20</td><td></td></tr>
<tr><td>离场时，会关闭门窗、切断水电</td><td>10</td><td></td></tr>
<tr><td>任务完成</td><td>按时完成任务、实验结果好</td><td>20</td><td></td></tr>
<tr><td rowspan="2">演示和汇报</td><td>能有效收集和利用相关文献资料</td><td>10</td><td></td></tr>
<tr><td>能运用语言、文字进行准确表达</td><td>10</td><td></td></tr>
<tr><td colspan="2">合计</td><td>100</td><td></td></tr>
</table>
</td></tr>
<tr><td>个人成绩（70%）</td><td colspan="5">
<table>
<tr><td>考核内容</td><td>考核标准</td><td>满分</td><td>得分</td></tr>
<tr><td>操作能力</td><td>操作规范、有序</td><td>20</td><td></td></tr>
<tr><td>任务完成</td><td>工作记录填写正确</td><td>10</td><td></td></tr>
<tr><td>课堂表现</td><td>遵守学习纪律、正确回答课堂提问</td><td>10</td><td></td></tr>
<tr><td>课后作业</td><td>按时完成作业、准确率高</td><td>10</td><td></td></tr>
<tr><td>考勤</td><td>按时出勤，无迟到、早退和旷课</td><td>10</td><td></td></tr>
<tr><td>自我管理</td><td>能按计划单完成相应任务</td><td>10</td><td></td></tr>
<tr><td>团队合作</td><td>能与小组成员分工协作，完成实验准备、清场等工作</td><td>10</td><td></td></tr>
<tr><td>表达能力</td><td>能与小组成员进行有效沟通、演示和汇报质量高</td><td>10</td><td></td></tr>
<tr><td>学习能力</td><td>能按时完成信息单、准确率高</td><td>10</td><td></td></tr>
<tr><td colspan="2">合计</td><td>100</td><td></td></tr>
</table>
</td></tr>
<tr><td>总体评价</td><td colspan="5"></td></tr>
</table>

4-4-1 抗人血白蛋白杂交瘤细胞的克隆培养信息单

<table>
<tr><td>项目名称</td><td>抗人血白蛋白杂交瘤细胞系的制备</td><td>班　级</td><td></td><td>姓　名</td><td></td></tr>
<tr><td>组　号</td><td colspan="2"></td><td>指导教师</td><td colspan="2"></td></tr>
<tr><td colspan="6">1. 为什么要对筛选出的阳性杂交瘤细胞进行克隆化培养？

2. 有限稀释法成功的关键是什么？

3. 有限稀释法操作中，为什么有的孔中有两个以上克隆生长？

4. 除了有限稀释法，还有哪些克隆化培养方法？各有何优缺点？</td></tr>
</table>

4-4-2 抗人血白蛋白杂交瘤细胞的克隆培养计划单

<table>
<tr><td>项目名称</td><td colspan="2">抗人血白蛋白杂交瘤细胞系的制备</td><td>班 级</td><td></td><td>姓 名</td><td></td></tr>
<tr><td>组 号</td><td colspan="3"></td><td>指导教师</td><td colspan="2"></td></tr>
<tr><td rowspan="2">人员分工</td><td>姓名</td><td colspan="3">工作内容要点</td><td colspan="2">备注</td></tr>
<tr><td></td><td colspan="3"></td><td colspan="2"></td></tr>
<tr><td rowspan="2">进程安排</td><td>时间</td><td colspan="3">工作内容要点</td><td colspan="2">备注</td></tr>
<tr><td></td><td colspan="3"></td><td colspan="2"></td></tr>
<tr><td rowspan="2">材料和试剂</td><td>名称</td><td colspan="3">准备方法</td><td colspan="2">用量</td></tr>
<tr><td></td><td colspan="3"></td><td colspan="2"></td></tr>
<tr><td>器材和设备</td><td colspan="6">
<table>
<tr><td>名称</td><td>规格型号</td><td>数量</td><td>名称</td><td>规格型号</td><td>数量</td></tr>
<tr><td></td><td></td><td></td><td></td><td></td><td></td></tr>
<tr><td></td><td></td><td></td><td></td><td></td><td></td></tr>
<tr><td></td><td></td><td></td><td></td><td></td><td></td></tr>
</table>
</td></tr>
</table>

4-4-3　抗人血白蛋白杂交瘤细胞的克隆培养记录单

<table>
<tr><td>项目名称</td><td>抗人血白蛋白杂交瘤细胞系的制备</td><td>班　级</td><td></td><td>姓　名</td><td></td></tr>
<tr><td>组　号</td><td colspan="2"></td><td>指导教师</td><td colspan="2"></td></tr>
<tr><td colspan="6">有限稀释法克隆培养杂交瘤细胞记录</td></tr>
</table>

<table>
<tr><td rowspan="6">有限稀释法</td><td colspan="2">饲养细胞制备的时间</td><td colspan="2">培养液的种类</td></tr>
<tr><td colspan="2"></td><td colspan="2"></td></tr>
<tr><td>计数结果</td><td colspan="2">倍比稀释的次数</td><td>细胞终浓度</td></tr>
<tr><td></td><td colspan="2"></td><td></td></tr>
<tr><td>96 孔板每孔接种量</td><td colspan="2">培养条件</td><td>细胞含量/孔</td></tr>
<tr><td></td><td colspan="2"></td><td></td></tr>
<tr><td colspan="5">记录操作中违反操作过程及有可能会造成污染的步骤：</td></tr>
<tr><td colspan="5">操作人：________　　复核人：________　　日期：________</td></tr>
</table>

4-4-4　抗人血白蛋白杂交瘤细胞的克隆培养报告单

<table>
<tr><td>项目名称</td><td>抗人血白蛋白杂交瘤
细胞系的制备</td><td>班　级</td><td></td><td>姓　名</td><td></td></tr>
<tr><td>组　号</td><td colspan="2"></td><td>指导教师</td><td colspan="2"></td></tr>
<tr><td>实验结论</td><td colspan="5"></td></tr>
<tr><td>实验分析</td><td colspan="5"></td></tr>
</table>

4-4-5 抗人血白蛋白杂交瘤细胞的克隆培养评价单

<table>
<tr><td>项目名称</td><td>抗人血白蛋白杂交瘤细胞系的制备</td><td>班　级</td><td></td><td>姓　名</td><td></td></tr>
<tr><td>组　号</td><td colspan="2"></td><td>指导教师</td><td colspan="2"></td></tr>
<tr><td>小组成绩
（30%）</td><td colspan="5">
<table>
<tr><td>考核内容</td><td>考核标准</td><td>满分</td><td>得分</td></tr>
<tr><td rowspan="2">实验准备</td><td>计划单填写认真、分工明确、时间分配合理</td><td>10</td><td></td></tr>
<tr><td>器材准备充分、数量和质量合格</td><td>20</td><td></td></tr>
<tr><td rowspan="2">实验清场</td><td>能及时完成器材的清洗、归位</td><td>20</td><td></td></tr>
<tr><td>离场时，会关闭门窗、切断水电</td><td>10</td><td></td></tr>
<tr><td>任务完成</td><td>按时完成任务、实验结果好</td><td>20</td><td></td></tr>
<tr><td rowspan="2">演示和汇报</td><td>能有效收集和利用相关文献资料</td><td>10</td><td></td></tr>
<tr><td>能运用语言、文字进行准确表达</td><td>10</td><td></td></tr>
<tr><td colspan="2">合计</td><td>100</td><td></td></tr>
</table>
</td></tr>
<tr><td>个人成绩
（70%）</td><td colspan="5">
<table>
<tr><td>考核内容</td><td>考核标准</td><td>满分</td><td>得分</td></tr>
<tr><td>操作能力</td><td>操作规范、有序</td><td>20</td><td></td></tr>
<tr><td>任务完成</td><td>工作记录填写正确</td><td>10</td><td></td></tr>
<tr><td>课堂表现</td><td>遵守学习纪律、正确回答课堂提问</td><td>10</td><td></td></tr>
<tr><td>课后作业</td><td>按时完成作业、准确率高</td><td>10</td><td></td></tr>
<tr><td>考勤</td><td>按时出勤，无迟到、早退和旷课</td><td>10</td><td></td></tr>
<tr><td>自我管理</td><td>能按计划单完成相应任务</td><td>10</td><td></td></tr>
<tr><td>团队合作</td><td>能与小组成员分工协作，完成实验准备、清场等工作</td><td>10</td><td></td></tr>
<tr><td>表达能力</td><td>能与小组成员进行有效沟通、演示和汇报质量高</td><td>10</td><td></td></tr>
<tr><td>学习能力</td><td>能按时完成信息单、准确率高</td><td>10</td><td></td></tr>
<tr><td colspan="2">合计</td><td>100</td><td></td></tr>
</table>
</td></tr>
<tr><td>总体评价</td><td colspan="5"></td></tr>
</table>

5-1-1 MS 培养基的制备信息单

项目名称	胡萝卜细胞的悬浮培养	班　级		姓　名	
组　号			指导教师		

1. 植物细胞培养所需的基本设备有哪些？

2. 植物细胞培养基基本成分有哪几大类？各类试剂在保存方法上有何要求？

3. 植物细胞培养中，常用的生长调节剂有哪几类？它们的主要功能是什么？

4. 配制植物细胞培养基时为什么要配制母液？如何配制培养基的各种母液？各种母液浓缩的倍数有何要求？

5. 配制铁盐母液有何特殊要求？为什么？

6. 常用的培养基灭菌方法有哪几种？如何选择？

7. 培养基表达式:MS＋6-BA 2mg/L ＋NAA 0.1mg/L＋蔗糖 2%＋琼脂 0.6%,pH5.8 表达的含义有哪些？

8. 如果培养基中添加的试剂有对热不稳定的,如何灭菌？怎样进行？

5-1-2　MS 培养基的制备计划单

<table>
<tr><td>项目名称</td><td colspan="2">胡萝卜细胞的悬浮培养</td><td>班　级</td><td></td><td>姓　名</td><td></td></tr>
<tr><td>组　号</td><td colspan="3"></td><td>指导教师</td><td colspan="2"></td></tr>
<tr><td rowspan="2">人员分工</td><td>姓名</td><td colspan="3">工作内容要点</td><td colspan="2">备注</td></tr>
<tr><td></td><td colspan="3"></td><td colspan="2"></td></tr>
<tr><td rowspan="2">进程安排</td><td>时间</td><td colspan="3">工作内容要点</td><td colspan="2">备注</td></tr>
<tr><td></td><td colspan="3"></td><td colspan="2"></td></tr>
<tr><td rowspan="2">材料和试剂</td><td>名称</td><td colspan="3">准备方法</td><td colspan="2">用量</td></tr>
<tr><td></td><td colspan="3"></td><td colspan="2"></td></tr>
<tr><td>器材和设备</td><td colspan="6">
<table>
<tr><td>名称</td><td>规格型号</td><td>数量</td><td>名称</td><td>规格型号</td><td>数量</td></tr>
<tr><td></td><td></td><td></td><td></td><td></td><td></td></tr>
<tr><td></td><td></td><td></td><td></td><td></td><td></td></tr>
<tr><td></td><td></td><td></td><td></td><td></td><td></td></tr>
</table>
</td></tr>
</table>

5-1-3 MS培养基的制备记录单

项目名称	胡萝卜细胞的悬浮培养	班 级		姓 名	
组 号			指导教师		

(一)MS培养基母液配制记录

母液	化合物名称	培养基用量/(mg/L)	母液配制量	母液浓缩倍数	称取量/mg
大量元素	KNO_3				
	NH_4NO_3				
	$MgSO_4 \cdot 7H_2O$				
	KH_2PO_4				
	$CaCl_2 \cdot 2H_2O$				
微量元素	$MnSO_4 \cdot 4H_2O$				
	$ZnSO_4 \cdot 7H_2O$				
	H_3BO_3				
	KI				
	$Na_2MoO_4 \cdot 2H_2O$				
	$CuSO_4 \cdot 5H_2O$				
	$CoCl_2 \cdot 6H_2O$				
铁盐	EDTA·2Na				
	$FeSO_4 \cdot 7H_2O$				
有机物	甘氨酸				
	维生素 B_1				
	维生素 B_6				
	烟酸				
	肌醇				

操作人:______________ 复核人:______________ 日期:______________

(二)MS固体培养基配制记录

项目	母液浓缩倍数(浓度)	培养基配制量	需要量取(或称取)的量
大量元素母液			
微量元素母液			
铁盐母液			
有机物质母液			
激素母液 1			
激素母液 2			
蔗糖			
琼脂			

操作人:__________ 复核人:__________ 日期:__________

记录操作中违反操作规程及有可能会造成污染的步骤:

5-1-4 MS培养基的制备报告单

项目名称	胡萝卜细胞的悬浮培养	班　级		姓　名	
组　号			指导教师		
实验结论					
实验分析					

5-1-5　MS培养基的制备评价单

<table>
<tr><td>项目名称</td><td>胡萝卜细胞的悬浮培养</td><td>班　级</td><td></td><td>姓　名</td><td></td></tr>
<tr><td>组　号</td><td colspan="2"></td><td>指导教师</td><td colspan="2"></td></tr>
<tr><td>小组成绩
(30%)</td><td colspan="5">
<table>
<tr><td>考核内容</td><td>考核标准</td><td>满分</td><td>得分</td></tr>
<tr><td rowspan="2">实验准备</td><td>计划单填写认真、分工明确、时间分配合理</td><td>10</td><td></td></tr>
<tr><td>器材准备充分、数量和质量合格</td><td>20</td><td></td></tr>
<tr><td rowspan="2">实验清场</td><td>能及时完成器材的清洗、归位</td><td>20</td><td></td></tr>
<tr><td>离场时,会关闭门窗、切断水电</td><td>10</td><td></td></tr>
<tr><td>任务完成</td><td>按时完成任务、实验结果好</td><td>20</td><td></td></tr>
<tr><td rowspan="2">演示和汇报</td><td>能有效收集和利用相关文献资料</td><td>10</td><td></td></tr>
<tr><td>能运用语言、文字进行准确表达</td><td>10</td><td></td></tr>
<tr><td colspan="2">合计</td><td>100</td><td></td></tr>
</table>
</td></tr>
<tr><td>个人成绩
(70%)</td><td colspan="5">
<table>
<tr><td>考核内容</td><td>考核标准</td><td>满分</td><td>得分</td></tr>
<tr><td>操作能力</td><td>操作规范、有序</td><td>20</td><td></td></tr>
<tr><td>任务完成</td><td>工作记录填写正确</td><td>10</td><td></td></tr>
<tr><td>课堂表现</td><td>遵守学习纪律、正确回答课堂提问</td><td>10</td><td></td></tr>
<tr><td>课后作业</td><td>按时完成作业、准确率高</td><td>10</td><td></td></tr>
<tr><td>考勤</td><td>按时出勤,无迟到、早退和旷课</td><td>10</td><td></td></tr>
<tr><td>自我管理</td><td>能按计划单完成相应任务</td><td>10</td><td></td></tr>
<tr><td>团队合作</td><td>能与小组成员分工协作,完成实验准备、清场等工作</td><td>10</td><td></td></tr>
<tr><td>表达能力</td><td>能与小组成员进行有效沟通、演示和汇报质量高</td><td>10</td><td></td></tr>
<tr><td>学习能力</td><td>能按时完成信息单、准确率高</td><td>10</td><td></td></tr>
<tr><td colspan="2">合计</td><td>100</td><td></td></tr>
</table>
</td></tr>
<tr><td>总体评价</td><td colspan="5"></td></tr>
</table>

5-2-1 胡萝卜愈伤组织的诱导信息单

<table>
<tr><td>项目名称</td><td>胡萝卜细胞的悬浮培养</td><td>班　级</td><td></td><td>姓　名</td><td></td></tr>
<tr><td>组　号</td><td colspan="2"></td><td>指导教师</td><td colspan="2"></td></tr>
<tr><td colspan="6">1. 植物外植体选择有哪些基本原则？如何进行外植体灭菌？

2. 什么是愈伤组织培养？

3. 从不同植物材料产生的愈伤组织形态特征有什么差异？

4. 分析影响愈伤组织诱导的主要原因。

5. 以胡萝卜为材料时，为什么强调要切取含有形成层部分，胡萝卜的其他部分(如茎、叶、花)能否诱导出愈伤组织，以及培养再生形成小植株？</td></tr>
</table>

5-2-2　胡萝卜愈伤组织的诱导计划单

<table>
<tr><td>项目名称</td><td colspan="2">胡萝卜细胞的悬浮培养</td><td>班　级</td><td></td><td>姓　名</td><td></td></tr>
<tr><td>组　号</td><td colspan="3"></td><td>指导教师</td><td colspan="2"></td></tr>
<tr><td rowspan="2">人员分工</td><td>姓名</td><td colspan="3">工作内容要点</td><td colspan="2">备注</td></tr>
<tr><td></td><td colspan="3"></td><td colspan="2"></td></tr>
<tr><td rowspan="2">进程安排</td><td>时间</td><td colspan="3">工作内容要点</td><td colspan="2">备注</td></tr>
<tr><td></td><td colspan="3"></td><td colspan="2"></td></tr>
<tr><td rowspan="2">材料和试剂</td><td>名称</td><td colspan="3">准备方法</td><td colspan="2">用量</td></tr>
<tr><td></td><td colspan="3"></td><td colspan="2"></td></tr>
<tr><td>器材和设备</td><td colspan="6">
<table>
<tr><td>名称</td><td>规格型号</td><td>数量</td><td>名称</td><td>规格型号</td><td>数量</td></tr>
<tr><td></td><td></td><td></td><td></td><td></td><td></td></tr>
<tr><td></td><td></td><td></td><td></td><td></td><td></td></tr>
<tr><td></td><td></td><td></td><td></td><td></td><td></td></tr>
</table>
</td></tr>
</table>

5-2-3　胡萝卜愈伤组织的诱导记录单

项目名称	胡萝卜细胞的悬浮培养	班　级		姓　名	
组　号			指导教师		

(一)胡萝卜愈伤组织诱导操作记录

1. 准备	超净台是否提前20～30min开机	超净台紫外消毒时间	外植体的处理	
2. 材料灭菌	第一次灭菌溶液	第一次灭菌时间和无菌水涮洗次数	第二次灭菌溶液	第二次灭菌时间和无菌水涮洗次数
3. 外植体的切割	长	宽	高	是否切去韧皮部和木质部
4. 接种	每瓶接种量	标记	总接种瓶数	
5. 培养	光照	温度	培养基	

操作人：____________复核人：____________日期：____________

(二)胡萝卜愈伤组织培养检查记录

日期	检查项目	检查结果	检查人	复核人
	愈伤组织的形态			
	愈伤组织的颜色			
	污染率			
	诱导率			

记录操作中违反操作规程及有可能会造成污染的步骤：

5-2-4　胡萝卜愈伤组织的诱导报告单

<table>
<tr><td>项目名称</td><td>胡萝卜细胞的悬浮培养</td><td>班　级</td><td></td><td>姓　名</td><td></td></tr>
<tr><td>组　号</td><td colspan="2"></td><td>指导教师</td><td colspan="2"></td></tr>
<tr><td>实验结论</td><td colspan="5"></td></tr>
<tr><td>实验分析</td><td colspan="5"></td></tr>
</table>

5-2-5 胡萝卜愈伤组织的诱导评价单

项目名称	胡萝卜细胞的悬浮培养	班　级		姓　名	
组　号			指导教师		

小组成绩（30%）

考核内容	考核标准	满分	得分
实验准备	计划单填写认真、分工明确、时间分配合理	10	
	器材准备充分、数量和质量合格	20	
实验清场	能及时完成器材的清洗、归位	20	
	离场时，会关闭门窗、切断水电	10	
任务完成	按时完成任务、实验结果好	20	
演示和汇报	能有效收集和利用相关文献资料	10	
	能运用语言、文字进行准确表达	10	
合计		100	

个人成绩（70%）

考核内容	考核标准	满分	得分
操作能力	操作规范、有序	20	
任务完成	工作记录填写正确	10	
课堂表现	遵守学习纪律、正确回答课堂提问	10	
课后作业	按时完成作业、准确率高	10	
考勤	按时出勤，无迟到、早退和旷课	10	
自我管理	能按计划单完成相应任务	10	
团队合作	能与小组成员分工协作，完成实验准备、清场等工作	10	
表达能力	能与小组成员进行有效沟通、演示和汇报质量高	10	
学习能力	能按时完成信息单、准确率高	10	
合计		100	

总体评价	

5-3-1　胡萝卜细胞的悬浮培养信息单

项目名称	胡萝卜细胞的悬浮培养	班　级		姓　名	
组　号			指导教师		

1. 什么是植物细胞悬浮培养？植物细胞悬浮培养可用于哪些领域？

2. 一个好的悬浮细胞系有哪些特征？用于建立悬浮细胞系的愈伤组织有何要求？

3. 单细胞分离有哪些方法？

4. 植物细胞生长计量方法有哪些？

5. 植物细胞活力测定有哪些方法？

6. 为什么要进行悬浮培养细胞的同步化？具体有哪些方法？

5-3-2 胡萝卜细胞的悬浮培养计划单

<table>
<tr><td>项目名称</td><td colspan="2">胡萝卜细胞的悬浮培养</td><td>班　级</td><td></td><td>姓　名</td><td></td></tr>
<tr><td>组　号</td><td colspan="3"></td><td>指导教师</td><td colspan="2"></td></tr>
<tr><td rowspan="2">人员分工</td><td>姓名</td><td colspan="3">工作内容要点</td><td colspan="2">备注</td></tr>
<tr><td></td><td colspan="3"></td><td colspan="2"></td></tr>
<tr><td rowspan="2">进程安排</td><td>时间</td><td colspan="3">工作内容要点</td><td colspan="2">备注</td></tr>
<tr><td></td><td colspan="3"></td><td colspan="2"></td></tr>
<tr><td rowspan="2">材料和试剂</td><td>名称</td><td colspan="3">准备方法</td><td colspan="2">用量</td></tr>
<tr><td></td><td colspan="3"></td><td colspan="2"></td></tr>
<tr><td>器材和设备</td><td colspan="6">
<table>
<tr><td>名称</td><td>规格型号</td><td>数量</td><td>名称</td><td>规格型号</td><td>数量</td></tr>
<tr><td></td><td></td><td></td><td></td><td></td><td></td></tr>
<tr><td></td><td></td><td></td><td></td><td></td><td></td></tr>
<tr><td></td><td></td><td></td><td></td><td></td><td></td></tr>
</table>
</td></tr>
</table>

5-3-3　胡萝卜细胞的悬浮培养记录单

<table>
<tr><td>项目名称</td><td>胡萝卜细胞的悬浮培养</td><td>班　级</td><td></td><td>姓　名</td><td></td></tr>
<tr><td>组　号</td><td colspan="2"></td><td>指导教师</td><td colspan="2"></td></tr>
</table>

(一)胡萝卜细胞的悬浮培养操作记录

<table>
<tr><td rowspan="2">1. 准备</td><td>超净台是否提前20～30min开机</td><td>超净台紫外消毒时间</td><td colspan="2">愈伤组织的选择要求</td></tr>
<tr><td></td><td></td><td colspan="2"></td></tr>
<tr><td rowspan="2">2. 接种</td><td>每瓶接种量</td><td>标记</td><td colspan="2">总接种瓶数</td></tr>
<tr><td></td><td></td><td colspan="2"></td></tr>
<tr><td rowspan="2">3. 培养</td><td>光照</td><td>温度</td><td>培养基</td><td>转速</td></tr>
<tr><td></td><td></td><td></td><td></td></tr>
<tr><td rowspan="2">4. 继代</td><td>继代接种量</td><td>新鲜培养基用量</td><td>两周前新鲜培养基的更换频率</td><td>两周后新鲜培养基的更换频率</td></tr>
<tr><td></td><td></td><td></td><td></td></tr>
</table>

操作人：__________　复核人：__________　日期：__________

(二)胡萝卜细胞的悬浮培养检查记录

日期	检查项目	检查结果	检查人	复核人
	细胞生长情况			
	细胞生长情况			
	细胞生长情况			
	1周增长量			

操作人：__________　复核人：__________　日期：__________

记录操作中违反操作规程及有可能会造成污染的步骤：

5-3-4 胡萝卜细胞的悬浮培养报告单

<table>
<tr><td>项目名称</td><td>胡萝卜细胞的悬浮培养</td><td>班　级</td><td></td><td>姓　名</td><td></td></tr>
<tr><td>组　号</td><td colspan="2"></td><td>指导教师</td><td colspan="2"></td></tr>
<tr><td>实验结论</td><td colspan="5"></td></tr>
<tr><td>实验分析</td><td colspan="5"></td></tr>
</table>

5-3-5　胡萝卜细胞的悬浮培养评价单

<table>
<tr><td>项目名称</td><td>胡萝卜细胞的悬浮培养</td><td>班　级</td><td></td><td>姓　名</td><td></td></tr>
<tr><td>组　号</td><td colspan="2"></td><td>指导教师</td><td colspan="2"></td></tr>
<tr><td>小组成绩
(30%)</td><td colspan="5">
<table>
<tr><td>考核内容</td><td>考核标准</td><td>满分</td><td>得分</td></tr>
<tr><td rowspan="2">实验准备</td><td>计划单填写认真、分工明确、时间分配合理</td><td>10</td><td></td></tr>
<tr><td>器材准备充分、数量和质量合格</td><td>20</td><td></td></tr>
<tr><td rowspan="2">实验清场</td><td>能及时完成器材的清洗、归位</td><td>20</td><td></td></tr>
<tr><td>离场时,会关闭门窗、切断水电</td><td>10</td><td></td></tr>
<tr><td>任务完成</td><td>按时完成任务、实验结果好</td><td>20</td><td></td></tr>
<tr><td rowspan="2">演示和汇报</td><td>能有效收集和利用相关文献资料</td><td>10</td><td></td></tr>
<tr><td>能运用语言、文字进行准确表达</td><td>10</td><td></td></tr>
<tr><td colspan="2">合计</td><td>100</td><td></td></tr>
</table>
</td></tr>
<tr><td>个人成绩
(70%)</td><td colspan="5">
<table>
<tr><td>考核内容</td><td>考核标准</td><td>满分</td><td>得分</td></tr>
<tr><td>操作能力</td><td>操作规范、有序</td><td>20</td><td></td></tr>
<tr><td>任务完成</td><td>工作记录填写正确</td><td>10</td><td></td></tr>
<tr><td>课堂表现</td><td>遵守学习纪律、正确回答课堂提问</td><td>10</td><td></td></tr>
<tr><td>课后作业</td><td>按时完成作业、准确率高</td><td>10</td><td></td></tr>
<tr><td>考勤</td><td>按时出勤,无迟到、早退和旷课</td><td>10</td><td></td></tr>
<tr><td>自我管理</td><td>能按计划单完成相应任务</td><td>10</td><td></td></tr>
<tr><td>团队合作</td><td>能与小组成员分工协作,完成实验准备、清场等工作</td><td>10</td><td></td></tr>
<tr><td>表达能力</td><td>能与小组成员进行有效沟通、演示和汇报质量高</td><td>10</td><td></td></tr>
<tr><td>学习能力</td><td>能按时完成信息单、准确率高</td><td>10</td><td></td></tr>
<tr><td colspan="2">合计</td><td>100</td><td></td></tr>
</table>
</td></tr>
<tr><td>总体评价</td><td colspan="5"></td></tr>
</table>

ISBN 978-7-122-28554-6

定价：54.00元